Linux 防火墙

（第4版）

[美] Steve Suehring 著　王文烨 译

LINUX® FIREWALLS

人民邮电出版社

北 京

图书在版编目（CIP）数据

Linux防火墙：第4版 / （美）史蒂夫·苏哈林
(Steve Suehring) 著；王文烨译. -- 北京 : 人民邮电
出版社，2016.11（2023.2重印）
ISBN 978-7-115-43633-7

Ⅰ. ①L… Ⅱ. ①史… ②王… Ⅲ. ①Linux操作系统
②计算机网络—防火墙 Ⅳ. ①TP316.89②TP393.08

中国版本图书馆CIP数据核字(2016)第243346号

版权声明

- ◆ 著　　　　[美] Steve Suehring
  译　　　　王文烨
  责任编辑　傅道坤
  责任印制　焦志炜
- ◆ 人民邮电出版社出版发行　　北京市丰台区成寿寺路 11 号
  邮编　100164　电子邮件　315@ptpress.com.cn
  网址　http://www.ptpress.com.cn
  固安县铭成印刷有限公司印刷
- ◆ 开本：800×1000　1/16
  印张：22.25　　　　　　2016 年 11 月第 1 版
  字数：490 千字　　　　2023 年 2 月河北第 11 次印刷
  著作权合同登记号　图字：01-2016-2070 号

定价：99.00 元
读者服务热线：(010)81055410　印装质量热线：(010)81055316
反盗版热线：(010)81055315

内容提要

本 书是构建 Linux 防火墙的权威指南，包括如何使用 Linux iptables/nftables 来实现防火墙安全的主题。本书共分三大部分。第 1 部分为数据包过滤以及基本的安全措施，其内容有：数据包过滤防火墙的预备知识、数据包过滤防火墙概念、传统的 Linux 防火墙管理程序 iptables、新的 Linux 防火墙管理程序 nftables、构建和安装独立的防火墙。第 2 部分为 Linux 防火墙的高级主题、多个防火墙和网络防护带，其内容有：防火墙的优化、数据包转发、NAT、调试防火墙规则、虚拟专用网络。第 3 部分则讲解了 iptables 和 nftables 之外的主题，包括入侵检测和响应、入侵检测工具、网络监控和攻击检测、文件系统完整性等内容。

本书适合 Linux 系统管理员、网络安全专业技术人员阅读。

序言

欢迎阅读本书。本书介绍了在运行 Linux 的计算机上建立防火墙所需要的各方面内容。在开始介绍 Linux 下的防火墙 iptables 以及最新的 nftables 之前，本书会介绍一些基础的内容，包括网络、IP 以及安全。

本书的读者应该使用一台运行着 Linux 的计算机，不论该计算机是单机的还是作为防火墙亦或是作为互联网网关。本书讲解了如何为单一的计算机例如台式主机构建防火墙，同时也展示了如何为可以托管多台计算机的本地网络构建防火墙。

本书最后的部分介绍了除 iptables 和 nftables 之外的计算机和网络安全相关的因素。这部分包括了入侵检测、文件系统监控以及监听网络流量。本书很大程度上是与 Linux 版本无关的，这意味着任何流行的 Linux 发行版都可以使用书中的内容，只需要很小的调整或无须调整。

关于作者

Steve Suehring 是一位擅长 Linux 和 Windows 系统以及开发的技术架构师。Steve 在技术领域著有多本书籍和杂志，涉及方面颇广。在他担任 *LinuxWorld* 杂志的编辑期间，他编著和修订了关于 Linux 安全方面的文章和综述，以及 Linux 在一级方程式赛车中的使用的专题报道。

致谢

我要感谢我的妻子、家庭以及朋友们，感谢他们无尽的支持。同时也感谢 Robert P.J. Day 和 Andrew Prowant，感谢他们审阅本书的草稿。

目录

第 1 部分

数据包过滤以及基本
安全措施

第1章
数据包过滤防火墙的预备知识

一个小型站点可能会通过多种方式连接到互联网，如 T1 专线、电缆调制解调器、DSL、无线、PPP、综合业务数字网（ISDN）或者其他的方式。直接连接到互联网的计算机通常是安全问题的焦点。无论是一台计算机还是由连接起来的多台计算机所组成的局域网（LAN），对于小型站点来说，最初的焦点将是直接连接到互联网的那台计算机。这台计算机将被用来搭建防火墙。

防火墙（firewall）这个术语根据其实现方式和使用目的不同而有多种不同的含义。在本书中，防火墙意味着直接连接到互联网的计算机。防火墙也是针对 Internet 访问实施安全策略的地方。防火墙计算机的外部网卡便是连接到互联网的连接点，或称为网关（gateway）。防火墙存在的意义是保护网关内部的站点免受外部威胁。

一个简单的防火墙设置有时被称作"堡垒防火墙"，因为它是您抵御外部攻击的主要防线。您的许多安全措施都建立在这位保卫您领地的"卫士"之上。它会尽一切可能来保护系统安全。

在这条防线之后的是您的一台或一组计算机。充当防火墙的计算机所扮演的角色可能只是简单地作为您局域网中其他计算机连接到互联网的连接点。您可以在防火墙后的计算机上运行本地的私有服务，例如共享的打印机或者共享的文件系统，或者让您所有的计算机都能连接到互联网。您的某台计算机上可能会存放着您的私人财务记录。您也许想让这台计算机访问 Internet，但您不会想让任何人来访问这台计算机。有时，您可能希望向互联网提供您自己的服务。局域网中的某台计算机可能会托管着您的个人站点，另外一台计算机则可能会作为邮件服务器或者网关。您的设置和目的将决定您的安全策略。

防火墙存在的目的是为了执行您定义的安全策略。这些策略反映了您所做出的决策：允许哪些 Internet 服务访问您的机器，通过您的计算机向外提供哪些服务，哪些服务只为特定的远程用户或站点提供，哪些服务和程序您只希望在本地运行以便仅供您私人使用。安全策略实际上就是访问控制和授权使用私有及受保护的服务、程序以及您计算机上的文件。

虽然家庭和小型企业系统并不会遇到大型公司站点所面临的全部安全问题，但设置安全策略的基本思路和步骤仍是相同的。只是无需考虑那么多的因素，而且安全策略通常没有大型企业站点那样严格，其重点在于保护您的站点免受互联网上不速之客的访问。数据包过滤防火墙是一种常用的保护网络安全和控制外部访问的方法。

当然，拥有防火墙并不意味着您拥有了全面的防护。安全是一个过程，而不是一块硬件。例如，尽管有防火墙的存在，仍有可能通过下载间谍软件、广告软件或点击恶意邮件，使计算机的防护之门大开，继而招致外部对网络的攻击。采取措施以消除外部攻击所带来的危害与在防火墙上花费资源同样重要。在您的网络中使用最佳实践将有助于减少您的计算机被恶意使用的机会，并给予您的网络以弹性。

需要记住的一点是，互联网模式（Internet paradigm）是基于端到端透明这一前提的。对于正在通信的两台计算机来说，两者通信所使用的网络对二者来说是不可见的。实际上，如果通信路径上的某个网络设备失效，则两台计算机之间的流量会在两台计算机不知道的情况下通过新的通信线路继续传输。

理想情况下，防火墙应该是透明的。然而，防火墙可以通过在两台端点计算机之间的网络内引入单一故障点，来破坏互联网模式（Internet paradigm）。而且，并不是所有的网络应用程序使用的通信协议都能轻易通过一个简单的数据包过滤防火墙。如果没有额外的应用程序支持或更加复杂的防火墙技术，则不可能使特定流量穿越防火墙。

更加复杂的问题就是网络地址转换（Network Address Translation[NAT]，Linux 的说法是地址伪装）了。NAT 使得一台计算机能够通过转换多台计算机的请求并将它们转发至相应的目的地从而代表很多其他的计算机。NAT 和 RFC 1918 定义的私有 IP 地址的使用有效地减轻了即将出现的 IPv4 地址短缺。但 NAT 和 RFC 1918 私有地址空间的结合会使得某些类型的网络流量要么难以传输，要么需要复杂的技术或昂贵的成本才能完成传输。

> **注意：**
>
> 很多路由器设备，尤其是那些用于 DSL、电缆调制解调器和无线通信设备，通常以防火墙的名义出售，但它们实际上顶多算一个启用了 NAT 的路由器。它们并不会执行许多真正的防火墙所能够实现的功能，但它们确实将内部和外部的网络隔离开了。在购买路由器时，请警惕那些号称是防火墙但只提供 NAT 功能的产品。尽管它们中的有些设备拥有一些不错的功能，但通常没有更为高级的配置功能。

最后一个复杂的地方来源于多媒体和点对点（P2P）协议的广泛使用，它们在实时通信软件和网络游戏中都有应用。这些协议与当今的防火墙技术相互对立。现如今，特定的防火墙解决方案必须对每一个应用协议单独进行建立和部署。而那种简单地、经济地处理这些协议的防火墙架构仍处在标准委员会的工作组的讨论中。

我们应该牢记，混合使用防火墙、DHCP 和 NAT 会引入复杂性，导致站点为了满足用户使用某些网络服务的要求，不得不对系统的安全性做出一定程度的让步，理解这一点至关重要。小型企业通常不得不部署多个局域网和更复杂的网络配置，以满足不同本地用户的多种安全需求。

在深入了解开发防火墙的细节之前，本章将先介绍数据包过滤防火墙的基础概念以及机制。

这些概念包括网络通信的参考架构、基于网络的服务是如何被识别的、什么是数据包，以及网络上的计算机之间相互发送消息和信息的类型。

1.1 OSI 网络模型

开放系统互联（Open System Interconnection，OSI）模型代表了基于层次的网络框架。OSI 模型中的每一层都提供了不同于其他层的功能。如图 1.1 所示，OSI 模型共包含 7 层。

| 应用层 |
| 表示层 |
| 会话层 |
| 传输层 |
| 网络层 |
| 数据链路层 |
| 物理层 |

图 1.1　OSI 模型的 7 层

这些层有时是以编号来标识的，最低层（物理层）是第一层，而最高层（应用层）是第七层。如果您听别人说过"三层交换机"，那他/她指的就是 OSI 模型中的第三层。作为一个对安全和入侵检测感兴趣的人，您必须了解 OSI 模型的各层，以便完全理解那些会对您的系统造成危害的攻击途径。

OSI 模型中的每一层都很重要。那些您每天都在使用的协议，例如 IP、TCP、ARP 等也都分布在 OSI 模型的不同层。每一层在通信过程中都有它们各自不同的功能和角色。

OSI 模型中的物理层被传输介质占据，例如电缆规格和相关的信号协议；换言之，它们传输比特。大多数情况下，除了保护设备和布线，网络入侵检测人员通常不会关心物理层。本书不会讨论太多有关物理安全的内容（门锁能多有趣？），因此我也不会投入太多的时间介绍 OSI 模型中的物理层。当然，保障物理线路安全的方式不同于保障无线设备安全的方式。

紧接着在物理层上层的是数据链路层。数据链路层在给定的物理介质上传输数据，并负责传输过程中的错误检测和恢复。物理硬件地址的定义也在这一层，例如以太网卡的介质访问控制（Media Access Control，MAC）地址。

在数据链路层之上的便是 IP 网络里至关重要的第三层——网络层。它负责逻辑寻址与数据路由。IP 协议是网络层的协议，这意味着 IP 地址和子网掩码由网络层使用。路由器和一些交换机工作在第三层，它们在逻辑上或物理上分隔的网络之间传递数据。

第四层——传输层——是能够建立可靠性的重要一层。传输层的协议包括 TCP 和 UDP。第五层是会话层，在该层上，会话在两个端点之间建立。第六层是表示层，主要负责与其上的应用层进行通信，还定义了使用的加密方式等。最后是应用层，它负责向用户或应用程序显示数据。

除了 OSI 模型之外，还存在另外一种模型，即 DARPA 模型（有时也被称作 TCP/IP 参考模型），这种模型仅分为 4 层。在讨论大多数有关网络的内容时，使用 OSI 模型是一种惯例。

当数据从应用程序处沿 OSI 模型的各层向下传递时，下一层的协议会在数据上添加一些它们自己的额外信息。这些数据通常包括一个由上一层添加到数据上的头部，有时还会添加尾部。这个过程称为封装（encapsulation）。封装的过程会一直持续直到数据在物理介质上传输。对于以太网来说，数据在传输时被称为帧。当以太网帧到达了它的目的地后，数据帧会开始沿 OSI 模型的各层向上传递，每一层都会读取发送方相应各层的头部（也有可能读取尾部）信息。这个过程称为解封（demultiplexing[1]）。

1.1.1　面向连接和无连接的协议

在 OSI 模型的某些层中，协议可以根据它们是否面向连接来定义。这个定义参考了协议所提供的包括错误控制、流控制、数据分片和数据重组等功能。

让我们回想一下电话呼叫时的那种面向连接的协议。通常存在一种用于拨出电话并进行通话的双方都认可的协议。拨出电话的人，即通信的发起者，通过拨出电话号码来开始一次通话。另一个人（或者一台机器，越来越多的情况下是机器）接受电话通信的请求以便开始对话。发起者的通话请求通常由接收者一端的电话铃声所表示。接收者拿起电话，说"你好"或者其他的问候语。这时，发起者便对接收者的问候致以礼貌的回复。至此，我们可以确定会话已经成功建立了。接下来进行的便是会话的内容。在会话过程中，如果出现了一些问题，例如线路上有杂音，则一方会要求另一方重复他/她刚才所说的话。通话结束时，大多情况下，两方都会说"再见"来表明他/她已经说完了，而这通电话也将在不久后结束。

这个例子基本上显示了面向连接的协议（例如 TCP）的部分场景。其实也有例外，就像 TCP 协议中也有一些异常或错误一样。例如，有时候，会话的发起会因为技术原因而失败，而这通常在发起方和接收方的掌控之外。

与面向连接的协议不同的是，无连接的协议更像是通过邮局传递明信片。在发信人将消息写在卡片上并将它丢进邮筒之后，发信人（大体上）就失去了对发出消息的控制。发信人并不

---

1 原文中为 demultiplexing，"解复用"，意指将在同一信道上的多路信号分解为单独的各路信号。这里实际应该为 decapsulation（对应 encapsulation）。——译者注

会直接收到关于明信片是否被成功送达的确认消息。无连接的协议包括 UDP 和 IP。

1.1.2 下一步

接下来,我将开始对互联网协议(IP)进行更加详细的介绍。然而,我强烈建议您再花些时间学习 OSI 模型以及相应的协议。协议和 OSI 模型的知识对于安全专家而言至关重要。我强烈推荐一本由 Kevin R. Fall 和 W. Richard Stevens 合著的 *TCP/IP Illustrated, Volume 1, Second Edition*,它几乎是所有计算机专家桌上的必备之物。

1.2 IP 协议

IP 协议是互联网运行的基础。IP 层和其他层的协议一起为不计其数的应用提供通信。IP 是无连接的协议,它提供第三层的路由功能。

1.2.1 IP 编址和子网划分

也许您已经有所了解,但我觉得仍有必要介绍下,IPv4 的 IP 地址由 4 个 8 比特的数字组成,它们用点进行分隔,即"点分十进制"记法。而 IPv6 的 IP 地址有 128 比特,通常以 8 组由冒号分隔的十六进制数表示。尽管看上去每个人都知道或至少见到过 IP 地址,但只有少之又少的人了解子网划分和子网掩码,它们是 IP 编址方案中一个重要的组成部分。这一节将简要地介绍 IP 编址和子网划分。

IPv4 地址空间被分为了不同的类型,而不是作为一整个地址空间来使用。IPv4 地址的类型如表 1.1 所示。

实际上,只有 A 类、B 类和 C 类地址才真正被互联网使用。然而,很多读者对 D 类地址有些印象,这类地址常用于组播。E 类地址是实验性的、未分配的地址范围。

特殊 IP 地址

一共有三类主要的特殊 IP 地址。

- 网络地址 0:作为 A 类地址的一部分,网络地址 0 并不会作为 IPv4 可路由地址的一部分使用。它在 IPv6 中表示为::/0。当作为源地址使用时,它唯一合法的使用时机就是在初始化期间,当主机尝试获得一个由服务器动态分配的 IP 地址的时候。而当它作为目的地址时,只有 0.0.0.0 才有意义,它只存在于本地计算机并代表它自己,或按惯例代表默认路由。

- 回环网络地址 127:作为 A 类地址的一部分,网络地址 127 并不会被用作可路由地址的一部分。IPv6 回环地址是 0:0:0:0:0:0:0:1,缩写为::1。回环地址指向由操作系统提供支持的一个私有的网络接口。这个接口被用于本地基于网络的服务的寻址。换言之，本地网络客户端使用该地址来寻址到本地服务器。回环网络的流量一直存在于操作系统中，它不会被传递到物理网络接口。通常，127.0.0.1 是 IPv4 使用的唯一回环地址，而::1 是 IPv6 使用的唯一回环地址，它们都指向本地主机。

- 广播地址：广播地址是应用于网络中所有主机的特殊网络地址。广播地址主要有两种：受限广播地址和直接广播地址。受限广播不会被路由，但会被传递到同一物理网段中连接的所有主机。IP 地址的网络部分和主机部分中的所有位都被置为 1，即 255.255.255.255。直接广播则会被路由，它将会被传递到指定网络的所有主机。其 IP 地址中的网络部分指定一个网络，而主机部分通常被设置为全 1，例如 192.168.10.255。类似的，您可能有时会看到指定为网络地址的地址，如 192.168.10.0。IPv6 并不使用广播地址，它使用组播（Multicast）来实现面向一组主机的通信。

表 1.1	互联网地址
类别	地址范围
A	0.0.0.0～127.255.255.255
B	128.0.0.0～191.255.255.255
C	192.0.0.0～223.255.255.255
D	224.0.0.0～239.255.255.255
E 和未分配	240.0.0.0～255.255.255.255

IPv4 报头由很多字段构成，共 20 字节（不包括可作为报头中一部分的可选字段）。而 IPv6 报头有 320 比特。IPv4 报头如图 1.2 所示。

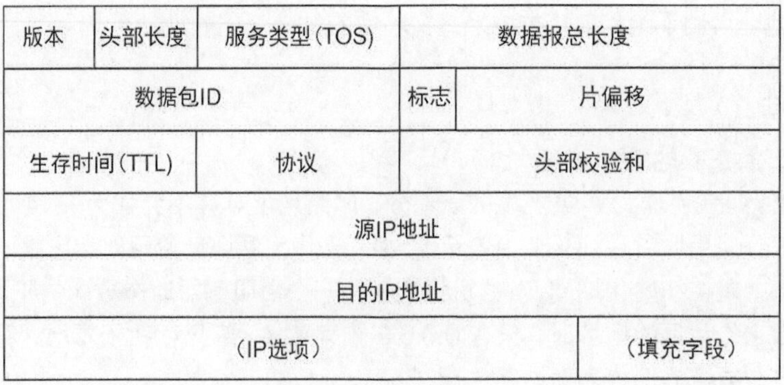

版本	头部长度	服务类型(TOS)	数据报总长度	
数据包ID			标志	片偏移
生存时间(TTL)		协议	头部校验和	
源IP地址				
目的IP地址				
（IP选项）			（填充字段）	

图 1.2   IPv4 报头

IPv4 报头以 4 比特的版本字段开始，当前的版本为 4，紧接着的 4 比特指明了头部的长度。头部通常为 20 字节加一些可选字段。IPv4 头部的长度最大可为 60 字节。头部长度之后的字段为 6 比特的差分服务代码点（DSCP），随后是 2 比特的显式拥塞通告（ECN）。

　　IP 地址中的第一个数字指明了地址的类别。由于点分十进制的每个数字都是 8 比特长，因此每个数字可能的取值范围是 0～255。网络地址类别指明了某一地址在默认情况下用于网络部分的数字个数和用于主机部分的数字个数。网络地址和主机地址之间的划分十分重要，因为它们是子网编址的基础。

　　除了类别外，互联网上一共有三种类型的地址：单播地址、组播地址和广播地址。单播地址相当于互联网上的一个网络接口。组播地址则代表被包括在那个组里的多台主机。广播地址通常由要向某个特定子网中的每个主机发送数据的主机使用。

　　每种类型的网络地址都有一个默认的子网掩码，它指定了 IP 地址里用于网络部分和用于主机部分的划分。这听起来有点拗口，所以我会在后面给出一些例子，之后会有一个小测验。骗您的啦！

　　A 类到 C 类的默认的子网掩码见表 1.2。

表 1.2　　　　　　　　　　　　　　　　　　默认子网掩码

类型	默认子网掩码
A	255.0.0.0
B	255.255.0.0
C	255.255.255.0

　　您绝对看到过并且在配置网络时输入过这些数字。前面说过，子网掩码指出了 IP 地址中网络部分和主机部分的划分。子网掩码未掩盖的部分是主机部分，这个子网里的主机地址构成了逻辑上的网络。换句话说，C 类网络地址的子网掩码是 255.255.255.0，因此在 C 类网络中一共有 254 个主机。敏锐的读者可能会注意到主机部分共有 256 个地址，但却只能有 254 台主机。在任何一个逻辑网络中有两个特殊的地址：网络地址和广播地址。不论网络容量大小，它们都存在。就拿 C 类子网作为例子，网络地址以.0 结尾，而广播地址以.255 结尾。

　　按表 1.2 的说明，在 IPv4 地址的 32 比特中，A 类子网掩码使用 8 比特，B 类子网掩码使用 16 比特，而 C 类子网掩码使用 24 比特。当网络依照传统的地址分类方法，用默认的子网掩码被分成了不同的网络时，它便是分类网络（classful network）。使用更小的网络通常是有益的，就像您认为的那样。例如，两个只需要向对方传输数据的 IP 路由器在传统的分类网络划分中将使用一个完整的 C 类网络。幸运的是，无分类的子网划分也是可行的。

　　官方称无分类子网划分（classless subnetting）为无类别域间路由选择（Classless Inter Domain Routing，CIDR），使用它可以根据需要，通过在子网掩码的末尾添加或移除比特来划分网络。它对于 IP 地址的保留十分有益，相比分类网络，它使得网络管理员可以更多地依据需要和方便程度自定义网络的大小，而不是依赖于分类网络的界限。再回到那个只有两个互相通信的路由器的例子，通过使用 CIDR，网络管理员可以创建一个只包含两个主机的网络，其子网掩码为 255.255.255.252。

将上面的例子再推广一些。这两个路由器只需要跟网络中的对方进行通信，因此它们能够路由两个不同的 IP 网络中的流量。网络管理员可以将一个路由器的地址设置为 192.168.0.1，并将另一个路由器的地址设置为 192.168.0.2，并且设置二者的子网掩码为 255.255.255.252。使用这样的子网掩码，则用于寻址主机的 IP 地址有两个。这个逻辑网络的网络地址是 192.168.0.0，而广播地址是 192.168.0.3。使用了 CIDR 后，网络管理员便可以在其他主机中，通过遵循 CIDR 规则的方式为其他主机使用 192.168.0 网络的其余地址了。

您会经常见到子网的记法中使用/NN，而 NN 是被掩盖的比特的数目（网络字段所占的位数）。例如，一个 C 类网络地址的网络部分有 24 比特，这意味着它能被表示为/24。一个 B 类网络可以表示为/16，一个 A 类网络可以表示为/8。回到两个路由器的例子，这个地址的 CIDR 记法是/30，因为该地址中的 30 比特被子网使用。

为什么子网划分如此重要？简单来说，子网定义了一个网络的最大可用广播空间。在给定子网中，子网中的主机可以向所有该子网内的主机发送广播。实际上，广播更多的被物理局限性而不是由子网掩码所带来的逻辑局限性所限制。您可能会在一个交换机上连接很多的设备（重申，我是说可能），接着您会观察到性能的下降，然后您将会把该网络划分为更小的逻辑部分。如果没有子网，我们将会拥有一个非常巨大的、扁平的网络空间，它比我们现在使用的分层式寻址的方式要慢得多。

1.2.2   IP 分片

有时，IP 数据报的大小比它将通过的物理介质所允许的最大大小要大。这个所允许的最大大小即是最大传输单元（Maximum Transmission Unit, MTU）。如果 IP 数据报大小比介质的 MTU 更大，这个数据报则需要在传输前被分为更小的块。对于以太网来说，MTU 是 1500 字节。将 IP 数据报分割成更小的片的过程被称为分片（fragmentation）。

分片在 OSI 模型中的 IP 层（网络层）进行，因此它对于高层的协议诸如 TCP、UDP 而言是透明的。作为管理员，您应该关注分片，因为如果分片的某个大片段丢失了，那么这将影响应用程序的性能。另外，作为安全管理员，您应该理解分片，因为在过去，它是一种攻击的方式。然而，您应意识到在通信路径中的任何中介路由或任何其他设备都可能导致分片，而且可能您根本不知道分片的发生。

1.2.3   广播与组播

当一个设备想向该网段中的所有其他设备发送数据时，它可以发送数据到一个特定的地址以达到目的，这个地址便是广播地址。另一方面，组播则是发送数据到属于组播组的设备，它们有时被称为订阅者（subscriber）。

想象一个大型的、扁平的网络，在这个网络中所有的计算机和设备都互相连接。该环境下，每个网络设备都能看到其余的网络设备的流量。在这类网络里，每个设备在面对流量时都会决定是否让这个流量进入。换言之，每个设备都会检查该数据是发给它的，还是发给其他设备的。如果数据是发送给自己的，则它会将数据按照 OSI 模型向上层传递。在以太网的接口中，设备会检查自己的 MAC 地址，或是与网络接口相关联的硬件地址。要记住的是，IP 地址仅与 OSI 模型中更高层次的协议相关。

除了寻址到这个设备本身的数据帧外，还有两类特殊的情况会导致接口接受数据并将数据传递到更高的层中。这两类特殊的情况便是组播和广播。组播可用于传递数据到订阅了该组播的某一组设备子集。

另一方面，广播则会被所有接收到广播的设备所处理。通常有两类广播可用：直接广播（directed broadcast）和受限广播（limited broadcast）。目前，直接广播更加常见。受限广播在那些试图通过 DHCP、BOOTP 以及其他预配置协议配置自身的设备中使用。受限广播被发送到地址 255.255.255.255，并且从不会被路由所转发。对于控制路由器或其他路由设备（例如，路由防火墙）的人来说，这一点至关重要。如果您在外部的、面向互联网的接口中收到了一个寻址到 255.255.255.255 的数据包，则可能存在一个错误配置的设备，或（更有可能）有一个潜在的攻击者在尝试刺探您的网络。如果您有设备在启动时通过 DHCP 配置自身，那么您在路由器的内部接口上看到受限广播则不足为奇。

在任何网络中，直接广播都是最常见的广播形式。这是由于地址解析协议（ARP）使用广播来获得子网中一个 IP 地址对应的 MAC 地址。直接广播受发送广播的设备所在的网络或子网的限制。通常，当一个路由器接口遇到了一个直接广播，它不会将该数据报传递到可路由的其它子网中。大多数路由器可以进行配置以允许此行为；然而，您应当谨慎些，以免打开路由器中广播的转发，从而导致广播风暴。一个子网广播是一个发往给定子网的广播地址的数据帧。该广播地址依据所要发送到的子网的掩码不同而不同。在一个 C 类网络中（255.255.255.0 或/24），默认的广播地址是该网络中最大的可用地址，因此结尾的数字为.255。例如，在 192.168.1.0/24 网络中，广播地址是 192.168.1.255。

1.2.4 ICMP

ICMP 位于 IP 层，有些人说它占据了一个特殊的位置。您或许对 ICMP 较为熟悉，因为 ping 使用了 ICMP。ICMP 或 Internet 控制报文协议（Internet Control Message Protocol）有很多用途。包括 ping 指令的底层实现在内，ICMP 共有 15 种功能，每种功能都由一个类型码表示。例如，ICMP 的 echo 请求（echo request，想想 ping）的类型码是 8；请求的回复，即 echo 响应的类型码是 0。在不同的类型中，还存在代码以指示该类型里不同的状态。ICMP 消息的类型和代码见表 1.3。

表 1.3　　　　　　　　　　　　　　　ICMP 消息类型和代码

类型	代码	描述
0	0	echo 响应
3		目标不可达

续表

类型	代码	描述
	0	网络不可达
	1	主机不可达
	2	协议不可达
	3	端口不可达
	4	要求分段并设置 DF 标志
	5	源路由失败
	6	目标网络未知
	7	目标主机未知
	8	源主机隔离
	9	目标网络被管理性禁止
	10	目标主机被管理性禁止
	11	对特定的 TOS 网络不可达
	12	对特定的 TOS 主机不可达
	13	通信被管理性禁止
	14	主机越权
	15	优先中止生效
4		源端被关闭（已弃用）
5		重定向
	0	网络重定向
	1	主机重定向
	2	服务类型和网络重定向
	3	服务类型和主机重定向
8	0	echo 请求
9	0	路由器通告
10	0	路由选择
11		超时
	0	TTL 超时
	1	分片重组超时
12	0	参数问题
13	0	时间戳请求

类型	代码	描述
14	0	时间戳应答
15	0	信息请求（已弃用）
16	0	信息应答（已弃用）
17	0	地址掩码请求（已弃用）
18	0	地址掩码应答（已弃用）

ICMP 消息的类型和代码包含在 ICMP 的报头部分，见图 1.3。

消息类型	子类型代码	校验和
消息ID		序列号
（ICMP可选数据结构）		

图 1.3　ICMP 数据报头

1.3　传输层机制

IP 协议定义了 OSI 模型中的网络层协议。其实仍有一些其他的网络层协议，但我只聚焦在 IP 上，因为它是目前最流行的网络层协议。OSI 模型中，网络层之上的是传输层。正如您所料，传输层有它自己的一组协议簇。我们对两个传输层的协议比较感兴趣：UDP 和 TCP。本节将分别详细介绍这些协议。

1.3.1　UDP

用户数据报协议（User Datagram Protocol，UDP）是无连接协议，用于 DNS 查询、SNMP（简单网络管理协议）和 RADIUS（远程用户拨号认证系统）等。作为无连接协议，UDP 协议的工作方式类似于"发送，然后遗忘"。客户端发送一个 UDP 数据包（有时称为数据报），并假设服务器将会收到该数据包。它依赖更高层的协议来将数据包按顺序组合。UDP 的报头为 8 字节，见图 1.4。

源端口	目的端口
UDP数据包长度	校验和

图 1.4　UDP 数据报头

UDP 报头以源端口号和目的端口号开始。接下来是包括数据在内的整个数据包的长度。显然，由于 UDP 报头的长度为 8 字节，因此这部分的最小值为 8。最后的部分是 UDP 头部的校验和，它包括了数据和报头（对数据和报头一起计算校验和）。

1.3.2   TCP

TCP 是传输控制协议（Transmission Control Protocol）的缩写，它是常用的面向连接的协议，常和 IP 一起使用。TCP 作为面向连接的协议，意味着它向上层提供可靠的服务。回想本章前面举出的电话会话的例子。在这个类比中，两个应用程序想要使用 TCP 进行通信则必须建立一个连接（有时被称为会话）。TCP 报头见图 1.5。

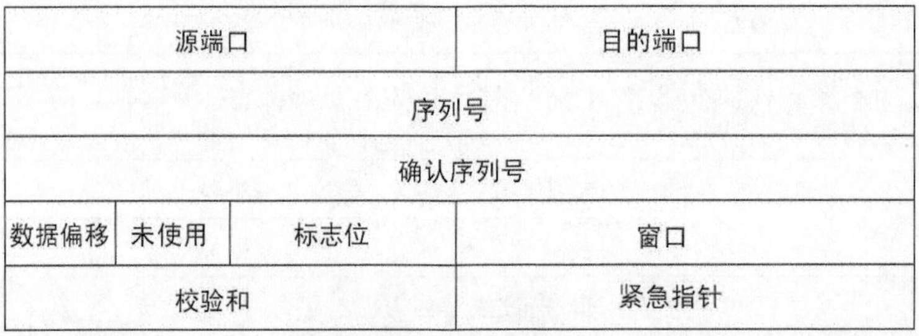

源端口			目的端口	
序列号				
确认序列号				
数据偏移	未使用	标志位	窗口	
校验和			紧急指针	

图 1.5   TCP 数据报头

就像您在图 1.5 中看到的那样。20 字节的 TCP 头部明显比本章的其他协议头部更加复杂。与 UDP 协议相似的是，TCP 头部也以源端口和目的端口开始。而源端口、目的端口与发送者、接收者的 IP 地址相结合唯一确定了这个连接。TCP 报头有 32 比特的序列号和 32 比特的确认序列号。TCP 是面向连接的协议并且提供可靠的服务。序列号和确认序列号是（但不是唯一）用于提供可靠性的基础机制。随着数据从传输层向下传递，TCP 会将数据划分成它认为合适的大小。这些分片即是 TCP 报文段（segment）。在 TCP 沿协议栈向下传递数据的过程中，它创建了序列号，指明了给定报文段中数据的第一个字节。在通信的另一端，接收者发送一个确认消息，指明它已经收到的报文段。发送者维护一个定时器，一旦一个确认序列号未按时接收，该数据段则会被重新发送。

TCP 保障可靠性的另一个机制是在报头和数据上计算的校验和。如果接收者接收到的发送者发送的报头中的校验和与接收者计算的校验和不匹配，则接收者将不会发送确认消息。如果确认消息在传输中丢失，则发送者可能会使用同样的序列号再发送一遍报文段。在这种情况下，接收者将简单地丢弃重复的报文段。

一个 4 比特的域（此处指数据偏移）被用来表示包括所有选项在内的报头长度（单位是 32 比特）。TCP 报头中有许多独立的比特标志：URG、ACK、PSH、RST、SYN、FIN、NS、CWR 和 ECE。对于这些标志的描述见表 1.4。

表 1.4   TCP 头部标志

标志	描述
URG	表明应该检查报头中的紧急指针部分
ACK	表明应该检查报头中的确认序列号部分
PSH	表示接收者应该尽快将该数据向下层传递

标志	描述
RST	指明应该重置连接
SYN	初始化一个连接
NE	显式拥塞通知（ECN）隐蔽性保护
CWR	拥塞窗口减少标志表示数据包的 ECE 标志已被设置，而且拥塞控制已被应答
ECE	如果 SYN 标志设为 1，这个标志表示 TCP 通信的一方支持 ECN。如果 SYN 设置为 0，这个标志表示收到的 IP 报头中的拥塞通知被设置
FIN	指明发送者（可以是连接的另一方）已经将数据发送完毕

16 比特的窗口域提供了滑动窗口机制。接收者设置窗口值以指明接收者准备接收的数据大小（从确认序号开始的大小）。这是 TCP 流控制中的一种。

16 比特的紧急指针指明了紧急数据结束处的偏移量，该偏移量从序列号开始。它能让发送者指明偏移量内的数据是紧急数据，应该以紧急方式进行处理。这个指针可以和 PSH 标志结合使用。

现在您对 TCP 报头有了直观的感觉了，是时候看看 TCP 连接是如何建立和终止的了。

TCP 连接

UDP 是无连接的协议，而 TCP 却是面向连接的协议。UDP 中没有连接的概念，在 UDP 数据报中只有发送者和接收者。对于 TCP 而言，连接的任一方都可以发送或接收数据，也可以同时接收和发送。TCP 是全双工（full-duplex）的协议。建立一个 TCP 连接的过程有时被称为三次握手（three-way handshake），很快您就会看到这个称呼的来由。

由于是面向连接的协议，在建立 TCP 连接时，会发生一个特定的过程。在该过程中，存在许多 TCP 连接的状态。连接建立的过程和相应的状态会在接下来的部分详细介绍。

要发起通信的一方（客户端）会在发送的 TCP 报文中设置 SYN 标志、初始序列号（Initial Sequence Number, ISN）以及它要通信的另一方的端口号，通常连接的另一方是服务器。该报文通常被称为 SYN 数据包或者 SYN 报文段，此时该 TCP 连接处于 SYN_SENT 状态。

此连接的服务器一方会发送一个同时设置了 SYN 标志和 ACK 标志的 TCP 报文段作为应答。此外，服务器还会将确认序列号设置为客户端所发送的初始序列号加一。该报文通常被称为 SYN-ACK 数据包或 SYN-ACK 报文段，此时该 TCP 连接处于 SYN_RCVD 状态。

接下来，客户端会应答 SYN-ACK 数据包：发送一个设置了 ACK 标志，并且确认序列号为 SYN-ACK 序列号加一的报文段。至此，三次握手已经结束，该连接已建立，进入了 ESTABLISHED 状态。

与初始化连接的协议（这里的协议指的是建立连接的过程）相对应，还有一个终止连接的过程。用于终止 TCP 连接的过程与建立连接的三步相对，共有四个步骤。多出的一个步骤来自于 TCP 连接的全双工特性，因为任何一边都可能在任何时候发送数据。

通过发送设置了 FIN 标志的 TCP 报文段，TCP 连接的某一方可以关闭该方向的连接。连接的任何一方都可以发送 FIN 标志，以表明它已经将数据发送完毕。而连接的另一方则可以继续发送数据。然而，实际上，当 FIN 被接收时，连接的终止过程通常将开始。在下面的讨论中，我把想要终止连接的一方称为客户端。

终止过程从客户端发送一个设置了 FIN 标志的报文段开始，此时服务器端的状态为 CLOSE_WAIT，而客户端的状态为 FIN_WAIT_1。在服务端接收到 FIN 后，服务端将向客户端回复 ACK，同时将序列号加一。此时，客户端进入 FIN_WAIT_2 状态。服务端同时向它的高层协议指出连接已终止。接下来，服务端将关闭连接，这会导致一个设置了 FIN 标志的报文段被发送到客户端，然后服务端将进入 LAST_ACK 状态，而客户端则进入 TIME_WAIT 状态。最后，客户端发送报文段确认此 FIN 标志（设置 ACK 标志，并将序列号加一），然后该连接便进入了 CLOSED 状态。由于 TCP 连接可以被任何一方终止，因此，一个 TCP 连接能够以半关闭的状态存在，此时一端已发起了 FIN 终止序列，但另一端则并没有这样做。

TCP 连接也能够由任何一方发送一个设置了重置（RESET）标志的报文段而终止。这通知连接的另一端使用一种中止的方式来释放连接。它与通常的结束 TCP 连接的那种常被称为有序释放的方式不同。

TCP 连接序列中有一个可选择部分是最大报文段长度（Maximum Segment Size，MSS）。MSS 是通信的双方各自所能接收的最大的数据块的大小。由于 MSS 是连接的两方所能接收到的最大的大小，通常发送比 MSS 小一些的数据块更合适。一般而言，您应该考虑使用一个大一些的 MSS，然而请牢记应避免分片（会在 IP 层进行），因为分片会增加系统开销（数据包分片需要额外的 IP 和 TCP 报头的字节）。

1.4　地址解析协议（ARP）

地址解析协议（Address Resolution Protocol），或称为 ARP，用于关联一个物理设备（例如网卡）和一个 IP 地址。网络设备使用一个 48 比特的地址（称为 MAC 地址），它在一个给定的网络中的设备里是唯一的。尽管有时设备会有相同的 MAC 地址，但这在同一个网络中是极其罕见的。

当在一个网络中捕获流量时，您将会以不同的频率遇到 ARP 数据包，这缘于设备在传递流量时需要定位另一个设备。然而，大多数 ARP 应答都是单播，因此只有发出请求的设备能看到这个应答。ARP 流量通常不会在网段之间被传递。因此，一个路由器可以被配置以提供代理 ARP 的服务，这样它便可以在多个网段中应答 ARP 请求。

1.5　主机名和 IP 地址

人们喜欢使用词语来命名事物，例如命名一个计算机为 mycomputer.mydomain.example.com。从技术上严格来说，这个命名并不指这台计算机，而是这台计算机中的网络接口。如果这台计算机有多个网卡，每个网卡将拥有不同的名字以及地址，看上去可能是在不同的网络和不同的子域中。

主机名的各部分间使用点进行分割。例如 mycomputer.mydomain.example.com，最左边的部分 mycomputer，是主机名，而.mydomain、.example 以及.com 分别是这个网卡所处的域。网络域是层次树形。那么什么是域呢？它是一种命名的约定。层次域树代表了全球域名服务（Domain Name Service，DNS）数据库的层级性特点。DNS 将符号名称（人们为计算机和网络的命名）映射到数字地址（IP 层用来唯一标识网络接口，即 IP 地址）。

DNS 的映射是双向的：IP 地址到主机名，主机名到 IP 地址。当您在浏览器中点击一个 URL 时，会查询 DNS 数据库，以找到与该主机名关联的唯一 IP 地址。该 IP 地址将被作为数据包里 IP 层的目的地址。

1.5.1 IP 地址和以太网地址

IP 层通过 32 或 128 比特的 IP 地址来识别网络主机，而子网或链路层使用唯一的 48 比特以太网地址或 MAC 地址，该地址可以由制造商烧写进网卡，也可以由用户设置。IP 地址在端点主机中被传送以相互识别。以太网地址在相邻的主机和路由器间传递。

通常，在关于防火墙的讨论中可以忽略以太网地址。第二层的硬件以太网地址对于第三层 IP 层和第四层传输层是不可见的。您会在后面的章节中看到，Linux 防火墙管理程序已经扩充了存取和过滤 MAC 地址的功能。这样的防火墙功能有一些特殊的用法，但重要的是牢记以太网地址并不会跨网络在端到端间传递。以太网地址只在临近的网络接口、主机或路由器之间传递。它们不会不经改变地穿过路由器。

1.6 路由：将数据包从这里传输到那里

住宅区和大多数商用站点都不会运行诸如 RIP 或 OSPF 这样的路由协议。在这些地方，路由表都是手工静态设置的。一个小提示，如果您正在运行一个类似 RIP 这样的路由协议，那么有一定概率是您根本不需要这样做；没有这些日常开销，您可以让网络更有效率。典型的，大多数站点拥有默认的网关设备，它是该网络中，当目的地址的路由未知时，数据包向外发出的接口。这种服务通常提供了一个单一的路由地址，即此站点中本地网络的默认互联网网关。

1.7 服务端口：通向您系统中程序的大门

基于网络的服务是运行在其他人可以通过网络访问到的计算机上的程序。而服务端口标识了某个会话或连接所在的程序。对于不同的基于网络的服务来说，服务端口是不同的数字式名称。它们也作为数字标识符在两个程序的特定连接中标识不同的端点。服务端口号的范围是 0～65535。

服务端程序（即守护进程，daemon）在为它分配的服务端口上监听到来的连接。按历史上的惯例，主要的网络服务都使用已被分配的公认端口，端口号是 1～1023。这些数字到服务的映射关系由因特网地址分配委员会（IANA）协调并作为全球接受的惯例或标准。

一个广告服务在互联网上仅仅通过分配给它的端口可用。如果您的计算机没有提供一个特定的服务，而某人尝试连接到和此服务相关的端口时，任何事都不会发生。有人在敲门，但没有人在那里做应答。例如，HTTP 被分配的端口号是 80（当然，您可以将它运行在 8080、20943 或任何可用的端口上）。如果您的计算机没有在运行基于 HTTP 的 Web 服务器，而某人尝试连接到 80 端口，此时客户端程序会从您的计算机处收到一个连接关闭消息和一个错误消息，表示并未提供该服务。

1024～65535 的更高的端口号被称为非特权端口（unprivileged port）。它们的存在有两个目的。大多数情况下，这些端口被动态分配给连接的客户端。客户端和服务端的一对端口号，外加两个主机各自的 IP 地址，以及使用的传输协议唯一地标识了该连接。

另外，1024～49151 的端口号是在 IANA 注册的端口号。这些端口能够被作为通常的非特权端口号池中的一部分，但它们也绑定了一些特定的服务，例如 SOCKS 或 XWindow 服务。最初，那些运行在更高的端口号上的服务并不以 root 权限运行。这些端口被用户级、非特权的程序使用。但这个惯例不适用于某些个别的特例。

服务名到端口号的映射

Linux 发行版提供一系列的常用服务端口号。这个列表能在/etc/services 中找到。

每个条目由一个服务名、分配给它的端口号、此服务使用的协议（TCP 或 UDP）和其他任何可选的服务别称组成。表 1.5 列出了一些从 Red Hat Linux 中截取的常用的服务名到端口号的映射。

表 1.5 　　　　　　　　　　　常用服务名到端口号映射

端口名	端口号/协议	别名
ftp	21/tcp	- -
ssh	22/tcp	- -
smtp	25/tcp	mail
domain	53/tcp	nameserver
domain	53/udp	nameserver
http	80/tcp	www www-http
pop3	110/tcp	pop-3
nntp	119/tcp	readnews untp
ntp	123/udp	- -
https	443/tcp	- -

> 请注意，与端口号相关联的符号名依不同的 Linux 发行版和版本而不同。服务名和别称不同，但端口号一致。
>
> 另外请注意端口号和一个协议相关联。IANA 尝试为同一个服务端口号同时分配 TCP 和 UDP 协议，而不论该服务是否使用两种传输方式。大多数服务使用两者中的一个协议。而域名服务（DNS）二者均使用。

1.7.1　一个典型的 TCP 连接：访问远程站点

以通过您的浏览器访问 Web 站点（连接到一个 Web 服务器）这种常用的 TCP 连接为例。这部分举例说明连接建立过程和通信过程中与 IP 数据包过滤（接下来的章节中会介绍）相关的各个方面。

这个过程中到底发生了什么呢？如图 1.6 所示，某处的计算机中运行着一个 Web 服务器，等待着从 80 端口到来的 TCP 请求。您在 Web 浏览器中点击一个 URL 时，URL 中的一部分被理解为主机名；该主机名被翻译成 Web 服务器的 IP 地址；然后，您的浏览器被分配了一个非特权端口号（例如，TCP 端口 14000）以便用于连接。接下来，一个发往 Web 服务器的 HTTP 消息被建立了。它被封装在一个 TCP 消息中（并包裹着 IP 数据报头），然后被发送出去。对于我们的目的而言，报头所包含的字段可见图 1.6。

额外的信息被包括在报头中，它们对数据包过滤层次来说是不可见的。然而，描述 SYN 标志、ACK 标志和相关的序列号有助于弄清楚在三次握手中到底发生了什么。当客户端程序发送它的第一个连接请求消息时，SYN 标志和同步的序列号均被设置。在客户端向服务器请求连接时，它会传递一个序列号，此序列号会被作为所有客户端发送的其余数据的起始编号。

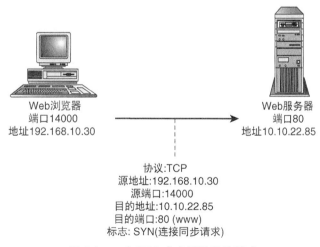

图 1.6　一个 TCP 客户端的连接请求

　　这个数据包将在服务器计算机处被接收。它被发送到 80 服务端口。由于服务器在监听 80 端口，因此有到来的连接请求（SYN 连接同步请求标志）时，它将接到通知：一个请求从源 IP 地址和某端口号组成的套接字（您的 IP 地址，14000）处到来。服务器会在分配一个新套接字（Web 服务器 IP 地址，80）并将此套接字与客户端的套接字关联在一起。

　　Web 服务器会使用确认报文应答该 SYN 消息，同时会发起 SYN 请求。如图 1.7 所示，连接目前处于半打开状态。

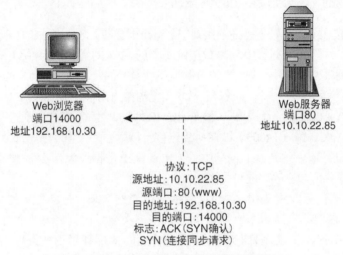

Web浏览器
端口14000
地址192.168.10.30

Web服务器
端口80
地址10.10.22.85

协议：TCP
源地址：10.10.22.85
源端口：80（www）
目的地址：192.168.10.30
目的端口：14000
标志：ACK（SYN确认）
　　　SYN（连接同步请求）

图 1.7　一个 TCP 服务器的连接请求确认

　　两个对于数据包过滤级别而言不可见的域均包含在 SYN-ACK 报头中。服务器发出的报文包括了 ACK 标志，以及客户端的序列号加上接收到的连续数据的字节数。该确认报文的目的是确认已收到客户端的序列号所标记的数据。服务器通过增加客户端的序列号来进行确认，高效地向客户端表明它已收到了数据，而序列号加 1 便是服务器期望收到的下一字节数据。由于服务器已经确认收到了最初的 SYN 消息，客户端此时可以随意丢掉它了。

　　服务器也在它的第一个消息中设置了 SYN 标志。和客户端的第一个消息相同，这个 SYN 标志也伴随一个同步序列号一同发送。服务器为此半连接（从服务器发送数据到客户端，作者将此发送功能作为一个半连接）传递它自己的起始序列号。

　　只有服务器发送的第一条消息是需要设置 SYN 标志的。这条消息和以后的消息均需要设置 ACK 标志。在我们获得可用的信息以构建防火墙时，所有服务器消息里出现的 ACK 标志相比客户端的第一条缺乏 ACK 标志的消息，将是一个关键的差别。

　　在连接建立后，您的计算机接收到此消息并以自己的确认进行应答。图 1.8 以图例显示了这个过程。从此以后，客户端和服务器（发送的报文中）都会设置 ACK 标志，但 SYN 标志不会再被任何一方设置了。

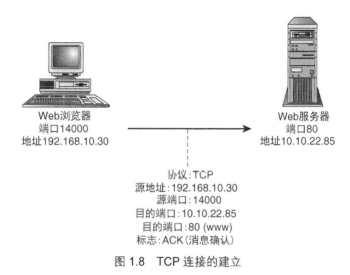

Web浏览器
端口14000
地址192.168.10.30

Web服务器
端口80
地址10.10.22.85

协议：TCP
源地址：192.168.10.30
源端口：14000
目的端口：10.10.22.85
目的端口：80 (www)
标志：ACK(消息确认)

图 1.8　TCP 连接的建立

　　随着每一次的确认，客户端和服务端程序递增对方进程的序列号（接收到的消息中的序列号），每收到一个连续的数据字节，序列号加 1。这种确认序列号表明已收到了那些字节的数据，并指明了程序想接收的流中的下一个数据字节。

　　在您的浏览器接收 Web 页面时，您的计算机从 Web 服务器接收了包括数据包报头在内的数据消息，如图 1.9 所示。

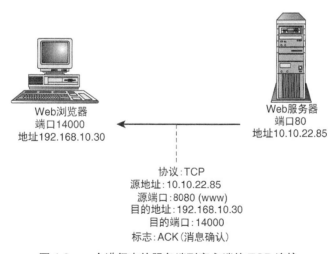

Web浏览器
端口14000
地址192.168.10.30

Web服务器
端口80
地址10.10.22.85

协议：TCP
源地址：10.10.22.85
源端口：8080 (www)
目的地址：192.168.10.30
目的端口：14000
标志：ACK(消息确认)

图 1.9　一个进行中的服务端到客户端的 TCP 连接

1.8 小结

本章用这个简单的例子阐明了 IP 数据包过滤防火墙所基于的信息。第 2 章基于这里的介绍，描述了如何使用 ICMP、UDP、TCP 消息类型和服务端口号定义一个包过滤防火墙。

第2章
数据包过滤防火墙概念

什么是防火墙？过去的几年里，这个术语的含义已经发生了改变。根据 RFC 2647 "Benchmarking Terminology for Firewall Performance"，防火墙是"一台或一组设备，用以在网络间实施访问控制策略"。这个定义非常的宽泛，事实上有意如此。一个防火墙能够包含 OSI 模型中的很多层，并且可能会涉及进行数据包过滤的设备。它可以实施数据包检查和过滤，在更高的层次中对某应用程序实现某一策略，或做更多类似的事情。

一个无状态防火墙（不维护状态的防火墙，stateless firewall）通常仅仅在 OSI 模型的 IP 层（第三层）中执行一些数据包过滤，尽管有时这种类型的防火墙也会涉及更高层的协议。一个这种设备类型的例子可能包括一个边界路由器，它位于网络的边缘，实现了一个或更多的存取列表来防止各种类型的恶意流量进入本网络。有些人可能会说这种设备根本不是防火墙。然而，它看上去的确与 RFC 的定义相符。

一个边界路由器的访问列表可能会依据数据包所到达的接口的不同实现许多不同的策略。它通常会过滤连接到互联网的网络边界处的特定的数据包。这些数据包将会在本章中稍后进行讨论。

与无状态的防火墙相对的是状态防火墙（stateful firewall）。一个状态防火墙会对看到的一个会话中之前的数据包进行追踪，并基于此连接中已经看到的内容对数据包应用访问策略。状态防火墙隐含着它也拥有无状态防火墙所拥有的基础数据包过滤能力。一个状态防火墙会追踪一个 TCP 三次握手的阶段，并且会拒绝那些看上去对于三次握手来说失序的数据包。作为无连接协议，UDP 对于状态防火墙来说处理起来会比较棘手，由于该通信过程中没有状态可言。然而，状态防火墙会跟踪最近的 UDP 报文交换以确定已经收到的某个数据包与一个近期发出的数据包相关。

一个应用层网关（Application-Level Gateway，ALG）有时被写为 Application-Layer Gateway，它是另外一种形式的防火墙。与了解网络层以及传输层的无状态防火墙不同，应用层网关主要在 OSI 模型中的应用层（第七层）进行操作。应用层网关通常对于被传递的应用程序数据有较为深刻的了解，因此它能够寻找到任何与正被检查的应用程序的日常流量有偏差的部分。

一个应用层网关通常处在客户端和真实的服务器之间，并且主要目的是模仿服务器到客户端的行为。实际上，本地流量从不会离开本地 LAN，而远处的流量也从不会进入本地 LAN。

应用层网关有时也指的是一个模块，或是协助另一个防火墙的软件。许多防火墙与 FTP ALG 一起运行以支持 FTP 的主动模式数据通道，这种模式下客户端向 FTP 服务器发送用于连接的本地端口，以便服务器打开数据通道。服务器初始化到来的数据通道（然而，通常，客户端初始化所有连接）。应用层网关时常需要传递多媒体协议通过防火墙，因为多媒体会话通常使用由双方初始化的多个连接，并且通常会同时使用 TCP 和 UDP。

ALG 是一种代理。另一种形式的代理是链路层代理（circuit-level proxy）。链路层代理通常不具有应用层相关的知识，但它们能够实施存取和授权策略，并且它们充当原本的端到端连接中的终端点的作用。SOCKS 是一个链路层代理的例子。代理服务器会扮演连接中两方的终端点的角色（既作为客户端从真实服务器处接收数据，又扮演服务器发送数据到真实的客户端），但服务器并没有任何应用相关的知识。

在这些例子中，防火墙的目的是实施您定义的访问控制或安全策略。安全策略对访问控制来说至关重要——在您的控制下，谁被允许而谁不被允许在服务器和网络上执行一些动作。

虽然对于防火墙来说，并没有明确的要求，但防火墙很多时候都执行了一些额外的任务，这些任务可能包含网络地址转换（Network Address Translation，NAT）、反病毒检测、事件通知、URL 过滤、用户验证以及网络层加密。

本书的内容涵盖了数据包过滤防火墙、静态与动态防火墙、无状态与状态防火墙。所有这些提到的手段都是用来控制哪个服务能够由哪个用户访问。每种方法基于 OSI 参考模型里不同层次中的可用信息，都有其各自的优势和长处。

第 1 章介绍了防火墙所基于的概念和信息。本章会介绍这些信息在实现防火墙规则时是如何被使用的。

2.1　一个数据包过滤防火墙

在最基本的层面上，数据包过滤防火墙由一系列接受和拒绝的规则组成。这些规则明确地定义了哪些数据包被允许而哪些不被允许通过网络接口。防火墙规则使用第 1 章介绍的数据包报头来决定是否将数据包传递到它的目的地，还是静默地丢弃数据包，或拦截数据包并向发送的计算机返回一个错误条件。这些规则能够基于广泛的因素，包括源 IP 地址、目的 IP 地址、源端口、目的端口（更常用）、单个数据包的一部分如 TCP 报头、协议类型、MAC 地址等。

MAC 地址过滤在连接到互联网的防火墙中是不常见的。使用 MAC 地址过滤，防火墙可以阻挡或允许某些特定的 MAC 地址。然而，您十有八九可能仅仅看到一个 MAC 地址，这个地址来自于您防火墙上游的路由器。这意味着，只要您的防火墙可以看到，那么互联网上的所有主机看起来都有着同样的 MAC 地址。对于新防火墙管理员来说，一个常见的错误便是尝试在互联网防火墙中尝试使用 MAC 地址过滤。

　　使用混合的 TCP/IP 参考模型，则数据包过滤防火墙工作在网络层和传输层。如图 2.1 所示。

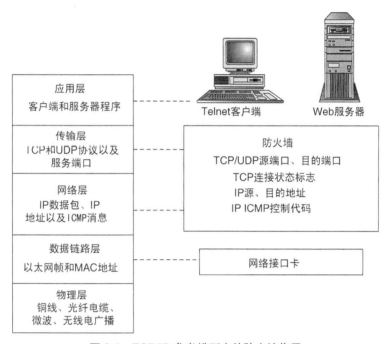

图 2.1　TCP/IP 参考模型中的防火墙位置

　　管理防火墙的总体思路是：当您已经连接到互联网时，您需要十分仔细地控制到底允许什么在互联网和计算机之间传播。在连接到互联网的外部接口中，您应尽可能准确和明确地单独过滤从外部进入的数据和从内部发出的数据。

　　对于单一计算机的配置来说，将网络接口想象成一组 I/O 对可能会有所帮助。防火墙独立地过滤接口上进入和发出的数据。输入过滤器（input filter）和输出过滤器（output filter）能够，且基本上可以具有完全不同的规则。图 2.2 描述了规则处理的流程图。

　　这听上去挺强大，确实这样，但它却并不是绝对没错的安全机制。这只是故事的一部分，只是多层数据安全方法中的一层，并不是所有的应用程序通信协议都会提供自身以进行数据包过滤。

　　这种类型的过滤对于细粒度的验证和存取控制来说太过于低级。这些安全服务必须在更高的层次中提供。IP 不具有查证发送者是否是他/她所声称的那个人的能力。在这一层中仅有的可用的识别信息是 IP 数据报头中的源地址。而源地址可以被轻易地修改。再向上一层，网络层和传输层都无法检查应用数据是否正确。然而，相比于能够更容易、更方便地在更高层次所做的控制，数据包层次允许在直接端口存取、数据包内容以及正确的通信协议方面进行更强力、更简单的控制。

没有了数据包层次的过滤，更高层的过滤以及代理安全措施将变得残缺或不起作用。至少在某种程度上，它们必须依赖下层通信协议的正确性。安全协议栈中的每一层都提供了其他层所不能提供的能力。

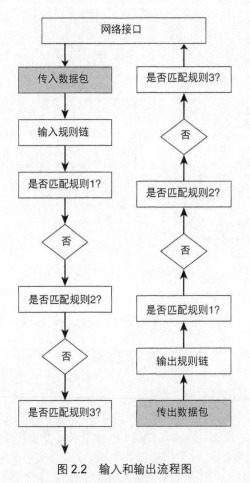

图 2.2   输入和输出流程图

2.2   选择一个默认的数据包过滤策略

就像本章前面所说的那样，防火墙是一个实现访问控制策略的设备。这个策略的大部分的决策基于一个默认的防火墙策略。

实现一个默认的防火墙策略有两种方法：
● 默认拒绝所有消息，明确地允许选定的数据包通过防火墙；
● 默认接受所有消息，明确地拒绝选定的数据包通过防火墙。

　　毫无疑问，推荐的方法是默认拒绝所有消息的策略。这种方法可以更容易地建立一个安全的防火墙，但您需要的每项服务和相关的事务协议必须被明确地启用（见图2.3）。

　　这意味着您必须了解您启用的每一项通信协议。"拒绝所有消息"的方法需要更多的工作来保证互联网接入。一些商业防火墙产品只支持"拒绝所有消息"的策略。

　　"接受所有消息"的策略使构建防火墙更加容易并且可以立刻运行。但它迫使您预见到您要关闭的所有可以想象到的访问类型（见图 2.4）。这样做的危险是您并不能预期到某一危险的访问类型，直到这一切已经太迟了。或者您可能在后来启用一个不安全的服务，而并没有首先阻止外部访问到它。最后，开发一个安全的"接受所有消息"防火墙需要更多的工作，并且难度高得多，几乎总是更不安全，因而更加容易出错。

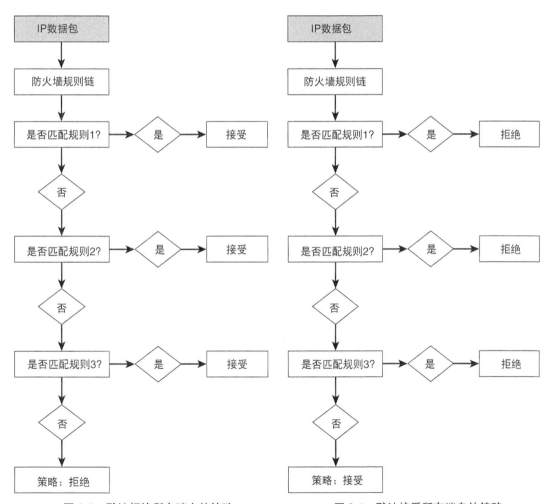

图 2.3　默认拒绝所有消息的策略　　　　　图 2.4　默认接受所有消息的策略

2.3　对一个数据包的驳回（Rejecting）VS 拒绝（Denying）

在 iptables 和 nftables 中的 Netfilter 防火墙机制给予您驳回或丢弃数据包的选项。那么，二者有何不同？如图 2.5 所示，当一个数据包被驳回（reject）时，该数据包被丢弃，同时一个 ICMP 错误消息将被返回到发送方。当一个数据包被丢弃时，它仅仅是被简单地丢弃而已，不会向发送者进行通知。

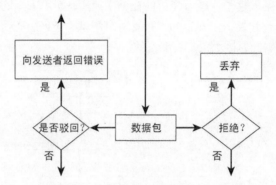

图 2.5　对一个数据包的驳回和否定的区别

静静地丢掉数据包通常是更好的选择，共有三个原因。第一，发送一个错误回应会增加网络流量。大多数被丢弃的数据包被丢弃是因为它们是恶意的，并不是因为它们只是无辜地尝试访问您碰巧不能提供的服务。第二，一个您响应了的数据包可能被用于拒绝服务（Denial-of-Service，DoS）攻击。第三，任何回应，甚至是错误消息，都会给潜在的攻击者可能有用的信息。

2.4　过滤传入的数据包

外部网卡 I/O 对中的输入端、输入规则集，对于保护您的站点而言，是更值得注意的。就像前面提到的那样，您能够基于源地址、目的地址、源端口、目的端口、TCP 状态标志以及其他标准进行过滤。

您将在后面的章节中了解到所有这些信息。

2.4.1　远程源地址过滤

在数据包层面，唯一确定 IP 数据包发送者的方式便是数据包报头的源地址。这个事实为源地址欺骗（source address spoofing）提供了可能，发送者将一个并非他/她真实地址的错误地址放在报文的相应源地址域里。该地址可能是一个不存在的地址，也可能是属于另一个人的合法的地址。这会使得令人讨厌的访问闯入您的系统，它们看起来是本地的、可信赖的流量；在攻击其他站点时假扮成您；假装另外的别人来攻击您；让您的系统陷入向不存在的地址响应的困境；或以传入消息的来源误导您。

重要的是要记住，您通常无法检测出伪造的地址。这个地址可能是合法的并且是可路由的，但它并不属于该数据包的发送者。下面的章节将描述您可以检测出的伪造的地址。

1. 源地址欺骗和非法地址

有几个种类的源地址，不论任何情况下，您都应该在您的外部接口中拒绝它们。它们是声称来自下面地址传入的数据包。

- **您的 IP 地址**：您永远也不会看到合法的传入数据包声称它们来自于您的计算机。由于源地址是唯一的可用信息，并且它可以被修改，这是一种您可以在数据包过滤级别检测的合法地址欺骗。声称来自于您的计算机的数据包是伪造的数据包。您不能确定其他传入数据包是否从他们所声明的地方被传输过来。（有些操作系统会在收到一个源地址和目的地址都属于主机的网络接口地址时崩溃）

- **您的局域网地址**：您很少会看到合法的流入数据包声称来自于您的局域网，但却在外部的互联网接口上被接收。如果局域网有多个到互联网的访问点，那么看到这些数据包是可能的，但这通常可能是局域网配置错误的信号。在大多数情况下，这样的数据包是想利用您本地局域网的信任关系，尝试进入您的站点。

- **A、B、C 类地址中的私有 IP 地址**：在历史上的 A、B、C 类地址中，这三种类型的地址是为私有局域网而保留的。它们不适宜在互联网上使用。就其本身而论，这些地址能够被任何站点内部地使用，而无需购买注册的 IP 地址。您的计算机应该永远不会看到从这些源地址流入的数据包。
  - A 类私有地址被分配的范围是 10.0.0.0～10.255.255.255。
  - B 类私有地址被分配的范围是 172.16.0.0～172.31.255.255
  - C 类私有地址被分配的范围是 192.168.0.0～192.168.255.255

- **D 类组播 IP 地址**：在 D 类地址范围内的 IP 地址被预留作为参加到组播网络广播的目的地址，例如音频广播或视频广播。它们的范围是 224.0.0.0 到 239.255.255.255。您的计算机应该永远不会看到从这些源地址发来的数据包。

- **E 类的保留 IP 地址**：E 类范围内的 IP 地址被保留以用于未来或实验性使用，它们并没有被公开地分配。它们的范围从 240.0.0.0 到 247.255.255.255。您的计算机应该永远不会看到来自这些源地址的数据包，基本上永不会。（由于整个直到 255.255.255.255 的地址范围被永远地保留，E 类地址实际上可以定义为 240.0.0.0 到 255.255.255.255。事实上，某些定义 E 类地址的范围正是上面这样。）

- **回环接口地址**：回环接口是一个私有网络接口，Linux 系统将其用于本地的、基于网络的服务。操作系统在回环接口上为了性能的提升而走了捷径，它并未通过网络接口驱动发送本地流量。按照定义，回环流量的目标是产生它的系统。它不会走出到网络中。回环地址的范围是 127.0.0.0 到 127.255.255.255。您通常看到它被称为 127.0.0.1、localhost 或回环接口：lo。

- **畸形的广播地址**：广播地址是一类面向网络中所有主机的特殊的 IP 地址。地址 0.0.0.0 是一个特殊的广播源地址。一个合法的广播源地址可以是 0.0.0.0 或一个普通的广播 IP 地址。DHCP 客户端和服务器会看到从 0.0.0.0 到来的流入广播数据包。这是该源地址唯一合法的使用。它不是一个合法的点到点的单播源地址。当看到源地址是一个普通的、点到点的非广播地址时，要么说明发送方没有被完全配置，要么该地址是伪造的。

- **A 类网络的 0 地址**：像前面建议所说的那样，任何从 0.0.0.0～0.255.255.255 的源地址都是非法的单播地址。

- **链路本地网络地址**（Link local network addresses）：DHCP 客户端有时候在无法从服务器获得地址时，会为它们自身分配一个链路本地地址。这些地址的范围是 169.254.0.0 到 169.254.255.255。

- **运营商级 NAT**（Carrier-grade NAT）：这些 IP 地址被标记为由互联网提供商使用，并且应该永远不会出现在公共网络互联网里。然而，这些地址可以在云环境中使用，因此，如果您的服务器被托管在一个云提供商那里，您可能会看到这些地址。运营商级 NAT 地址范围从 100.64.0.0～100.127.255.255。

- **测试网络地址**：从 192.0.2.0～192.0.2.255 之间的地址空间被预留以测试网络。

2．阻止问题站点

另一个普遍但不常用的源地址过滤策略是，阻止筛选出的一些计算机，或更典型地，阻止某个网络里所有的 IP 地址。互联网社区倾向于对问题站点和不监管其用户的 ISP 采取这种措施。如果一个站点有了"坏互联网邻居"的声誉，那么其他站点就可能全面地阻止该站点。

在个人方面，当特定的远端网络里的人们习惯性地做一些令人讨厌的事，那么阻止该网络的所有访问则是方便快捷的。这种方法早已被用来对抗不请自来的邮件，有些人甚至会阻止某一个国家整个范围的 IP 地址。

3．限制选中的远程主机的传入数据包

您也许仅想从特定的外部站点或个人处接收某些类型的传入数据包。在这种情况下，防火墙规则将定义它接受的特定的 IP 地址或有限范围的 IP 源地址，防火墙只接受由这些地址发送的数据包。

第一类传入数据包是来自于响应您请求的远程服务器。尽管有一些服务，例如 Web 或 FTP 服务（的响应），可以预期来自任何地方，但其他服务（合理的情况下）只会合法地来自于您的 ISP 或特别选择的受信任的主机。那些可能仅仅通过您的 ISP 提供的服务包括 POP 邮件服务、域名服务（DNS）名称服务器响应、可能的 DHCP 或动态 IP 地址分配。

第二类传入数据包是来自于远程客户端，它们要访问您站点提供的服务。再次的，尽管一些到来的连接（例如连接到您的 Web 服务器）可以预期来自于任何地方，但其他的本地服务将

只对一部分受信任的远程用户或朋友们开放。这些受限的本地服务的例子可以是 ssh 和 ping。

2.4.2 本地目的地址过滤

基于传入数据包的目的地址过滤数据包并不是太大的问题。在正常条件下，您的网络接口卡会忽略那些不发往自己的数据包。但广播数据包则是一个例外，它会广播到网络中的所有主机。

IPv4 地址 255.255.255.255 是一个普通的广播目的地址。它被称为受限广播（limited broadcast），指的是直接物理网段里的所有主机。广播地址可以被更明确地定义为某个给定的子网中的最大的网络地址。例如，如果您的 ISP 网络地址是 192.168.10.0，而您的 IP 地址是 192.168.10.30，由于使用了 24 比特的子网掩码（255.255.255.0），您将会看到从您的 ISP 处发出的发往 192.168.10.255 的广播数据包。另一方面，如果您有一个更小范围的 IP 地址，例如/30（255.255.255.252），那么您一共拥有四个地址：一个表示网络，两个可用于主机，另一个则是广播地址。例如，考虑网络 10.3.7.4/30。在这个网络里，10.3.7.4 是网络地址，而两个主机地址则是 10.3.7.5 和 10.3.7.6，广播地址则是 10.3.7.7。这个/30 的子网配置类型通常在路由器间使用，尽管它们各自使用的实际地址可能不同。唯一得到一个特定子网的广播地址的方式即是同时获得一个该子网中的 IP 地址和该子网的子网掩码。这种类型的广播被称为直接子网广播（directed subnet broadcasts），它们被传递给那个网络中的所有主机。

广播到目的地址 0.0.0.0 的情况类似于"源地址欺骗和非法地址"小节中，提到的声称来自于之前提到的（0.0.0.0）这个广播源地址的点到点的数据包。这里，广播数据包指向源地址 0.0.0.0 而不是目的地址 255.255.255.255。这种情况下，该数据包的意图毫无疑问。它在尝试识别您的系统是否是一台运行 Linux 的计算机。由于历史原因，从 BSD UNIX 衍生的系统在回应以 0.0.0.0 作为广播目的地址的数据包时，会返回类型为 3 的 ICMP 错误消息。其他系统会静默地丢弃这个数据包。同样地，这是一个很好的例子，关于为什么丢弃数据包和驳回数据包会有所不同。在这种情况下，错误消息本身就是探测活动要找的东西。

2.4.3 远程源端口过滤

从远程客户端到达您本地服务器的请求和连接将使用一个处于非特权范围的源端口号。如果您正托管着一个 Web 服务器，所有到来的连接的源端口号应该在 1024 到 65535 之间。（而服务端口号则标识了请求某服务的意图，并不保证成功。您不能确定您期望访问的服务运行在您期望的端口上。）

从您联系的远程服务器处到来的响应和连接将使用分配给该服务的源端口。如果您连接到一个远程站点，那么所有从该远程站点到来的消息的源端口都是 80（或任何本地客户端指定的端口号），即 HTTP 服务端口号。

2.4.4　本地目的端口过滤

传入数据包的目的端口标识了该数据包意图访问的您计算机上的程序或服务。正如源端口一样，所有从远程客户端传入到您的服务的请求通常会遵循同样的模式，而所有从远端服务传入到您的本地客户端的响应则会遵循另一个不同的模式。

从远程客户端传入到您本地服务器的请求和连接会将目的端口设置为您为特定的服务所分配的端口号。例如，有一个传入数据包的目标是您的本地 Web 服务器，则它通常会设置目的端口为 80，即 HTTP 服务端口号。

从您联系的远端服务器到来的响应将会把目标端口设置为非特权范围内的端口号。如果您连接到一个远程站点，所有从远端服务器到来的消息的目的端口的范围将在 1024～65535 之间。

2.4.5　传入 TCP 的连接状态过滤

传入 TCP 数据包的接受规则可以使用与 TCP 连接相关的状态标志。所有的 TCP 连接都会遵循同样的连接状态集。由于连接建立过程中的三次握手过程，客户端和服务端上的状态会有不同。同样地，防火墙能够将从远程客户端到来的流量与从远端服务器到来的流量区分开来。

从远程客户端传入的 TCP 数据包会在接收到的第一个数据包中设置 SYN 标志，以作为三次握手的一部分。第一次连接请求会设置 SYN 标志，但不会设置 ACK 标志。

从远端服务器传入的数据包总是会回应从您本地客户端程序发起的最初的连接请求。每个从远端服务器接收的 TCP 数据包都已被设置 ACK 标志。您的本地客户端防火墙规则将要求所有从远端服务器传入的数据包设置 ACK 标志。服务器通常不会尝试向客户端发起连接。

2.4.6　探测和扫描

探测（probe）通常指尝试连接或尝试从一个单独的服务端口获得响应。扫描（scan）是对一组不同的服务端口进行的一系列探测。扫描通常是自动的。

不幸的是，探测和扫描极少是无辜的。它们更像是最初的信息收集步骤，在发起攻击前寻找感兴趣的漏洞。自动的扫描工具是非常普遍的，而且通常由一组黑客互相协同努力完成。互联网上的很多主机安全或缺乏安全，随着蠕虫、病毒和僵尸机器的扩散，扫描变成了互联网上一个永恒的问题。

常规端口扫描

常规端口扫描是对一大块，也许是整块范围（见图 2.6）内服务端口的无差别的探测。由于存在更复杂的、有针对性的隐形工具，这些扫描通常不太频繁或至少不太明显。

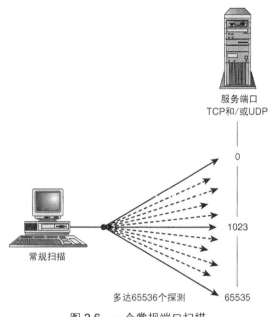

图 2.6　一个常规端口扫描

定向端口扫描

目标端口寻找特定的漏洞（见图 2.7）。更新的、更复杂的工具会尝试识别硬件、操作系统和软件版本。这些工具被设计用来确认目标是否可能存在一个特定的漏洞。

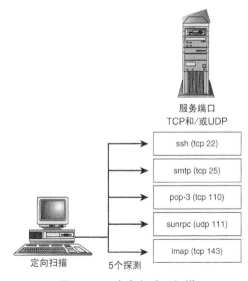

图 2.7　一个定向端口扫描

常用服务端口目标

常用的目标通常会被独立地探测以及扫描。攻击者可能在寻找一个特定的漏洞，例如一个不安全的邮件服务器、一个未打补丁的 Web 服务器或一个开放的远程程序调用（Remote Procedure Call，RPC）portmap 守护进程。

一个范围更广的关于端口的列表能够在 http://www.iana.org/assignments/port-numbers 找到。这里只会提到一部分常用端口，下面是给你的一些想法。

● 从保留端口号 0 传入的数据包总是伪造的。这个端口是不能被合法使用的。

● 对 TCP 端口 0～5 的探测是端口扫描程序的标志。

● ssh (22/tcp)、smtp (25/tcp)、dns (53/tcp/udp)、pop-3 (110/tcp)、imap (143/ tcp)和 snmp (161/udp)都是最受欢迎的目标端口。它们代表了系统里一些最可能存在潜在漏洞的入口。不论本质上，是因为常见的配置错误，或是软件中的已知瑕疵。因为这些服务过于普遍，因此它们是个绝好的例子：为什么您应该不向外部世界提供这些服务，或十分小心地向外提供服务并控制外部的访问。针对 NetBIOS (端口号 137-139/tcp/udp)和运行在 Windows（445/tcp）的服务器信息块（SMB）协议的探测是极其常见的。它们通常并不会对 Linux 系统构成威胁，除非 Linux 系统使用了 Samba。这种情况下，探测的典型目标是 Windows 系统，但这种扫描太过普遍了。

隐形扫描

从定义来看，隐形端口扫描，意味着它不会被检测到。它们基于 TCP 协议栈如何响应非预期的数据包或设置了非法的状态标志组合的数据包。例如，一个传入的数据包设置了 ACK 标志，但却没有相关连接的情况。如果有一个服务器正在监听这个 ACK 被发送到的端口，TCP 协议栈由于无法找到一个相关的连接，它将返回一个 TCP 的 RST 消息给发送方，告诉它重置连接。如果 ACK 被发送到了未使用的端口，系统将简单地返回一个 TCP 的 RST 消息以指明错误，就像防火墙默认可能会返回一个 ICMP 错误消息一样。

这个问题其实更加复杂，因为一些防火墙仅仅测试 SYN 标志和 ACK 标志。如果二者都未设置，或者如果数据包包含一些其他标志组合，则防火墙实现可能会传递该数据包到 TCP 的代码。依据 TCP 状态标志组合以及接收数据包的操作系统的不同，系统会使用 RST 消息响应或保持沉默。这个机制能够被用于辨识目标系统运行着的操作系统。在任何这些情况下，接收到数据包的操作系统都不会在日志中记录这些事件。

这种诱导目标主机生成一个 RST 数据包的方式也可以被用于映射一个网络，决定网络里系统在监听的 IP 地址。如果目标系统不是服务器，并且它的防火墙被设置为默认丢弃无用的数据包时，这种方法格外有效。

避免偏执：响应端口扫描

防火墙日志通常会显示所有类型的失败的连接尝试。探测将是您在日志报告中看到的最常见的东西。

人们真的有这么频繁地探测您的系统么？是的。您的系统是否缺乏抵抗力呢？不，不会的。好吧，其实未必。这些端口被阻止了。防火墙做了这一切。这些是已被防火墙拒绝了的失败的连接尝试。

什么时候，您个人会决定报告一个探测？什么时候，花时间报告一个探测真的足够重要么？什么时候，您说着够了够了，然后继续您的生活，或您应该每次都向 abuse@some.system 写信？这里并没有"正确"的答案。您如何应对是个人的判断，并且部分依赖于您可用的资源，您站点上的数据有多敏感，以及您站点的互联网连接有多么重要。对于明显的探测和扫描，并没有明确的答案。这取决于您的个性和舒适等级，您个人如何定义一个严重的探测以及您的社会公德心。

考虑到这一点，下面是一些切实可行的指导方针。

最常见的尝试其实是由自动化探测、错误、基于互联网历史的合法尝试、无知、好奇心和行为不当的软件组合而成的。

您几乎总是可以安全地忽略由个人、独立的单一连接发起的对于 telnet、ssh、ftp、finger 或任何其他您未提供的公共端口的请求。探测和扫描是互联网上无法更改的事实，二者的发生都很频繁，但通常不会构成危险。它们有点像挨家挨户推销的销售人员、商业电话、错误的电话号码以及垃圾邮件。对于我来说，至少在一天里没有足够的时间对其一一进行回应。

另一方面，有些探测者会更执着一些。您可以决定增添一些防火墙规则以完全阻挡它们，或者甚至阻挡它们的整个 IP 地址空间。

如果一个开放的端口被发现的话，那么对一个子网中已知可能存在安全漏洞的端口进行扫描的行为通常是一次攻击的先兆。而更具包容性的扫描通常是在域或子网之间进行的查找空缺的边界扫描的一部分。当下的黑客工具会一个接着一个地探测一个子网中的这些端口。

您偶然会看到严重的黑客企图。这毫无疑问是该采取行动的时候了。记下它们并报告它们。再次检查您的安全性。观察它们在做什么，阻止它们，阻止它们的 IP 地址块。

一些系统管理员将每次事件都看得很严重，因为即使他们的计算机是安全的，但他人的计算机可能并不安全。下一个人可能并不具有知晓他/她正被人探测的能力。为了每个人的利益，报告探测行为是一个应当负起的社会责任。

您应该如何回应端口扫描呢？如果您记录了这些人、他们的邮件管理者、他们上行线路的服务提供者网络运营中心（NOC）或网络地址块协调器，请尽量保持礼貌。在未完全了解之前，不要轻易下结论。过激的反应往往是错误的。看上去像一个严肃的黑客进行的攻击常常是一个好奇的孩子在和一个新程序玩耍。对于滥用者、root 用户或邮件管理员的一句好话有时候更有利于问题的解决。更多的人需要关于网络礼节的教育而不是撤回它们的网络账号。它们可能真的是无辜的。就像通常发生的那样，某人的系统被盗用了，而那个人完全不知道发生的事情，它们会感谢您提供的信息。

然而，探测并不是仅有的不怀好意的流量。探测行为本身是无害的，但 DoS 攻击却不是。

2.4.7   拒绝服务攻击

DoS 攻击基于这样的思想：用数据包淹没您的系统，以打扰或严重地使您的互联网连接降级，捆绑本地服务以导致合法的请求不能被响应，或更严重地，使您的系统一起崩溃。两个最常见的结果便是使系统过于忙碌而不能执行任何有用的业务并且占尽关键系统资源。

您不能完全地保护自己免受 DoS 攻击。它们能使用攻击者能想象到的各种形式。任何会导致您的系统进行响应、任何导致您的系统分配资源（包括在日志中记录攻击）、任何诱使一个远程站点停止与您通信的方法都能够在 DoS 攻击中使用。

拒绝服务攻击的更多信息

关于拒绝服务攻击更进一步的信息，可以查看 http://www.cert.org 中关于"拒绝服务"页面。

这些攻击通常包含多种类型中的一种，包括 TCP SYN 泛洪（SYN Flood）、ping 泛洪（ping-Flood）、UDP 泛洪（UDP-Flood）、分片炸弹（fragmentation bombs）、缓冲区溢出（buffer overflow）和 ICMP 路由重定向炸弹（ICMP routing redirect bomb）。

TCP SYN 泛洪攻击

TCP SYN 泛洪攻击会消耗您的系统资源直到无法接收更多的 TCP 连接（见图 2.8）。这种攻击利用连接建立过程中基本的三次握手协议，并结合 IP 源地址欺骗。

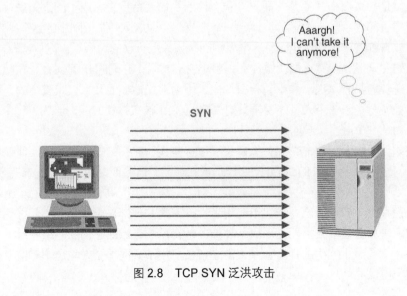

图 2.8   TCP SYN 泛洪攻击

攻击者将他/她的源地址伪装为一个私有地址并向您基于 TCP 的服务发起一个连接请求。看上去像是一个客户端在尝试开始一个 TCP 连接，攻击者会向您发送一个人为生成的 SYN 消息。您的计算机会回复一个 SYN-ACK 作为响应。然而，在这种情况下，您应答发往的地址并不是攻击者的地址。事实上，由于该地址是私有的，并没有人会进行响应。伪装的主机不会返回一条 RST 消息以拆除这个半打开的连接。

TCP 连接建立过程中的最后一个阶段，接收一个 ACK 回应，永远不会发生。因此，有限的网络连接资源被消耗了。连接一直保持半打开的状态，直到连接尝试超时。攻击者用一次又一次的连接请求淹没了您的端口，连接请求的到来比 TCP 超时释放资源更快。如果这一过程不断持续，所有的资源将被使用，以致无法接收更多到来的连接请求。这不仅仅适用于被探测的服务，而且适用于所有新的连接。

对于 Linux 用户来说，有一些急救方法可用。第一个便是之前介绍过的源地址过滤。它会过滤掉最常用于欺骗的源地址，但不能保证可以过滤在合法分类中的伪造的地址。

第二个便是启用内核的 SYN cookie 模块，它能显著地延缓由 SYN 泛洪造成的资源短缺。当连接队列被填满时，系统开始使用 SYN cookies 而非 SYN-ACK 来应答 SYN 请求，它会释放队列中的空间。因此，队列永远不会完全被填满。cookie 的超时时间很短暂；客户端必须在很短的时间内进行应答，接下来服务器才会使用客户端期望的 SYN-ACK 进行响应。cookie 是一个基于 SYN 中的原始序列号、源地址、目的地址、端口号、密值而产生的序列号。如果对此 cookie 的响应与哈希算法的结果相匹配，服务器便可以合理地确信这个 SYN 是合法的。

根据特定的版本，您可能需要（或不需要）使用下面的命令打开内核中的 SYN cookie 保护功能：echo 1 > /proc/sys/net/ ipv4/tcp_syncookies。一些发行版和内核版本需要您明确地使用 make config, make menuconfig 或 make xconfig 配置此选项到内核，并重新编译和安装新内核。

SYN 泛洪和 IP 地址欺骗

请在 CERT 公告 CA-96.21，"TCP SYN Flooding and IP Spoofing Attacks"中查看更多的关于 SYN 泛洪和 IP 地址欺骗的信息。(http://www.cert.org)

---

ping 泛洪

任何会引起您的计算机发出响应的消息均可以被用于降低您的网络表现，其原理是强制系统消耗大多数时间进行无用的应答。通过 ping 发送的 ICMP 的 echo 请求消息也是一个常见的元凶。一种叫做蓝精灵（Smurf）的攻击和它的变种会强制系统消耗资源在 echo 应答上。完成此任务的一种方法是将源地址伪装成受害者的源地址并向整个主机所在的网络广播 echo 请求。一条欺骗性的请求消息能够造成数百或数千计的响应被发送到受害者处。另一种达成相似结果的方法是在互联网上被盗用的主机里安装木马程序，并定时同时向一台主机发送 echo 请求。最后，攻击者发送更多简单的 ping 泛洪来淹没数据连接是 DoS 攻击的另一种方式,尽管它越来越少见。一个典型的 ping 泛洪见图 2.9。

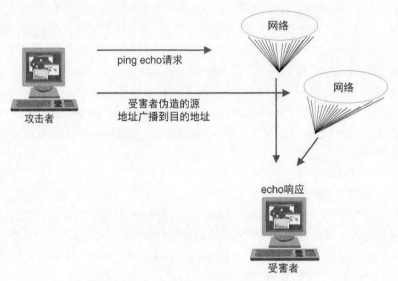

图 2.9   一个 ping 泛洪

死亡之 ping

一种更老些的攻击方式(exploit[1])叫做死亡之 ping(Ping of Death),它会发送非常大的 ping 数据包。易受攻击的系统可能因此崩溃。Linux 中并没有此漏洞,其他当代的类 UNIX 操作系统也不存在此漏洞。如果您的防火墙在保护老式的系统或个人计算机,那么这些系统可能存在此漏洞。

死亡之 ping 的攻击方式给了我们一个思路,这些最简单的协议和消息互动是如何被具有创造力的黑客利用的。并不是所有的攻击都在尝试闯入您的计算机。有一些仅仅是破坏您的系统。在这种情况下,攻击的目标便是令您的计算机崩溃(系统崩溃也是一个标志,它意味着您需要检查您的系统是否安装了木马程序。您可能已经被欺骗加载了一个木马程序,但这个程序需要系统重新启动以激活自身)。

ping 是一个非常有用的基本网络工具。您可能不想连 ping 一起禁用掉。在今天的互联网环境里,保守的人们建议禁用传入的 ping 消息或至少严格限制您接收哪些用户的 echo 请求。由于 ping 在 DoS 攻击中使用的历史,许多站点不再对任何(除部分特别挑选的)外部源发送的 ping 请求进行响应。相比针对应用和协议栈中其他协议的更加无处不在和危险的威胁,基于 ICMP

---

1 exploit 意指漏洞,或利用漏洞的程序,这里死亡之 ping 应该是一个利用漏洞的程序,后面有很多这样的用法,均译为攻击或攻击方式,不一一指出。——译者注

的 DoS 威胁相对较小，这种行为看起来总像是一种过度反应。

　　然而，对于受害的主机来说，丢弃 ping 请求并不是一个解决方案。不论对到来的泛滥的数据包做何反应，系统（或网络）依旧会被淹没在检测和丢弃泛洪请求的过程中。

UDP 泛洪

　　UDP 协议格外适合用于 DoS 工具。不同于 TCP，UDP 是无状态的。由于没有流控制的机制，它不存在连接的状态标志。数据报序号也没有。没有任何信息被维护以指明下一个期望到来的数据包。并不总是有方法根据端口号将服务器流量和客户端的流量区分开来。由于不存在状态，也没有方法把期望的到来的响应和出乎意料的来路不明的数据包区分开来。很容易使系统忙于对传入的 UDP 探测进行响应，以致没有带宽留给正当的网络流量。

　　由于 UDP 服务易受这些类型攻击的影响（与基于连接的 TCP 服务不同），许多站点禁用了所有非必要的 UDP 端口。就像之前提到的那样，几乎所有常见的互联网服务都基于 TCP。我们将在第 5 章建立的防火墙中仔细地限制 UDP 流量，只允许那些提供必要 UDP 服务的远程主机。

　　经典的 UDP 泛洪攻击涉及两个受害的计算机或是像 Smurf 的 ping 泛洪那样工作（见图 2.10）。一条从攻击者的 UDP echo 端口发出的，定向到某个主机的 UDP chargen 端口的欺骗数据包，会导致无限循环的网络流量。echo 和 chargen 都是网络测试服务。chargen 生成一个 ASCII 的字符串。echo 返回发送到此端口的数据。

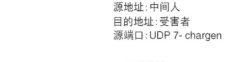

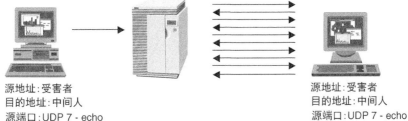

图 2.10　一个 UDP 泛洪

UDP 端口拒绝服务攻击

　　想要基于 UDP 服务的 DoS 攻击的更详细的描述，请查阅 CERT 公告 CA-96.01，"UDP Port Denial-of-Service Attack" 网址为 http://www.cert.org。

分片炸弹

不同的基础网络技术（例如以太网、异步传输模式[ATM]和令牌环）定义了第二层数据帧不同的大小限制。在数据包从一个路由器沿路径（从源计算机到目的计算机）到下一个路由器时，网关路由器可能需要在将它们传递到下一个网络前将数据包切为更小的片段，称为分片。在合理的分片里，第一个分片会包含 UDP 或 TCP 报头中通常的源端口号和目的端口号。而接下来的分片则不包含。

例如，尽管最大理论数据包长度是 65535 字节，而以太网最大帧长度（MaximumTransmission Unit，MTU）为 1500 字节。

当数据被分片时，中间路由器不会重组数据包。而数据包会被目的主机或邻近的路由器重新组装。

由于中间进行的分片基本上比发送更小的、无需分片的数据包代价更高，目前的系统通常会在向目的主机发起连接前进行 MTU 发现。这是通过发送在 IP 报头选项域中设置了不分片（Don't Fragment）标志（当前通常唯一的合法使用的 IP 选项域）实现的。如果中间路由器必须对数据包进行分片，它会丢弃数据包并返回 ICMP 3 错误消息，即"需要分片"（fragmentation-required）。

一种分片攻击涉及人为构造的非常小的数据包。一个字节的数据包会导致一些操作系统的崩溃。当今的操作系统通常会对该情况进行测试。

另一个对小分片的使用是构造最初的分片，使得 UDP 或 TCP 的源端口和目的端口都包含在第二个分片中。（所有网络的 MTU 大小都足够传递标准的 40 字节 IP 和传输层报头。）数据包过滤防火墙通常会允许这些分片通过，因为它们过滤所基于的信息还未呈现。这种攻击很有用，它可以使数据包穿过本不被允许穿过的防火墙。

之前提到的死亡之 ping 便是使用分片携带非法的超大 ICMP 消息的例子。当 ping 请求被重构时，整个数据包的大小超过 65535 字节，因此导致一些系统的崩溃。

利用分片的经典例子是泪滴攻击（Teardrop attack）。这种方法能够被用于穿过防火墙或使系统崩溃。第一个分片被构造并被送到一个可用的服务（许多防火墙并不检查第一个数据包之后的分片）。如果它被允许，接下来的分片将穿过防火墙并被目标主机重新组装。如果第一个数据包被丢弃，那么随后的数据包将穿过防火墙，但最终主机不会重新组装该部分数据包，并将在最后丢弃它们。

接下来的分片中的数据偏移字段可以被更改，通过覆盖第一个分片中的端口信息，可以访问不被允许的服务。这个偏移量可以被修改，以致数据包重新组装时使用的偏移量可以变成负数。由于内核字节拷贝程序通常使用无符号的数，这个负值被当作一个非常大的正数；拷贝的结果是污染了核心内存和系统崩溃。

防火墙计算机和为其他本地主机充当 NAT 的主机应该配置为在将数据包交付给本地目的主机之前进行重新组装的方式。一些 iptables 的功能需要系统在转发数据包到目的主机前重组数据包，而重组是自动进行的。

缓冲区溢出

　　缓冲区溢出攻击无法通过过滤防火墙进行保护。这种攻击主要分两类。第一类是简单地通过覆盖其数据空间或运行时堆栈导致系统或服务崩溃。第二类则需要专业技术以及对硬件、系统软件或被攻击的软件版本的了解。溢出的目的是为了覆盖程序的运行时堆栈，因此调用的返回堆栈会包含一个程序，并且会跳转到那里。这个程序通常以 root 权限启动一个 shell。

　　服务器中许多当前的隐患都是缓冲区溢出的结果。因此，安装并且保持所有最新的补丁和软件版本十分重要。

ICMP 重定向炸弹

　　ICMP 重定向消息类型 5 会告知目标系统改变内存中的路由表以获得更短的路由。重定向由路由器发送到它的邻居主机。它们的目的是通知主机有更短的路径可用（即，主机和新的路由器在同一个网络中，并且原来的路由器会路由数据到新的路由器的下一跳）。

　　重定向几乎每天都会到来。它们很少发源于附近的路由器。对于连接到一个 ISP 的住宅或商用站点来说，您附近的路由器产生一个重定向消息的可能性非常小。

　　如果您的主机使用静态路由，并且收到了重定向消息，这可能是有人在愚弄您的系统，以让它认为一个远程计算机是您的本地计算机或您的 ISP 的计算机，甚至欺骗您的系统以转发所有的流量到另一个远程主机处。

拒绝服务攻击和其他系统资源

　　网络连通性并不是 DoS 攻击唯一考虑的。这里有一些在配置您的系统时应当牢记的其他领域的例子。

- 如果您的系统强制写大量的消息到错误日志或被许多很大的邮件消息淹没，那么您的文件系统可能会溢出。您也许想要配置资源限制并为快速增长设置独立的分区或改变文件系统。
- 系统内存、进程表槽、CPU 周期以及其他资源可以被重复、快速的网络服务调用消耗殆尽。除了为每个独立的服务设置限制，您对此能做的实在有限：启用 SYN cookies，丢弃而不是驳回那些发往不被支持的服务端口的数据包。

邮件拒绝服务攻击

　　关于使用邮件进行的 DoS 攻击的更详细信息，请参照"Email Bombing and Spamming"，网址为 http://www.cert.org。

2.4.8 源路由数据包

源路由数据包使用一个很少用的 IP 选项，该选项允许定义两台计算机之间的路由选择，而不是由中间路由器定义路径。正如 ICMP 重定向一样，这个功能可以允许某人愚弄您的系统：让它认为它在与一台本地计算机、ISP 计算机或其他可信赖的主机通信，或为中间人攻击（man-in-the-middle attack）产生必要的数据包流。

源路由在当前的网络中很少有合理的使用。有些路由器会忽略该选项。一些防火墙则丢弃包含此选项的数据包。

2.5 过滤传出数据包

如果您的环境代表了一个可信赖的环境，那么过滤传出数据包可能看上去并不像过滤传入数据包那样重要。您的系统不会对无法穿过防火墙的消息进行响应。住宅站点通常采用这种方式。然而，哪怕是对住宅站点来说，对称的过滤也很重要，尤其是当防火墙保护着运行微软公司 Windows 系统的计算机。对于商用站点来说，传出过滤的重要性是毫无争议的。

如果您的防火墙保护着由微软公司 Windows 系统构成的局域网，那么控制传出流量将变得更加重要。被盗用的 Windows 计算机已在历史上（并将继续）被用于协助 DoS 攻击和其他对外部的攻击。特别是基于这个原因，对离开您的网络的数据包进行过滤是十分重要的。

过滤传出消息也能够让您运行局域网服务而不致将它泄漏到互联网中，这些数据包不属于那里。这不仅仅是禁止外部访问本地局域网服务的问题。也是不要将本地系统的信息广播到互联网的问题。例子是如果您在运行着本地的 DHCPD、NTP、SMB 或者其他用于内部的服务。其他令人讨厌的服务可能在广播 wall 或 syslogd 消息。

一个相关的源头是某些个人电脑软件，它们有时会忽略互联网服务端口协议和保留的分配。这相当于一个连接到互联网的计算机上运行着面向局域网使用而设计的程序。

最后的原因就是简单地保持本地的流量本地化，那些不应离开局域网但却可以这样做的流量。保持本地流量本地化从安全角度来说是一个好主意，但也是保护带宽的一种手段。

2.5.1 本地源地址过滤

基于源地址进行传出数据包过滤是容易的。对于小型站点或连接到互联网的单一计算机来说，源地址总是您计算机正常使用时的 IP 地址。没有原因应允许一个拥有其他源地址的传出数据包传出，防火墙应该阻止它。

对于那些 IP 地址由他们的 ISP 动态分配的人来说，在地址分配阶段存在短暂的异常。这个异常针对 DHCP，主机广播消息时使用 0.0.0.0 作为它的源地址。

对于那些在局域网中，而防火墙计算机使用动态分配的 IP 地址的人来说，限制传出数据包包含防火墙计算机源地址的行为是强制性的。它能避免许多常见的配置错误，这些错误对于远程主机来说像是源地址欺骗或非法源地址。

如果您的用户或他们的软件不是 100%值得信赖的，那么保证本地流量仅包含合法的、本地地址是很重要的，它能避免被用来作为源地址欺骗参与到 DoS 攻击中。

最后的一点尤其重要。RFC 2827，"Network Ingress Filtering：Defeating Denial of Service AttacksWhich Employ IP Source Address Spoofing"（更新的 RFC 3704，"Ingress Filtering for Multihomed Networks"）是讨论这一点的当前的"最佳实践"。理想情况下，每个路由器都应过滤明显非法的源地址并保证离开本地网络的流量仅包含属于本地网络的可路由的源地址。

2.5.2　远程目的地址过滤

同传入数据包过滤一样，您可能想要只允许特定种类的寻址到特定远程网络或个人计算机的传出数据包通过。这种情况下，防火墙规则将定义特定的 IP 地址或一个有限目的 IP 地址的范围，仅有这些数据包能够被允许通过。

第一类由目的地址过滤的传出数据包是去往您所联系的远程服务器的数据包。尽管有些数据包，例如那些发往 Web 或 FTP 服务器的，可能去往互联网的任何角落，但其他远程服务只会由您的 ISP 或特定的受信任的主机合法地提供。可能仅由您的 ISP 提供的服务的例子是邮件服务（例如 SMTP 或 POP3）、DNS 服务、DHCP 动态 IP 地址分配和 Usenet 新闻服务。

第二类由目的地址过滤的传出数据包是发往远程客户端的数据包，这些客户端访问您的站点提供的服务。再次的，尽管一些传出服务连接，例如从您本地 Web 服务发出的响应可能会到达任何地方，但其他本地服务只会向一少部分受信任的远程站点或朋友们提供。受限制的本地服务的例子是：telnet、SSH、基于 Samba 的服务、通过 portmap 访问的 RPC 服务。防火墙规则不仅拒绝针对这些服务的到来的连接，而且会拒绝从这些服务向任何人传出的响应。

2.5.3　本地源端口过滤

"显式地定义您网络中的哪个服务端口能够被用于传出连接"有两个目的：一个是针对您的客户端程序，另一个则是针对您的服务器程序。指定您传出连接允许的源端口有助于保证您的程序正确地工作，它也能保护其他人使其不受任何不应传递至互联网的本地网络流量的影响。

从您的本地客户端发起的传出连接将总是从非特权源端口号发出。在防火墙规则中将您的客户端限制为非特权端口有助于通过保证您的客户端程序按预期运行以保护其他人免受您这端存在的潜在的错误的影响。

从您的本地服务器程序发出的传出数据包将总是从分配给它们的服务端口号发出，并且只响应接收到的请求。"在防火墙层次里限制您的服务器仅使用分配给它们的端口"可以保证您的服务器在协议层面正确地工作。更重要的是，它能帮助保护任何您可能从外部访问的私有的本地网络服务。它还能保护远程站点免受本应限制在您的本地系统的网络流量的打扰。

2.5.4   远程目的端口过滤

您的本地客户端程序被设计用来连接到通过已分配的服务端口提供服务的网络服务器。从这个角度看，限制您的本地客户端仅连接到相关的服务器服务端口号能保证协议的正确性。限制您的客户端连接到特定的目标端口还有一些其他的目的：第一，它帮助防止本地的、私有网络客户端无意中试图访问互联网上的服务器。第二，它能禁止传出的错误，端口扫描和其他可能来源于您的站点的恶作剧。

您的本地服务器程序将几乎总是参与到由非特权端口发起的连接中。防火墙规则将限制您服务器的流量仅能传出到非特权目的端口。

2.5.5   传出 TCP 连接状态过滤

传出的 TCP 数据包接受规则可以使用 TCP 连接相关的连接状态，就像传入规则做的那样。所有的 TCP 连接都遵循同样的连接状态集合，这在客户端和服务器间可能会有不同。

从本地客户端传出的 TCP 数据包将在第一个发出的数据包中设置 SYN 标志，这是三次握手的一部分。最初的连接请求将设置 SYN 标志，但不设置 ACK 标志。您的本地客户端防火墙规则将允许设置了 SYN 标志或 ACK 标志的传出数据包。

从本地服务器传出的数据包将总是响应由远程客户端程序发起的连接请求。每个从您的服务器发出的数据包都会设置 ACK 标志。您的本地服务器防火墙规则将要求所有从您的服务器传出的数据包都设置了 ACK 标志。

2.6   私有网络服务 VS 公有网络服务

最容易因疏忽导致未经请求的入侵即是允许外部访问那些被设计为只用于 LAN 的本地服务。一些服务，如果仅仅在本地提供，绝不应该跨越您的本地局域网和互联网的界限。如果这样的服务在您的局域网外可用，那么有些服务会骚扰您的邻居，有些会提供您应该保密的信息，有些则代表着明显的安全漏洞。

一些最早期的网络服务，尤其是被设计用于本地的分享并且简化在受信任的环境里跨多个实验室的计算机间访问的 r-*-based。后来的一些服务用于接入互联网，但它们被设计于一个互联网基本是由学者和研究者构成的延伸社区的时代。那时，互联网是相对开放、安全的地方。

由于互联网成长为一个包括了普通大众访问的全球性的网络，它已发展成为一个完全不受信任的环境。

许多 Linux 网络服务被设计用于提供系统中的一些本地信息：关于用户的账户、哪个程序在运行哪个资源正被使用、系统状态、网络状态、通过网络连接的其他计算机的相似的信息。并不是所有的这些信息化服务本身代表了安全漏洞。并不是说某人可以用它们直接对您的系统获得非授权的访问。它们只是提供了您系统的信息以及用户账户，这些信息对某些在寻找已知漏洞的人来说十分有用。它们可能还提供了例如用户名、地址、电话号码等等，您绝对不希望轻易地被任何问询的人了解信息。

一些更危险的网络服务被设计用于提供局域网内对共享文件系统和设备的访问，例如网络打印机或传真机。

一些服务难于正确的配置，一些则难于安全的配置。整本书都致力于配置一些更复杂的 Linux 服务。特定的服务的配置则超出了本书的范围。

有些服务仅仅在家庭或小型办公室环境是没有意义的。一些则倾向于管理大型网络，提供互联网路由服务，提供大型数据库信息服务，支持双向的加密和认证，等等。

2.6.1 保护不安全的本地服务

最简单的保护您自己的方式就是不提供服务。但如果您需要这些本地服务中的一个呢？并不是所有的服务都能够在数据包过滤层被充分地保护。文件共享软件、即时通讯服务和基于 UDP 的 RPC 服务都是众所周知难以在数据包过滤层保障安全的。

一种保卫您的计算机的方式是不要在防火墙计算机上托管您不希望公众使用的网络服务。如果服务不可用，那么远程的客户端也就无法连接到它。让防火墙只做防火墙。

一个包过滤防火墙并不能提供绝对的安全。一些程序需要比数据包过滤层能提供的更高层的安全措施。一些程序则有太多问题，以至于不应冒险运行在防火墙计算机，甚至不安全的住宅主机上。

小型站点（例如在家庭站点）通常没有多余的计算机通过"在其他计算机上运行私有服务"来执行访问安全策略。这里必须做出些折中，尤其是所需的服务仅由 Linux 提供。然而，在局域网中的小型站点不应该在防火墙机器上运行文件共享或其他私有的 LAN 服务，例如 Samba。这台计算机不应该有任何不必要的用户账户。不需要的系统软件应该从该系统中移除。此计算机除了安全的网关外不应该拥有任何其他功能。

2.6.2 选择运行的服务

当上面说到的都已做完时，您唯一可以决定的便是哪些服务是您需要或想要的。保障系统安全的第一步便是决定您打算在防火墙计算机上以及在防火墙后的私有网络中运行哪些服务和守护进程。每个服务都有它自己安全的考量。在选择运行于 Linux 下或其他操作系统下的服务时，一般的规则是"仅运行那些您了解和需要的网络服务"。了解一个网络服务，在运行它之前知道它做了什么、供谁使用十分重要——尤其是它运行在直接连接到互联网的计算机上。

2.7　小结

本章和之前的章节列出了网络和防火墙的基础知识。下一章会更深入地讲解 iptables。

第 3 章

iptables:传统的 Linux 防火墙管理程序

第 2 章介绍了数据包过滤防火墙的背景知识和概念。每个内建的规则列表(常被称为规则链) 都有它自己的默认策略。每条规则不仅可以应用于单个规则链,也能应用于特殊的网络 接口、消息协议类型(例如 TCP、UDP 或 ICMP)、服务端口或 ICMP 消息类型码。INPUT、OUTPUT 和 FORWARD 规则链都定义了各自的接受、拒绝和驳回规则,您将在本章末和第 7 章中了解到 FORWARD 链。

本章包含了用于构建 Netfilter 防火墙的 iptables 防火墙管理程序。iptables 防火墙管理工具 是 Linux 内核中传统的防火墙代码中的一部分。从 3.13 版本的内核开始,一个新的过滤机制被 加入,它是 nftables。下一章会介绍 nftables。本章则聚焦于传统的管理工具,因为它在 Linux 系统里仍被广泛地使用。对于那些熟悉或习惯了使用老式的 IPFW 技术的 ipfwadm 和 ipchains 程序的人来说,iptables 看起来与这些程序非常相似。然而,它的功能更加丰富、更加灵活,并 且在细节层次上非常不同。

尽管您会经常听到 iptables 和 Netfilter 使用的术语可以互换,但二者确实有一些不同。 Netfilter 是 Linux 内核空间的程序代码,它在 Linux 内核里实现了防火墙。它要么被直接编译进 内核,要么被包含在模块集中。另一方面,iptables 是用于管理 Netfilter 防火墙的用户程序。在 本书中,iptables 包括 Netfilter 和 iptables,除非另有注明。

3.1 IP 防火墙(IPFW)和 Netfilter 防火墙机制的不同

由于 iptables 和以前的 ipchains 有很大不同,所以本书不会介绍这个比较老的实现。

下一节为那些熟悉 ipchains 或正在使用 ipchains 的读者而准备的。如果 iptables 是您接触到 的第一个 Linux 防火墙,那么可以直接跳到 "Netfilter 数据包传输" 一节。

如果您正从 ipchains 转换过来,您会注意到 iptables 语法中一些细微的区别,最明显的是 input 网络接口和 output 网络接口是被分别指定的。其他的区别包括:

- iptables 是高度模块化的,个别模块有时必须被明确地加载;
- 日志记录是一个规则目标而不是命令选项;

- 连接状态跟踪可以被维护。地址和端口转换与数据包过滤是逻辑分离的功能；
- 实现了完全的源地址和目的地址转换；
- 伪装（Masquerading）是一个术语，用来指一种特殊形式的源地址 NAT；
- 无须 ipmasqadm 这样的第三方软件，直接支持端口转发和目的地址转换。

> **Linux 早期版本中的伪装**
>
> 对于刚接触 Linux 的人来说，网络地址转换（NAT）完全是由 iptables 实现的。在这之前，NAT 在 Linux 中被称为伪装。源地址转换的一个简单、部分实现的版本（即伪装），被站点的所有者所使用，他们有一个公网 IP 地址，并希望私有网络中的其他主机也能够访问互联网。从这些内部主机发出的数据包的源地址被伪装为那个公用的、可路由的 IP 地址。

最重要的区别是数据包如何被操作系统所路由或转发出去的，这构成了防火墙规则集如何被建立的细微的差别。

对于 ipchains 的用户来说，理解将在接下来的两节中讨论的关于数据包传输的差别十分重要。iptables 和 ipchains 表面上看起来非常相似，但实际应用中却有很大不同。写出一个语法正确的 iptables 规则很容易，但相似的规则在 ipchains 中却有不同的效果。这可能会令人困惑。如果您已经知道了 ipchains，请牢记二者的区别。

3.1.1 IPFW 数据包传输

IPFW 下（ipfwadm 和 ipchains），有三种内置过滤规则链被使用。所有到达接口的数据包都按照 INPUT 规则链被过滤。如果数据包被接受，它将被传递到路由模块。路由功能决定数据包是被传递到本地还是被转发到另一个传出（outgoing）接口。IPFW 数据包的流动如图 3.1 所示。

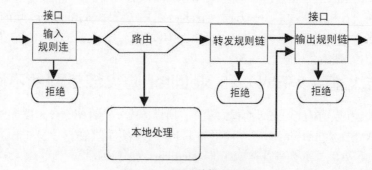

图 3.1　IPFW 数据包传输

（本图基于"Linux IPCHAINS-HOWTO"，Rusty Russel, v1.0.8.）

如果被转发，数据包将由 FORWARD 规则链进行第二次过滤。如果数据包被接受，它将被传递到 OUTPUT 规则链。

所有本地产生的传出数据包和将被转发的数据包都被传递到 OUTPUT 规则链。如果数据包被接受，它将从接口被发出。

收到并被发送的本地（回环）的数据包会通过两个过滤器，而转发数据包则通过了三个过滤器。

回环路径包括了两个规则链。如图 3.2 所示，每个回环数据包在"传出"回环接口之前会经过输出过滤器，它接下来便被传递到回环的输入接口。然后将应用输入过滤器。

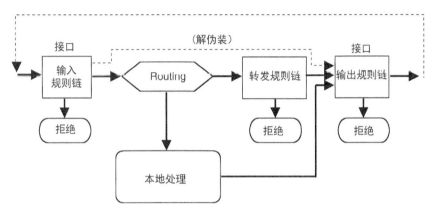

图 3.2　IPFW 回环和伪装的数据包传输

（本图基于"Linux IPCHAINS-HOWTO"，Rusty Russel, v1.0.8.）

注意，回环路径展示了：为什么 X Windows 会话会在启动"不允许回环流量"防火墙脚本时挂起，或在使用"默认拒绝一切策略"之前失败。

经过伪装的响应数据包在被转发到 LAN 之前，将应用输入规则链。如果不经过路由功能，数据包将被直接交给 OUTPUT 过滤器链。因此，伪装传入数据包被过滤了两次。传出的伪装数据包则被过滤了三次。

3.1.2　Netfilter 数据包传输

Netfilter（iptables）使用了三个内置的过滤器链：INPUT、OUTPUT、FORWARD。传入数据包需要经过路由功能，它决定了是将数据包传递到本地主机的 INPUT 规则链还是传递到 FORWARD 规则链。Netfilter 数据包流如图 3.3 所示。

如果目的地址为本地的数据包被 INPUT 规则链的规则所接受，则数据包会被传递到本地。如果发往远端的数据包被 FORWARD 规则链的规则所接受，则数据包会从适当的接口被送出。

从本地程序传出的数据包会被传递到 OUTPUT 规则链的规则处。如果数据包被接受，它将被送到适当的接口。因此，每个数据包都被过滤了一次（除回环数据包外，它被过滤了两次）。

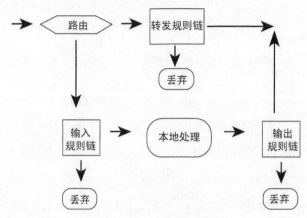

图 3.3　Netfilter 数据包传输

（本图基于"Linux 2.4 Packet Filtering HOWTO"，Rusty Russel, v1.0.1. ）

3.2　iptables 基本语法

　　基于 Netfilter 建立的防火墙使用 iptables 防火墙管理命令进行构建。iptables 命令实现了您创建的防火墙策略并管理的防火墙行为。Netfilter 防火墙有三个独立的表：filter、nat 和 mangle。在这些表中，防火墙通过规则链来构建，链中每一项都是一条独立的 iptables 命令。

　　在默认的 filter 表中，有一条用于处理输入或即将传入防火墙的数据的规则链，一条用于处理输出或即将离开防火墙的数据的规则链，一条用于处理转发或通过防火墙被送出的数据的规则链，和其他由用户命名并配置的规则链，通常称为用户自定义规则链（user-defined chains）。nat 表和 mangle 表有专门的规则链，它们将在稍后进行讨论。filter 表是实现基本的防火墙的默认表，nat 表用来提供 NAT 和相关的功能，mangle 在数据包被防火墙修改时使用，目前了解到这些已经足够。

　　iptables 命令使用非常精确的语法。很多时候，加在 iptables 上的选项的顺序会决定此命令是一条成功的命令还是一个语法错误。iptables 的命令从前往后执行，因此当一条允许特定数据包的指令后若跟着一条拒绝同样数据包的命令，将会导致数据最终被防火墙丢弃。

　　iptables 命令的基础语法以 iptables 命令本身开始，接下来是一个或多个选项，一个规则链，一个匹配标准集以及一个目标或处置（disposition）。命令的布局很大程度上取决于要执行的操作。下面是语法：

```
iptables<option><chain><matching criteria><target>
```

　　在构建防火墙时，选项部分通常是-A，用于在规则集后追加一条规则。当然，依据目标和执行的操作不同存在着许多选项。本章将覆盖大多数的选项。

　　如同之前陈述的那样，规则链可以是 INPUT 规则链、OUTPUT 规则链、FORWARD 规则链或用户自定义规则链。另外，规则链也可以是一个包含在 nat 表或 mangle 表中的专用规则链。

iptables 命令中的匹配标准设置了规则被应用的条件。例如，匹配准则可以用于告诉 iptables：所有指向 80 端口的 TCP 流量均被允许通过防火墙。

最后，目标规定了对于匹配的数据包所执行的动作。目标可以简单地设置为 DROP，即静默地丢弃数据包，也可以发送匹配的数据包到用户自定义规则链，抑或执行 iptables 中其他可配置操作。

本章接下来的小节会展示一些根据不同的任务用 iptables 实现真实的规则的例子。一些例子包括了之前未介绍过的语法和选项。如果您一时找不到方向，请参考本节或 iptables 手册页面以获得使用语法的更多信息。

3.3 iptables 特性

iptables 的概念是在处理不同类型的数据包时使用各自不同的规则表。这些规则表被实现为功能相互独立的表模块。三个主要的模块分别是规则 filter 表、NAT 转换 nat 表以及对数据包进行特殊处理的 mangle 表。这三个表的每个模块都有自己相应的扩展模块，它们会在首次引用时被动态载入，除非您已经直接将它们构建在内核中了。其他包括 raw 表和 security 表在内的表都有特殊的用途。

filter 表是默认的表。其他的表需要使用命令行选项指定。基础的 filter 表的功能包括：

● 对三个内置规则链（INPUT、OUTPUT 和 FORWARD）和用户自定义规则链的操作；

● 帮助；

● 目标处置（接受 ACCEPT 或丢弃 DROP）；

● 对 IP 报头协议域、源地址和目的地址，输入和输出接口，以及分片处理的匹配操作；

● TCP、UDP、ICMP 报头字段的匹配操作。

filter 表有两种功能扩展：目标（target）扩展和匹配（match）扩展。目标扩展包括 REJECT 数据包处置；BALANCE、MIRROR、TEE、IDLETIMER、AUDIT、CLASSIFY 和 CLUSTERIP 目标；以及 CONNMARK、TRACE、LOG 和 ULOG 功能。匹配扩展支持以下匹配：

● 当前的连接状态；

● 端口列表（由多端口模块支持）；

● 硬件以太网 MAC 源地址或物理设备；

● 地址类型，链路层数据包类型或 IP 地址范围；

● IPsec 数据包的各个部分或 IPsec 策略；

● ICMP 类型；

● 数据包的长度；

● 数据包的到达时间；

● 每第 n 个数据包或随机的数据包；

- 数据包发送者的用户、组、进程或进程组 ID;
- IP 报头的服务类型（TOS）字段（可在 mangle 表中被设置）;
- IP 报头的 TTL 部分;
- iptables mark 字段（由 mangle 表设置）;
- 限制频率的数据包匹配。

mangle 表有两个目标扩展。MARK 模块支持为 iptables 维护的数据包的 mark 域分配一个值。TOS 模块则支持设置 IP 报头中 TOS 字段的值。

nat 表有用于源地址和目的地址转换以及端口转换的目标扩展模块。这些模块支持以下形式的 NAT。

- SNAT:源 NAT。
- DNAT:目的 NAT。
- MASQUERADE:源 NAT 的一种特殊形式,用于被分配了临时的、可改变的、动态分配 IP 地址的（例如电话拨号连接）连接。
- REDIRECT:目的 NAT 的一种特殊形式,重定向数据包到本地主机,而不考虑 IP 头部的目的地址域。

所有 TCP 状态标志都能被检测,并可以根据检查结果做出过滤的决定。例如,iptables 能够检查隐形扫描（stealth scan）。

TCP 能够反过来有选择地指定发送者希望接收的最大分段大小。除了这个,单个的 TCP 选项是很特殊的情况。IP 报头的 TTL 字段也可以被匹配,它也同样是一个特殊的例子。

TCP 连接状态和正在进行的 UDP 交换信息可以被维护,这使得数据包的识别可以基于正在进行的交换,而不是无状态的,一个接一个数据包的方式。接受被识别为已建立连接中一部分的数据包能够避免对每一个数据包都检查规则列表的日常开销。当最初的连接已被接受,接下来的数据包便可以被识别并接受。

通常,TOS 域仅仅具有历史价值。如今 TOS 域会被中间路由器忽略或与新的差异化服务（Differentiated Services,DS）定义一起使用。IP TOS 过滤在本地数据包的优先级设置方面有所使用——在本地主机和本地路由器间进行路由和转发。

传入数据包可以通过 MAC 源地址进行过滤。它只是有限地、特别地用于本地认证,因为 MAC 地址只在相邻的主机和路由之间传递。

个别的过滤器日志消息可以使用用户定义的字符串作为前缀。可以依据系统日志守护进程配置的定义为消息分配内核日志级别。它允许日志记录被开启或关闭,以及对于一个给定的系统定义日志输出文件。另外,ULOG 选项发送日志到用户空间的守护进程 ulogd,以允许记录数据包更加详细的信息。

通过设置每秒允许匹配的数量限制,数据包匹配会受到这个初始峰值的限制。如果匹配限制被启用,默认情况是:在初始峰值的五个匹配数据包后,将会启用一个每小时三个匹配的速率限制。换句话说,如果系统涌入大量 ping 数据包,最初的五个 ping 会被匹配。在那之后，只能在 20 分钟后匹配一个 ping 数据包，再过 20 分钟后匹配另一个数据包，而不管收到了多少个 echo 请求。这种对数据包的处置方式，不论记录日志与否，将依赖于关于该数据包随后的规则。

REJECT 目标能够随意地指定返回哪个 ICMP（或 TCP 的 RST）错误消息。IPv4 标准要求 TCP 接受 RST 或 ICMP 作为错误指示，尽管 RST 是 TCP 的默认行为。iptables 的默认策略是什么都不返回（DROP，丢弃）或返回一个 ICMP 错误消息（REJECT，驳回）。

与 REJECT 一起的另一个具有特殊用途的目标是 QUEUE。它的用途是通过网络链接设备转换数据包到一个用户空间程序进行进一步处理。如果没有程序在那里等待（数据包），则数据包将被丢弃。

RETURN 是另一个有特殊用途的目标。它的用途是在（用户自定义规则链中进行的）规则匹配完成之前从用户自定义链中返回。

本地产生的传出数据包能够基于用户、组、进程、生成数据包的进程的进程组 ID 进行过滤。因此访问远程服务能够在数据包过滤层基于每位用户进行授权。它是一个面向多用户、多用途主机的特殊选项，因为防火墙路由器不应该拥有普通的用户账户。

匹配能够在 IPsec 报头的各个部分上进行，包括报头认证（Authentication Header，AH）的安全参数指标（security parameter indices，SPIs）和封装安全负载（Encapsulating Security Payload，ESP）。

数据包的类型，广播、单播或组播，是另一种匹配的形式。它在链路层完成。

某个范围的端口和某个范围的地址也能使用 iptables 进行有效的匹配。地址类型是另一种合法的匹配。与类型匹配相关的是 ICMP 数据包类型。回忆下 ICMP 数据包的多种类型。iptables 可以基于这些类型进行匹配。

数据包的长度和数据包到达的时间也是一个有效匹配。时间匹配是很有趣的。通过使用时间匹配，您能够配置防火墙"在营业时间外驳回特定的流量"或"只在一天的特定时间里允许该流量"。

随机数据包匹配在 iptables 也是可用的，它很适合于审计。通过这个匹配，您可以捕捉每第 n 个数据包并对其记录日志。它是一种用于审计防火墙规则但不会记录过多信息的方法。

3.3.1 NAT 表特性

NAT 有三种常见的形式。

- **传统的、单向传出的 NAT**：在使用私有地址的网络中使用。
  - **基本的 NAT**：仅转换 IP 地址。通常用于本地私有源地址到一批公网地址中某一地址的映射。
  - **NAPT（网络地址和端口转换）**：通常用于本地私有源地址到单个公网地址的映射（例如，Linux 中的伪装）。

- **双向 NAT**:双向的地址转换同时允许传入和传出连接。一个示例便是在 IPv4 空间与 IPv6 地址空间间进行的双向地址映射。
- **两次 NAT**:双向的源和目的地址转换同时允许传入和传出连接。两次 NAT 能够在源和目的网络地址空间冲突时使用。这可能是由于某个站点错误地使用了分配给别人的公网地址。两次 NAT 还可以用于当某个站点被重新编号或被分配了新的公共地址块,而站点管理员不希望在那时管理本地新网络地址的分配。

iptables 的 NAT 支持源 NAT(SNAT)和目的 NAT(DNAT)。nat 表允许修改一个数据包的源地址或目的地址以及端口。它有三个内建规则链。

- **PREROUTING** 规则链在将数据包传递到路由功能前,修改传入数据包的目的地址(DNAT)。目的地址可以更改为本地主机(透明代理、端口重定向)或用于主机转发的其他主机(Linux 中的 ipmasqadm 功能、端口转发)或均分负载。
- **OUTPUT** 规则链在做出路由决定(DNAT、REDIRECT)前为本地产生的传出数据包指定目的地更改。这样做通常是为了透明地重定向一个传出数据包到一个本地代理,但它也能用于到不同主机的端口转发。
- **POSTROUTING** 规则链指定将要通过盒子(SNAT、MASQUERADE)路由出去的传出数据包的源地址更改。此更改在路由决定之后才被应用。

---

iptables 中的伪装

在 iptables 中,伪装是一种特殊的源 NAT,如果连接丢失,那么伪装的连接状态就会立刻被遗忘。它用于 IP 地址是临时分配的连接(例如,拨号连接)。用户若立刻重新连接,则可能被分配一个与上次连接不同的 IP 地址。(这通常与许多电缆调制解调器和 ADSL 服务供应商不同。通常在连接丢失后,同一个 IP 地址会被分配给新的连接。)

对于普通 SNAT 来说,连接状态会在生存期内被维护着。如果一个连接能够足够快地被重新建立,那么任何与当前网络相关的程序能够不被打扰地继续,因为 IP 地址并未改变,中断的 TCP 流量将被重新传输。

MASQUERADE 和 SNAT 之间的区别在于试图避免一种出现在以前 Linux NAT/MASQUERADE 实现中的情形。当一个拨号连接已丢失时,用户立刻重新连接则会被分配一个全新的 IP 地址。新的地址不能被立刻使用,因为旧的 IP 地址和 NAT 信息直到生存期到期前一直留在内存中。

图 3.4 展示了 NAT 规则链和路由功能、INPUT、OUTPUT、FORWARD 规则链的关系。

请注意,对于传出数据包来说,路由功能隐含在本地进程和 OUTPUT 规则链之间。静态路由用于决定在 OUTPUT 规则链的过滤规则被应用之前数据包将从哪个接口发出。

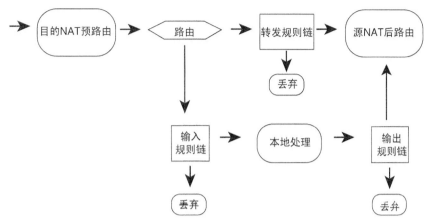

图 3.4　NAT 数据包传输

（本图基于 "Linux 2.4 Packet Filtering HOWTO"，v1.0.1 和 "Linux 2.4 NAT HOWTO"，v1.0.1.）

3.3.2　mangle 表特性

mangle 表允许对数据包进行标记（marking）或将由 Netfilter 维护的值与数据包进行关联，以及在发送数据包到目的地址前对数据包进行修改。mangle 表有 5 个内建的链。

- PREROUTING 规则链指定了对到达接口的传入数据包所做的修改，它在任何路由或本地交付决定做出之前进行。
- INPUT 规则链指定了对数据包进行处理时所做的修改，但这要在 PREROUTING 规则链被遍历之后。
- POSTROUTING 规则链指定了对离开防火墙的数据包所做的修改，它在 OUTPUT 链之后进行。
- FORWARD 规则链指定了对通过防火墙进行转发的数据包所做的修改。
- OUTPUT 规则链指定了对本地产生的传出数据包所做的修改。

对于 TOS 字段来说，本地 Linux 路由器能够被配置用以支持 mangle 表或本地主机设置的 TOS 标志。

在 iptables 文档中关于数据包标记的信息很少，除此之外，它也被用于 Linux 服务质量（Quality of Service，QoS）的实现，且被用作 iptables 模块间的通讯标志。

前面的几节概述了 iptables 的可用特性、基本结构以及每个表模块的功能。下面的小节将介绍调用这些特性的语法。

3.4　iptables 语法

如同之前介绍的那样，iptables 使用了这样的概念：对不同的数据包处理功能使用不同的规则表。非默认的表可以通过命令行中的选项指定。主要的表有三个，其他的表例如 security 和 raw 有着特殊的用途。三个主要的表分别如下。

- filter——filter 表是默认的表。它包含了实际的防火墙过滤规则。其内建的规则链包括：
  - INPUT；
  - OUTPUT；
  - FORWARD。
- nat——nat 表包含了源地址和目的地址转换以及端口转换的规则。这些规则在功能上与防火墙 filter 规则不同。内建的规则链包括：
  - PREROUTING——DNAT/REDIRECT；
  - OUTPUT——DNAT/REDIRECT；
  - POSTROUTING——SNAT/MASQUERADE。
- mangle——mangle 表包含了设置特殊数据包路由标志的规则。这些规则接下来将在 filter 表中进行检查。其内建的规则链包括：
  - PREROUTING——被路由的数据包；
  - INPUT——到达防火墙并通过 PREROUTING 规则链的数据包；
  - FORWARD——修改通过防火墙路由的数据包；
  - POSTROUTING——在数据包通过 OUTPUT 规则链之后但在离开防火墙之前修改数据包；
  - OUTPUT——本地生成的数据包。

语法格式的惯例

用于展示命令行语法选项的约定相当于计算机世界的标准。对于那些新接触 Linux 或常见计算机文档的新手而言，表 3.1 展示了即将用到的语法描述的约定。

表 3.1   命令行语法选项的约定

元素	描述
|	竖条或管道符号将可替换的语法选项分隔开来。例如，许多 iptables 命令同时有缩写和完全形式，例如-L 和--list，它们将作为可替换的选项被呈现，因为您仅可以使用它们中的一个-L 或--list
<value>	尖括号表示一个用户提供的值，例如一个字符串或数值
[ ]	方括号指明了它所包含的命令、选项或值是可选的。例如，大多数匹配符号可以使用否定符号!，这将匹配任何除匹配值之外的值。否定符号通常放在匹配符号和用于匹配的值之间
<value>:<value>	冒号指明了某个值的范围。这两个值定义了范围内的最大值和最小值。由于范围本身是可选的，因此常见的形式为<value>[:<value>]

3.4.1 filter 表命令

filter 表的命令由 ip_tables 模块提供。其功能通过加载该模块启用，加载可以通过第一次调用 iptables 命令自动完成或直接将它编译进内核本身，这样您便完全无需关心模块是否已被加载。

filter 表对整个规则链的操作

表 3.2 展示了 iptables 对整个规则链的操作。

表 3.2	filter 表对整个规则链的操作
选项	描述
-N | --new-chain \<chain\>	创建一个用户自定义的规则链
-F | --flush [\<chain\>]	清空此规则链中的规则，如果没有指定规则链，则清空所有规则链中的规则
-X | --delete-chain [\<chain\>]	删除用户自定义规则链，如果没有指定规则链，则删除所有的用户自定义规则链
-P | --policy \<chain\>\<policy\>	为内建规则链 INPUT、OUTPUT、FORWARD 中的一个设置默认策略，策略可以是接受（ACCEPT）或拒绝（DROP）
-L | --list [\<chain\>]	列出此规则链中的规则，如果没有指定规则链，则列出所有规则链中的规则
-S | --list-rules [\<chain\>]	以 iptables save 格式打印特定规则链中的规则
-Z | --zero	重置与每个规则链相关的数据包和字节计数器
-h | \<some command\> -h	列出 iptables 的命令和选项，如果-h 后面跟着某个 iptables 命令，则列出此命令的语法和选项
--modprobe=\<command\>	在向规则链中增加或插入规则时使用\<command\>来加载必要的模块
-E | --rename-chain \<old chain\>	将用户自定义规则链\<old chain\>重命名为新的用户自定义规则链\<new chain\>

-h 帮助命令显然不是对于链的操作，--modprobe=\<command\>也不是，但我不知道还应该把它们列在哪里。

list 命令使用额外的选项，如表 3.3 所示。

表 3.3	列出规则链命令的选项
选项	描述
-L -n | --numeric	以数字形式而不是以名称形式列出 IP 地址和端口号
-L -v | --verbose	列出每条规则的额外信息，例如字节和数据包计数、规则选项以及相关的网络接口

续表

选项	描述
-L -x | --exact	列出计数器的精确值,而不是四舍五入后的估值
-L --line-numbers	列出规则在规则链中的位置

filter 表对规则的操作

最常用的创建或删除规则链中规则的命令如表 3.4 所示。

表 3.4 与规则相关的规则链命令

命令	描述
-A | --append <chain><rule specification>	将一条规则附加到一个规则链末尾
-I | --insert <chain> [<rule number>] <rule specification>	在规则链开始处插入一条规则
-R | --replace <chain><rule number> <rule specification>	替换规则链中的一条规则
-D | --delete <chain><rule number> | <rule specification>	删除规则链中"<rule number>处"或"匹配特定规则"的一条规则
-C | --check <chain><rule specification>	检查规则链中是否有某条规则匹配<rule specification>

filter 表的基本匹配操作

iptables 的默认表 filter 所支持的基本过滤匹配操作如表 3.5 所示。

表 3.5 filter 表的规则操作

选项	描述
-i | --in-interface [!] [<interface>]	在 INPUT、FORWARD 或用户自定义子规则链中,对传入数据包指定规则将应用到的接口名,如果没有指定接口名,则规则应用于所有的接口
-o | --out-interface [!] [<interface>]	在 OUTPUT、FORWARD 或用户定义子规则链中,对传出数据包指定规则将应用到的接口名,如果没有指定接口名,则规则应用于所有的接口
-p | --protocol [!] [<protocol>]	指定规则应用到的IP协议。内建的协议包括 TCP、UDP、ICMP 等等。协议值可以是名称或数值,均在/etc/protocols 中列出
-s | --source | --src [!] <address>[</mask>]	指定 IP 报头中的主机或网络源地址
-d | --destination | --dst [!] <address>[</mask>]	指定 IP 报头中的主机或网络目的地址
-j | --jump <target>	如果数据包匹配规则,则设置此数据包的处置策略。默认的目标包括内建的策略、扩展策略,或用户自定义规则链

续表

选项	描述
-g | --goto <chain>	指明此过程应该在指定的规则链中继续，但不必发回处理（类似 jump 选项）
-m | --match <match>	使用扩展来测试是否匹配
[!] -f | --fragment	指定数据包的第二个和其余的分片。否定的版本指定了非分片的数据包
-c | --set-counters <packets><bytes>	初始化数据包和字节计数器

规则目标是可选的

如果数据包匹配了没有目标处置的某规则，则数据包计数器会被更新，但规则链的遍历则会继续进行。

tcp filter 表匹配操作

TCP 报头匹配选项在表 3.6 中列出。您也可以通过在-p -tcp 选项后添加-h 标志，即 iptables -p tcp -h 来查看这些选项。

表 3.6　　　　　　　　　　　tcp filter 表匹配操作

-p tcp 选项	描述
--source-port | --sport [[!] <port>[:<port>]]	此命令指明了源端口
--destination-port | --dport <port>[:<port>]	此命令指明了目的端口
--tcp-flags [!] <mask> [,<mask>] <set>[,<set>]	对屏蔽列表位进行测试,其中下列位必须设置为1,才能够实现匹配
[!] -syn	在初始连接请求中，必须设置 SYN 标志
--tcp-option [!] <number>	tcp 唯一的合法选项是发送方能够接受的数据包的最大值

udp filter 表匹配操作

UDP 报头匹配选项在表 3.7 中列出。您也可以通过在-p -udp 选项后添加-h 标志，即 iptables -p udp -h 来查看这些选项。

表 3.7　　　　　　　　　　　udp filter 表匹配操作

-p udp 选项	描述
--source-port | --sport [!] <port>[:<port>]	指定源端口
--destination-port | --dport [!] <port>[:<port>]	指定目的端口

icmp filter 表匹配操作

ICMP 报头匹配选项在表 3.8 中列出。

表 3.8   icmp filter 表匹配操作

选项	描述
--icmp-type [!] <type>	指定 ICMP 类型名或类型号。ICMP 类型被用于代替源端口号

主要支持的 ICMP 类型名称和数值如下。

- echo-reply (0)
- destination-unreachable (3)
  - network-unreachable
  - host-unreachable
  - protocol-unreachable
  - port-unreachable
  - fragmentation-needed
  - network-unknown
  - host-unknown
  - network-prohibited
  - host-prohibited
- source-quench (4)
- redirect (5)
- echo-request (8)
- time-exceeded (10)
- parameter-problem (11)

> **对 ICMP 和 ICMP6 的额外支持**
>
> iptables 支持许多额外的、不常见的、针对路由的 ICMP 消息类型和子类型，并且可以通过 ICMP6 扩展与 IPv6 ICMP 数据包一起工作。请使用下面的 iptables 帮助命令查看完全的列表：
>
> ```
> iptables -p icmp -h
> iptables -p ipv6-icmp-h
> ```

3.4.2   filter 表目标扩展

filter 表目标扩展包括日志记录功能以及驳回数据包（而不是丢弃它）的功能。

　　表 3.9 列出了 LOG 目标的可用选项。表 3.10 列出了 REJECT 目标可用的一个选项。对于其他选项,您可以通过添加-h 标志到-j <TARGET>来查看更多选项,例如:iptables -j <TARGET> -h。

表 3.9　　　　　　　　　　　　　　　　　　　　LOG 目标扩展

-j LOG 选项	描述
--log-level <syslog level>	日志等级是数值或符号性的登录优先级（在/usr/include/sys/syslog.h 中列出）。在/etc/syslog.conf 中也使用了同样的日志级别。等级包括 emerg (0)、alert (1)、crit (2)、err (3)、warn (4)、notice (5)、info (6)、memerg (0)、alert (1)、crit (2)、err (3)、warn(4)、notice (5)、info (6) 和 debug (7)
--log-prefix <"descriptive string">	前缀是被引用的字符串,它将被打印在日志消息的开头
--log-ip-options	此命令在日志输出中记录了所有的 IP 报头选项
--log-tcp-sequence	此命令在日志输出中记录了 TCP 数据包的序列号
--log-tcp-option	此命令在日志输出中记录了 TCP 报头选项
--log-uid	此命令在日志输出中记录了生成数据包的用户 ID

表 3.10　　　　　　　　　　　　　　　　　　　　REJECT 目标扩展

-j REJECT 选项	描述
--reject-with <ICMP type 3>	默认情况下驳回一个数据包会导致一个类型为 3 的 icmp-port-unreachable 消息返回给发送方。其他类型为 3 的错误消息也可以被返回, 包括 icmpnet-unreachable、icmp-host-unreachable、icmp-proto-unreachable、icmp-netprohibited 和 icmp-host-prohibited
--reject-with tcp-reset	传入 TCP 数据包可以通过更加标准的 TCP RST 消息来拒绝,而不是 ICMP 错误消息

ULOG 表目标扩展

　　与 LOG 目标相关的是 ULOG 目标,它会发送日志消息到用户空间的程序以进行日志记录。在 ULOG 的幕后,数据包会被内核通过您选择的 netlink 套接字（默认是 socket 1）组播。用户空间的守护进程将从套接字读取消息并做相应的处理。ULOG 目标典型用于提供相比标准的 LOG 目标更具扩展性的日志记录功能。

　　正如 LOG 目标一样,在匹配 ULOG 目标规则之后,处理依旧会继续进行。

　　ULOG 目标有四个配置选项,如表 3.11 所示。

表 3.11　　　　　　　　　　　　　　　　　　　　ULOG 目标扩展

选项	描述
--ulog-nlgroup <group>	定义接受数据包的 netlink 组。默认组是 1
--ulog-prefix <prefix>	消息将以这个值作为前缀,最大长度是 32 个字符

选项	描述
--ulog-cprange <size>	发送到 netlink 套接字的字节数。默认是 0,即整个数据包
--ulog-qthreshold <size>	内核队列中数据包的数目。默认是 1,意味着队列中每到一个数据包就发送一个消息到 netlink 套接字

3.4.3   filter 表匹配扩展

filter 表匹配扩展提供了访问 TCP、UDP、ICMP 报头字段的能力,以及 iptables 中可用的匹配功能,例如:维护连接状态、端口列表、访问硬件 MAC 源地址以及访问 IP 的 TOS 字段。

> **匹配语法**
>
> 匹配扩展需要-m 或--match 命令后接相关的匹配选项以加载模块。

multiport filter 表匹配扩展

multiport 端口每个列表最多能够包含 15 个端口。端口不能为空白。在逗号和端口值之间不允许有空格。列表中不能使用端口范围。而且-m multiport 命令必须紧跟在-p <protocol>说明符后。

表 3.12 列出了 multiport 匹配扩展的可用选项。

表 3.12   multiport 匹配扩展

m	--match multiport 选项	描述
--source-port <port>[,<port>]	指定源端口
--destination-port <port>[,<port>]	指定目的端口
--port <port>[,<port>]	源端口和目的端口相同,并且它们会和列表中的端口进行匹配

multiport 语法可能有点难以捉摸。这里有一些例子和注意事项。下面的规则阻挡了从 eth0 接口到达的传入数据包,它指向了绑定到 NetBIOS 和 SMB 的 UDP 端口,这是常见的 Microsoft Windows 计算机的端口漏洞和蠕虫攻击的目标:

```
iptables -A INPUT -i eth0 -p udp\
        -m multiport --destination-port 135,136,137,138,139 -j DROP
```

下面的规则阻挡了从 eth0 接口发往与 TCP 服务 NFS、SOCKS 和 squid 绑定的高端端口的传出连接请求:

```
iptables -A OUTPUT -o eth0 -p tcp\
        -m multiport --destination-port 2049,1080,3128 --syn -j REJECT
```

这个例子里值得注意的是 multiport 命令必须紧跟在协议定义后面。如果--syn 被放在-p tcp

和-m multiport 之间则会导致语法错误。

下面的例子展示了关于--syn 放置的相似的例子，它是正确的：

```
iptables -A INPUT -i <interface> -p tcp \
        -m multiport --source-port 80,443 ! --syn -j ACCEPT
```

然而，这样则会导致一个语法错误：

```
iptables -A INPUT -i <interface> -p tcp !--syn \
        -m multiport --source-port 80,443 -j ACCEPT
```

此外，源和目的参数的放置并无严格要求。下面的两个变种是正确的：

```
iptables -A INPUT -i <interface> -p tcp -m multiport \
        --source-port 80,443 \
        !--syn -d $IPADDR --dport 1024:65535 -j ACCEPT
```

和

```
iptables -A INPUT -i <interface> -p tcp -m multiport \
        --source-port 80,443 \
        -d $IPADDR !--syn --dport 1024:65535 -j ACCEPT
```

然而，这样则会导致一个语法错误：

```
iptables -A INPUT -i <interface> -p tcp -m multiport \
        --source-port 80,443 \
        -d $IPADDR --dport 1024:65535 !--syn -j ACCEPT
```

这个模块有一些令人惊讶的语法副作用。如果对 SYN 标志的引用被移除，则前面两条正确的规则都会产生语法错误：

```
iptables -A INPUT -i <interface> -p tcp -m multiport \
        --source-port 80,443 \
        -d $IPADDR --dport 1024:65535 -j ACCEPT
```

然而，下面的一对规则却不会产生错误：

```
iptables -A OUTPUT -o <interface> \
        -p tcp -m multiport --destination-port 80,443 \
        !--syn -s $IPADDR --sport 1024:65535 -j ACCEPT

iptables -A OUTPUT -o <interface> \
        -p tcp -m multiport --destination-port 80,443 \
        --syn -s $IPADDR --sport 1024:65535 -j ACCEPT
```

请注意 multiport 模块的--destination-port 参数不同于对-p tcp 参数执行匹配的模块中的--destination-port 或--dport 参数。

limit filter 表匹配扩展

当涌来一大批需要日志记录的数据包时，将会产生许多的日志消息，限制比率的匹配对于抑制日志消息的数量很有用。

表 3.13 列出了 limit 匹配扩展可用的选项。

表 3.13   limit 匹配扩展

-m	--match limit 选项	描述
--limit \<rate\>	在给定的时间内匹配数据包的最大值
--limit-burst \<number\>	在应用限制前匹配的初始数据包的最大值

峰值定义了通过初始匹配的数据包的数量。默认的值是 5。当达到限制后,之后的匹配则会限制在限制频率处。默认的限制频率是每小时 3 次匹配。可选的时间帧标识符包括/second、/minute、/hour 和/day。

换句话说,默认情况下,当时间限制内的初始峰值即 5 个匹配满足后,在接下来的一小时内,最多只会有三个数据包被匹配,不论有多少数据包已到达,每 20 分钟只会匹配一个。如果在频率限制内未发生匹配,则峰值会变为 1。

展示频率限制的匹配比用语言描述它要更加容易。下面的规则当在给定的一秒内接收到初始的 5 个 echo 请求后,对传入的 ping 消息的日志记录限制为每秒 1 个:

```
iptables -A INPUT -i eth0 \
        -p icmp --icmp-type echo-request \
        -m limit --limit 1/second -j LOG
```

对数据包进行限制频率的接受也是可行的。下面的两条规则合起来,当在给定的一秒内接收到初始的 5 个 echo 请求后,将对传入的 ping 消息的日志记录限制为每秒 1 个:

```
iptables -A INPUT -i eth0 \
        -p icmp --icmp-type echo-request \
        -m limit --limit 1/second -j ACCEPT

iptables -A INPUT -i eth0 \
        -p icmp --icmp-type echo-request -j DROP
```

下一条规则限制了由响应丢弃 ICMP 重定向消息所产生的日志消息的数量。当初始的五个消息已在 20 分钟的时间内被记录,则在接下来的一小时里,至多会记录三条日志消息,每 20 分钟一条:

```
iptables -A INPUT -i eth0 \
        -p icmp --icmp-type redirect \
        -m limit -j LOG
```

在最后的例子中的假设是,数据包和任何额外的未匹配的重定向数据包通过 INPUT 规则链中默认的 DROP 策略被静默地丢弃。

state filter 表匹配扩展

静态过滤器查看流量是以一个数据包接一个数据包的形式进行的。检查基于每个数据包的源地址、目的地址、端口、传输层协议、当前 TCP 状态标志的结合,而不涉及任何持续的上下文。ICMP 消息被当作无关的（unrelated）、外带的（out-of-band）第三层 IP 层事件。

state 扩展相对于无状态的、静态数据包过滤技术，提供了额外的监控和记录技术。当一个 TCP 连接或 UDP 交换开始时，状态信息即被记录。接下来的数据包的检测不仅基于静态元组信息，而且还基于持续交换的上下文。换句话说，一些通常与上层的 TCP 传输层或 UDP 应用层相关联的上下文知识被向下带到了过滤器层。

在交换开始和接受之后，随后的数据包将被识别为已建立交换的一部分。相关的 ICMP 消息也被识别为与特定的交换相关。

> **注意：**
> 在计算机的术语里，一组合起来唯一确定一个事件或对象的值或属性被称为元组（tuple）。一个 UDP 或 TCP 数据包被协议、UDP 或 TCP、源地址和目的地址、源端口和目的端口所组成的元组唯一的确定。

对于会话监控来说，维护状态信息的优点对于 TCP 来说不太明显，因为 TCP 显然已经在维护状态信息。对于 UDP 来说，直接的优点是区分来自其他数据报响应的能力。至于传出的 DNS 请求，它代表了一个新的 UDP 交换，一个已建立的会话在确定的时间窗口内将允许从原始消息被发往的主机和端口处传入的 UDP 响应数据报。从其他主机或端口传入的 UDP 数据报是不被允许的。它们不是这个独特的交换所建立的状态的一部分。当应用到 TCP 和 UDP 时，如果错误消息与特定的会话相关，则 ICMP 错误消息会被接受。

考虑到数据包性能和防火墙复杂性，对于 TCP 流（flow）来说其优势更加明显。流主要是用于防火墙性能优化的技术。流的主要目的是允许数据包绕过防火墙的检查路径。如果 TCP 数据包被立刻识别为已允许的、正在进行的连接的一部分，则剩下的防火墙过滤器可以直接跳过，这样在某些情况下可以获得更快的 TCP 数据包处理能力。对于 TCP 来说，流状态是过滤性能方面的一个重大收益。而且，标准的 TCP 应用协议规则能够缩减为一个初始允许规则。过滤器规则的数量可以得到减少（理论上是这样，但实际上并无此必要，您将在本书后面看到）。

主要的缺点是维护一个状态表比单独使用标准的防火墙规则需要更多的内存。例如，同时拥有 70000 个连接路由器将需要巨量的内存为每个连接维护状态表条目。基于性能原因，状态维护也经常在硬件层面完成，硬件层面上，相关的表查找可以同时并行完成。无论是使用硬件还是软件实现，状态引擎必须拥有当内存上的状态表条目不可用时将数据包复原到传统路径的能力。

而且，软件实现的表的创建、查询、删除都会花费时间。额外的处理开销在很多情况下都是一种损失。状态维护对于正在进行的交换如 FTP 传输或 UDP 多媒体会话流来说是有益的。两种类型的数据流均代表了潜在的大量数据包（以及过滤器规则匹配测试）。然而，对于简单的 DNS 或 NTP 客户端/服务器交换来说状态维护并不是防火墙的性能收益。对于数据包来说，状态建立和销毁相对于简单的过滤器规则遍历，很容易需要大量的运算和内存。

对于主要过滤 Web 流量的防火墙来说，其优点也是有疑问的。Web 客户端/服务器交换往往是简短的和短暂的。

Telnet 和 SSH 会话则处在灰色地带。在拥有许多此类会话的繁忙的路由器中,状态维护开销通过绕开防火墙检测可能会有收益。然而,对于相对沉寂的会话,连接状态条目更可能进入超时并且被丢弃。当下一个数据包出现时,在它穿过了传统的防火墙规则后,状态表条目将被重新创建。

表 3.14 列出了 state 匹配扩展的可用选项。

表 3.14   state 匹配扩展

-m	--match state 选项	描述
--state <state>[,<state>]	如果连接状态在列表中,则进行匹配。合法值有 NEW、ESTABLISHED、RELATED 和 INVALID

TCP 连接状态和进行中的 UDP 交换信息可以被维护,以允许网络交换被作为 NEW、ESTABLISHED、RELATED 或 INVALID 进行过滤:

- NEW 与初始的 TCP SYN 请求或第一个 UDP 数据包等价。
- ESTABLISHED 指的是连接初始化后进行中的 TCP ACK 消息,以及接下来发生在同一主机和端口间的 UDP 数据报交换,以及对之前 echo 请求回应的 ICMP echo 响应消息。
- RELATED 目前指的仅仅是 ICMP 错误消息。FTP 的二级连接由额外的 FTP 连接追踪支持模块进行管理。通过此额外的模块,RELATED 的意义被扩展包括 FTP 的二级连接。
- INVALID 数据包的例子是:一个并不响应当前会话的传入的 ICMP 错误消息,或并不回应之前 echo 请求的 echo 响应。

理想情况下,使用 ESTABLISHED 匹配允许一项服务的一对防火墙规则缩减为一条允许第一个请求数据包的规则。例如,通过使用 ESTABLISHED 匹配,一个 Web 客户端规则只需要允许最初的传出 SYN 请求。DNS 客户端请求只需要"允许初始的 UDP 传出请求数据包"的规则。

通过使用默认拒绝的输入策略,连接跟踪(理论上)可以使两个普通规则替换所有协议相关的过滤器,这些数据包是一个已建立的连接的一部分或与连接相关。针对特定应用相关的规则只对初始数据包是必需的。

尽管这样的防火墙设置在大多数情况下对于小型站点或住宅站点来说可能可以很好地工作,但它不可能很好地服务于大型站点或同时处理许多连接的防火墙。原因可以返回到状态表条目超时的情形,由于表的大小和内存的限制,静止的连接的状态条目会被替换。下一个本应被已删除的状态条目接受的数据包需要一条规则以被允许,因而此状态表条目必须被重建。

一个简单的例子是用于 cache-and-forward 名称服务器的本地 DNS 服务器的规则对。DNS 转发名称服务器使用服务器到服务器的通信。DNS 流量在双方主机中的源端口和 53 号目的端口间被交换。UDP 客户端/服务器关系可以被明确地建立起来。下面的规则明确地允许传出(NEW)请求、传入(ESTABLISHED)响应和任何(RELATED)ICMP 错误消息。

```
iptables -A INPUT -m state \
        --state ESTABLISHED,RELATED -j ACCEPT

iptables -A OUTPUT --out-interface <interface> -p udp \
        -s $IPADDR --source-port 53 -d $NAME_SERVER --destination-port 53 \
        -m state --state NEW,RELATED -j ACCEPT
```

DNS 使用简单的查询和响应（query-and-response）协议。但对于一个可以在扩展周期内维护进行中的连接的应用程序呢？例如 FTP 控制会话、telnet 或 SSH 会话？如果状态表条目由于某些原因被永久地清除，未来的数据包将不会拥有用于进行匹配的"识别为 ESTABLISHED 交换一部分"的状态表条目。

下面用于 SSH 连接的规则允许这种可能性：

```
iptables -A INPUT -m state \
        --state ESTABLISHED,RELATED -j ACCEPT

iptables -A OUTPUT -m state \
        --state ESTABLISHED,RELATED -j ACCEPT

iptables -A OUTPUT --out-interface <interface> -p tcp \
        -s $IPADDR --source-port $UNPRIVPORTS \
        -d $REMOTE_SSH_SERVER --destination-port 22 \
        -m state --state NEW, -j ACCEPT

iptables -A OUTPUT --out-interface <interface> -p tcp !--syn \
        -s $IPADDR --source-port $UNPRIVPORTS \
        -d $REMOTE_SSH_SERVER --destination-port 22 \
        -j ACCEPT

iptables -A INPUT --in-interface <interface> -p tcp !--syn \
        -s $REMOTE_SSH_SERVER --source-port 22 \
        -d $IPADDR --destination-port $UNPRIVPORTS \
        -j ACCEPT
```

mac filter 表匹配扩展

表 3.15 列出了 mac 匹配扩展的可用选项。

表 3.15   mac 匹配扩展

-m | --match mac 选项	描述
--mac-source [!] \<address\>	匹配二层的以太网硬件源地址，在传入以太帧中以 xx:xx:xx:xx:xx:xx:的形式指定

请记住 MAC 地址并不会跨越路由器边界（或网络段）。还请记住只有源地址可以被指定。mac 扩展只能用在传入的接口，例如 INPUT、PREROUTING 和 FORWARD 规则链。

下面的规则允许从一个本地主机传入的 SSH 连接：

```
iptables -A INPUT -i <local interface> -p tcp \
        -m mac --mac-source xx:xx:xx:xx:xx:xx \
```

```
--source-port 1024:65535 \
-d <IPADDR> --dport 22 -j ACCEPT
```

owner filter 表匹配扩展

表 3.16 列出了 owner 匹配扩展可用的选项。

表 3.16   owner 匹配扩展

-m | --match owner 选项	描述
--uid-owner <userid>	按创建者的 UID 进行匹配
--gid-owner <groupid>	按创建者的 GID 进行匹配
--pid-owner <processid>	按创建者的 PID 进行匹配
--sid-owner <sessionid>	按创建者的 SID 或 PPID 进行匹配
--cmd-owner <name>	用命令名<name>匹配进程创建的数据包

此匹配对应的是数据包的创建者。此扩展仅可用于 OUTPUT 规则链。

这些匹配选项对防火墙路由器来说没有多大意义；它们在终端主机上更有意义。

因此，假设您有一台防火墙网关，也许有显示器，但没有键盘。管理可以由一台本地的多用户主机完成。用户账户允许从此主机登录到防火墙。在多用户主机上，到达防火墙的管理访问可以按如下方式进行本地过滤：

```
iptables -A OUTPUT -o eth0 -p tcp \
        -s <IPADDR> --sport 1024:65535 \
        -d <fw IPADDR> --dport 22 \
        -m owner --uid-owner <admin userid> \
        --gid-owner <admin groupid> -j ACCEPT
```

mark filter 表匹配扩展

表 3.17 列出了 mark 匹配扩展的可用选项。

表 3.17   mark 匹配扩展

-m | --match mark 选项	描述
--mark <value>[/<mask>]	匹配带有 Netfilter 分配的 mark 值的数据包

mark 值以及掩码均为无符号长整型数。如果指定了掩码，就将 mark 值和掩码进行逻辑与操作。

在下面的例子中,假设在指定的源和目的之间传入的 telnet 客户端数据包已经被分配了 mark 值:

```
iptables -A FORWARD -i eth0 -o eth1 -p tcp \
        -s <some src address> --sport 1024:65535 \
        -d <some destination address> --dport 23 \
        -m mark --mark 0x00010070 \
        -j ACCEPT
```

在这里被测试的 mark 值在之前的某个数据包处理节点被设置。mark 值是一个标志，指示此数据包的处理不同于其他数据包。

tos filter 表匹配扩展

表 3.18 列出了 tos 匹配扩展的可用选项。

tos 值可以是字符串或数值中的一个：

- minimize-delay, 16, 0x10
- maximize-throughput, 8, 0x08
- maximize-reliability, 4, 0x04
- minimize-cost, 2, 0x02
- normal-service, 0, 0x00

表 3.18　　　　　　　　　　　　　　tos 匹配扩展

-m | --match tos 选项	描述
--tos <value>	对 IP TOS 设置进行匹配

TOS 域已经被重定义为由差分服务代码点（Differentiated Services Code Point，DSCP）使用的差分服务域。

请从下面的来源处查看关于差分服务的更多信息。

- RFC 2474, "Definition of the Differentiated Services Field (DS Field) in the IPv4 and IPv6 Headers"。
- RFC 2475, "An Architecture for Differentiated Services"。
- RFC 2990, "Next Steps for the IP QoS Architecture"。
- RFC 3168, "The Addition of Explicit Congestion Notification (ECN) to IP"。
- RFC 3260, "New Terminology and Clarifications for Diffserv"。

unclean filter 表匹配扩展

由 unclean 模块执行的特定数据包的有效性检测功能并未被记入文档。此模块被认为是实验性的。

下面的几行显示了 unclean 模块的语法，此模块不包含任何参数：

```
-m | --match unclean
```

unclean 扩展可能会在本书出版时获得 "祝福"。与此同时，该模块于 LOG 选项搭配的一个例子如下：

```
iptables -A INPUT -p ! tcp -m unclean \
        -j LOG --log-prefix "UNCLEAN packet: " \
```

```
          --log-ip-options
iptables -A INPUT -p tcp -m unclean \
          -j LOG --log-prefix "UNCLEAN TCP: " \
          --log-ip-options \
          --log-tcp-sequence --log-tcp-options
iptables -A INPUT -m unclean -j DROP
```

addrtype filter 表匹配扩展

addrtype 匹配扩展用于基于地址类型的数据包匹配，例如单播、广播和组播。地址的类型包括在表 3.19 中列出的那些种类。

表 3.19   addrtype 匹配使用的地址类型

名称	描述
ANYCAST	任播数据包
BLACKHOLE	黑洞地址
BROADCAST	广播地址
LOCAL	本地地址
MULTICAST	组播地址
PROHIBIT	禁止地址
UNICAST	单播地址
UNREACHABLE	不可达地址
UNSPEC	未指明的地址

如表 3.20 列出的那样，两个命令是用于 addrtype 匹配的。

表 3.20   addrtype 匹配命令

选项	描述
--src-type \<type>	用类型\<type>匹配源地址
--dst-type \<type>	用类型\<type>匹配目的地址

iprange filter 表匹配

有时，使用 CIDR 记法定义的一个 IP 地址的范围不能够满足您的需求。例如，如果您需要限制某一特定范围的 IP 地址，它不落在某个子网边界内或只有一对地址跨过了子网边界，iprange 匹配类型将完成此类工作。

通过使用 iprange 匹配，您可以指定使匹配生效的任意范围的 IP 地址。iprange 匹配也可以被否定。表 3.21 列出了 iprange 匹配的命令。

表 3.21	iprange 匹配命令
命令	描述
[!] --src-range <ip address-ip address>	指定（或否定）将匹配的源 IP 地址范围。这个范围通过一个连字符指定，中间没有空格
[!] --dst-range <ip address-ip address>	指定（或否定）将匹配的目的 IP 地址范围。这个范围通过一个连字符指定，中间没有空格

length filter 表匹配

length filter 表的匹配扩展检测数据包的长度。如果数据包的长度匹配给定的值或任意地落在给定的范围内，此规则即被调用。

表 3.22 列出了与 length 匹配相关的唯一命令。

表 3.22	length 匹配命令
命令	描述
--length <length>[:<length>]	匹配长度为<length>或在<length:length>范围内的数据包

3.4.4　nat 表目标扩展

像之前提到过的那样，iptables 支持四种常用的 NAT：源 NAT（SNAT）；目的 NAT（DNAT）；伪装（MASQUERADE），一种源 NAT 实现的特例；以及本地端口指向（重定向）本地主机。作为 nat 表的一部分，当一条规则通过使用-t nat 表说明符指定 nat 表时，这些目标都是可用的。

SNAT nat 表目标扩展

网络地址和端口转换（Network Address and Port Translation，NAPT）是人们最熟悉的一种 NAT。如图 3.5 所示，源地址转换在路由决定做出之后实施。SNAT 目标只在 POSTROUTING 规则链中使用。由于 SNAT 应用于数据包被发出的前一刻，因此它只能指定传出接口。

一些文档将这种形式的 NAT（最常见的形式）称为 NAPT，以确认对端口号所做的更改。其他形式的传统的、单向的 NAT 是基础的 NAT，不会触及源端口。这种形式在私有局域网与公共地址池之间转换时使用。

NAPT 是在您只有一个公共地址的时候使用。源端口会被替换为防火墙/NAT 计算机上的一个空闲端口，因为它正为任意数量的内部网络计算机进行转换，而某台内部计算机使用的端口可能已经被 NAT 计算机使用了。当响应返回时，NAT 计算机便要依据端口决定此数据包是发往内部网络的计算机还是它自己，然后决定此数据包将发往哪台内部计算机。

SNAT 的一般语法如下:

```
iptables -t nat -A POSTROUTING --out-interface <interface> ...\
        -j SNAT --to-source <address>[-<address>][:<port>-<port>]
```

如果有多于一个的地址可用，则源地址可以被映射到一个可用的 IP 地址范围。
源端口可以被映射到路由器中指定的源端口的范围。

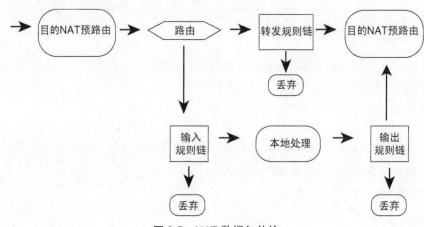

图 3.5　NAT 数据包传输

伪装 nat 表目标扩展

在 iptables 中，源地址转换已经以 SNAT 和 MASQUERADE 两种不同的方式实现。区别在于 MASQUERADE 目标扩展倾向用于动态分配 IP 地址的接口上的连接，尤其是连接是临时的并且新连接的 IP 地址分配可能是不同的。如之前所讨论的那样，在"NAT 表特性"一节中，MASQUERADE 对于动态 IP 或移动连接尤其有用。

由于地址伪装是一种 SNAT 的特例，它同样也仅在 POSTROUTING 规则链中是合法的目标，而且规则仅可以指向传出接口。不同于更普通的 SNAT，MASQUERADE 并不带参数以指定应用到数据包的源地址。传出接口的 IP 地址被自动使用。

MASQUERADE 的通用语法如下:

```
iptables -t nat -A POSTROUTING --out-interface <interface> ...\
        -j MASQUERADE [--to-ports <port>[-<port>]]
```

源端口可以映射到路由器上一个特定范围内的源端口。

DNAT nat 表目标扩展

目标地址和端口转换是 NAT 的一种高度特化的形式。如果一个住宅站点或小型商用站点的公共 IP 地址是被动态分配的或只有一个 IP 地址并且站点管理者希望转发传入连接到非公共可见的内部服务器，那么这个功能最有可能有用。换句话说，DNAT 功能可以用于替换从前需要的第三方端口转发软件，例如 ipmasqadm。

目的地址和端口转换在路由决定做出前被完成，请参阅前面的图 3.5。DNAT 是 PREROUTING 规则链和 OUTPUT 规则链中的合法目标。在 PREROUTING 规则链中，当传入接口被指定时，DNAT 可以作为目标。在 OUTPUT 规则链中，当传出接口被指定时，DNAT 可以作为目标。

DNAT 的一般语法如下：

```
iptables -t nat -A PREROUTING --in-interface <interface> ... \
        -j DNAT --to-destination <address>[-<address>][:<port>-<port>]
iptables -t nat -A OUTPUT --out-interface <interface> ... \
        -j DNAT  to destination <address>[-<address>][:<port>-<port>]
```

如果多个 IP 地址可用，则目的地址可以被映射到可用的 IP 地址范围。

目的端口可以被映射到目的主机上特定范围的其他端口。

REDIRECT nat 表目标扩展

端口重定向是 DNAT 的一种特例。数据包被重定向到本地主机的某个端口。传入数据包被重定向到传入接口的 INPUT 规则链，否则将被转发。由本地主机产生的传出数据包被重定向到本地主机回环接口上的一个端口。

REDIRECT 仅仅是一个别名，为了方便说明重定向一个数据包到此主机的特殊情况。它不提供额外的功能。可以简单地被使用 DNAT 以达到相同的效果。

REDIRECT 同样也是 PREROUTING 规则链和 OUTPUT 规则链中的合法目标。在 PREROUTING 规则链中，当传入接口被指定时，REDIRECT 可以作为目标。在 OUTPUT 规则链中，当传出接口被指定时，REDIRECT 可以作为目标。

REDIRECT 的一般语法如下：

```
iptables -t nat -A PREROUTING --in-interface <interface> ...\
        -j REDIRECT [--to-ports <port>[-<port>]]
iptables -t nat -A OUTPUT --out-interface <interface> ...\
        -j REDIRECT [--to-ports <port>[-<port>]]
```

目标端口可以被映射到一个不同的端口或本地主机上一个指定的范围内的其他端口。

3.4.5 mangle 表命令

mangle 表的目标和扩展应用与 OUTPUT 规则链和 PREROUTING 规则链。请记住，filter 表是隐含的默认表。要使用 mangle 表的功能，您必须使用-t mangle 指令指定 mangle 表。

mark mangle 表目标扩展

表 3.23 列出了 mangle 表可用的目标扩展。

表 3.23　　　　　　　　　　　　　　　　　　　mangle 目标扩展

-t mangle 选项	描述
-j MARK --set-mark <value>	为数据包设置 Netfilter 的标记值
-j TOS --set-tos <value>	设置 IP 报头中的 TOS 值

mangle 表的目标扩展有两个：MARK 和 TOS。MARK 包含设置非符号长整型 mark 值的功能，这些值在由 iptable mangle 表维护的数据包中。

用法的示例如下：

```
iptables -t mangle -A PREROUTING --in-interface eth0 -p tcp \
        -s <some src address> --sport 1024:65535 \
        -d <some destination address> --dport 23 \
        -j MARK --set-mark 0x00010070
```

TOS 包含了设置 IP 报头中 TOS 字段的功能。用法的示例如下：

```
iptables -t mangle -A OUTPUT ...-j TOS --set-tos <tos>
```

tos 值的可用值与 filter 表的 TOS 匹配扩展模块中的可用值相同。

3.5　小结

本章包含了 iptables 中的许多可用功能，当然，这些功能也是最常用的。我已经尝试给出一般意义上 Netfilter 和 IPFW 的区别，目的就是为您理解在之后章节中介绍的它们在实现上的不同打下一个基础。三大独立的表 filter、mangle 和 nat 的模块化实现部分均已介绍。在这些主要的部分中，功能被进一步分解到提供目标扩展的模块和提供匹配扩展的模块。

第 5 章使用了一个简单的独立防火墙的实例。基础的反欺骗、拒绝服务以及其他基本规则都被介绍。本章介绍一般防火墙的目的对用户来说并不是通过"复制和粘贴"来进行练习，而是尽可能地以功能的方式展示本章呈现的语法。第 4 章介绍了新的 Netfilter 表系统，它将作为 iptables 的替代品。后面的章节更多地介绍诸如用户自定义规则链、防火墙优化、LAN、NAT 和多宿主主机等特性。

第 4 章

nftables:（新）Linux 防火墙管理程序

第 3 章介绍了 iptables--长久以来 Linux 的防火墙管理程序。其中包括了 iptables 的语法和很多选项。本章将介绍新的 Netfilter 表（nftables）程序。从 Linux 内核 3.13 版本开始，nftables 已经成为 Linux 内核主线的一部分。

4.1 iptables 和 nftables 的差别

在内核中，nftables 与 iptables 的过滤系统有重大的差异。nftables 不仅替代了 iptables 的功能，而且替代了 ip6tables 用于 IPv6、arptables 用于 ARP 过滤、etables 用于以太网桥过滤的功能。nftables 的命令语法与 iptables 的命令语法有所不同，nftables 拥有使用额外脚本的能力。nftables 的管理程序叫做 nft，防火墙构建于此命令基础之上。

不同于 iptables，nftables 并不包含任何的内置表。由管理员决定需要哪些表并添加这些表的处理规则。本章的其余内容将介绍 nftables 的语法以及使用它创建防火墙的用法。

4.2 nftables 基本语法

nft 命令提供了用于构建防火墙的管理程序。nftables 命令的基本语法以 nft 程序本身开头，接下来是命令和子命令，以及各种各样的参数和表达式。下面是一个例子：

```
nft<command><subcommand><chain><rule definition>
```

典型的命令有 add、list、insert、delete 和 flush。
典型的子命令包括 table、chain 和 rule。

4.3 nftables 特性

nftables 拥有一些高级的类似编程语言的能力，例如定义变量和包含外部文件。nftables 也可以用于多种地址族的过滤和处理。这些地址族如下所示。

- ip：IPv4 地址。

- ip6：IPv6 地址。
- inet：IPv4 和 IPv6 地址。
- arp：地址解析协议（ARP）地址。
- bridge：处理桥接数据包。

当没有指定地址族时，默认的是 IP。能够处理不同地址族的能力意味着 nftables 打算替代其他过滤机制，例如 etables 和 arptables。

nftables 的整个处理架构用于决定规则将应用于哪个地址族。然后，nftables 会使用一个或多个表，其中包含了一个或多个规则链，规则链则包含了处理规则。nftables 的处理规则由地址、接口、端口或包含在当前处理数据包中的其他数据等表达式以及诸如 drop、queue 和 continue 等声明组成。

> 小提示
>
> 表包含规则链；规则链包含规则。

特定的地址族包含钩子，它使得 nftables 可以当数据包在 Linux 的网络堆栈中传输时访问到数据包。这意味着您可以在数据包被传递到路由之前或在它处理完毕之后对数据包执行一些操作。对 ip、ipv6 和 inet 地址族来说，可以应用下面的钩子。

- prerouting：刚到达且并未被 nftables 的其他部分所路由或处理的数据包。
- input：已经被接收并且已经经过 prerouting 钩子的传入数据包。
- forward：如果数据包将被发送到另一个设备，它将会通过 forward 钩子。
- output：从本地系统传出的数据包。
- postrouting：仅仅在离开系统之前，postrouting 钩子使得可以对数据包进行进一步的处理。

ARP 地址族只能使用 input 钩子和 output 钩子。

4.4　nftables 语法

nft 命令本身有一些可以从命令行传入的选项，它们并不直接与定义过滤规则相关。这些命令行选项包括如下。

- --debug <level, [level]>：在<level>处（例如 scanner、parser、eval、netlink、mnl、segtree、proto-ctx、或全部）添加调试。
- -h | --help：显示基本帮助。
- -v | --version：显示 nft 的版本号。
- -n | --numeric：以数字方式显示地址和端口号信息而不执行名称解析。
- -a | --handle：显示规则句柄。
- -I | --includepath<directory>：将<directory>添加到包含文件的搜索路径中。

- -f | --file <filename>：将<filename>文件的内容包含进来。
- -i | --interactive：从命令行读取输入。

如之前阐述的那样，nftables 中没有预定义的表。同样地，由您定义希望在 nftables 系统中使用的表。定义一个规则的命令依赖于您是在表、规则链还是在规则上进行操作。

4.4.1　表语法

在表上进行操作时，有下述四个命令可用。

- add：添加一个表。
- delete：删除一个表。
- list：显示一个表中的所有规则链和规则。
- flush：清除一个表中的所有规则链和规则。

您叫以使用下面的命令列出那些可用的表（以 root 权限运行）：

```
nft list tables
```

记住，与 iptables 不同，nftables 中并没有默认表。因此，如果没有任何表被定义，则 list tables 命令则会返回空。如果您刚刚建立了 nftables 并且还没有用它定义防火墙，那么这将会是预期内的行为。您可以定义一个拥有普通防火墙规则链和规则的表，像这样：

```
nft add table filter
```

一旦防火墙的表被添加，list tables 命令将返回表的名称：

```
table filter
```

更多关于表的信息可以通过下面的命令收集：

```
nft list table filter
```

这样做会显示关于表的信息，包括任何定义在表中的规则链：

```
tableip filter{
}
```

如例所示，filter 表使用 IP 地址族，并且它目前为空。

此例子中的表叫做 filter，但它也可以被叫做任何名称，例如将其替换为 firewall。然而，通常的使用和 nftables 文档中的名称以及这里的例子都把该表称为 filter。

当要列出规则时，添加-a 选项以查看句柄号是很有用的。句柄可以很容易地被用于修改或删除一条规则。这种用法将在本章的后面当添加规则到防火墙时进行介绍。

当列出防火墙规则时，nftables 将执行地址和端口解析。这个行为可以使用-n 选项修改。添加两个-n 选项可以同时防止地址和端口的解析，如下所示：

```
nft list table filter-nn
```

4.4.2   规则链语法

当在规则链上进行操作时，共有下述六个命令可用。

- add：将一条规则链添加到一个表中。
- create：在一个表中创建一条规则链，除非该表中已经存在同名的规则链。
- delete：删除一条规则链。
- flush：清除一条规则链中的所有规则。
- list：显示一条规则链中的所有规则。
- rename：修改一条规则链的名称。

在添加一条规则链时，可以定义之前提到过的钩子。而且，可以将可选的优先级添加到规则链的定义中。

有三种基本的规则链类型，它们可以包含规则并且可以连接到之前描述过的钩子。规则链类型和钩子类型需要在规则链创建期间被定义，在通常的防火墙情境中，它们对规则链操作来说至关重要。如果规则链类型和钩子类型未被定义，数据包将不会被路由到此规则链。

三种基本的规则链类型如下。

- filter：用于数据包过滤层。
- route：用于数据包路由。
- nat：用于网络地址转换（Network Address Translation，NAT）。

可以添加其他规则链以使用相似的规则组。当数据包在基础规则链中传输时，处理过程可以被路由到一个或多个用户定义的规则链以进行额外的处理。

当添加一条规则链时，必须指定规则链将要添加到的表。例如，下面的命令添加 input 规则链到 filter 表（在之前的小节中定义的）：

```
nft add chain filter input { type filter hook input priority 0 \; }
```

这条命令声明一条叫做 input 的规则链将被添加到名为 filter 的表中。规则链的类型是 filter，并且它将以优先级 0 被附加到 input 钩子。当从命令行中输入此命令时，需要在括号之间加一个空格跟一个分号。当此命令在本地 nft 脚本中使用时，空格和反斜线可以被忽略。

添加 output 规则链看上去很类似，只需要将合适位置的 input 更改为 output 即可：

```
nft add chain filter output { type filter hook output priority 0 \; }
```

4.4.3   规则语法

规则是过滤操作发生的地方。当操作规则时，有三个命令可用。

- add：添加一条规则。
- insert：在规则链中加入一个规则，可以添加在规则链开头或指定的地方。

● delete：删除一条规则。

在规则中您需要指定匹配的准则，以及对于匹配此规则的数据包应采取的裁决或决定。nftables 和在其中创建的规则使用各种各样的声明和表达式来创建定义。

nftables 声明与 iptables 的声明相类似，并且通常影响数据包如何被处理、如何被停止处理、发送到另外的规则链进行处理或简单地记录该数据包。声明和裁决包括如下命令。

● accept：接受数据包并且停止处理。
● continue：继续处理此数据包。
● drop：停止处理并静默地丢弃此数据包。
● goto：发送到指定的规则链进行处理但不返回到调用的规则链。
● jump：发送到指定的规则链进行处理并且当完成时或执行了返回的声明时返回到调用的规则链。
● limit：如果达到了接收数据包的匹配限制，则根据规则处理数据包。
● log：日志记录该数据包并继续处理。
● queue：停止处理并且发送数据包到用户空间的程序。
● reject：停止处理并驳回数据包。
● return：发送到调用的规则链进行处理。

nftables 表达式中可以指定地址族或所处理的数据包类型。nftables 使用有效载荷表达（payload expressions）式以及元表达式（meta expressions）。有效载荷表达式是从数据包信息那里收集的。一些特定的报头表达式，例如，sport 和 dport（分别是源端口和目的端口）会被应用到 TCP 和 UDP 数据包，但它们对于 IPv4 和 IPv6 层来说没有意义，因为这些层不使用端口。元表达式可以在广泛应用的规则或与常用数据包或接口属性相关的规则中使用。

表 4.1 介绍了可用的元表达式。

表 4.1　　　　　　　　　　　　　　　nftables 的元表达式

表达式	描述
iif	接收数据包的接口的索引
iifname	接收数据包的接口的名称
iiftype	接收数据包的接口的类型
length	数据包的字节长度
mark	数据包标记
oif	传出数据包的接口的索引
oifname	传出数据包的接口的名称
oiftype	传出数据包的接口的类型
priority	TC 数据包的优先级

续表

表达式	描述
protocol	以太网类型协议
rtclassid	路由数据包的领域
skgid	原始套接字的组标识符
skuid	原始套接字的用户标识符

连接跟踪（有时被称为 conntrack）表达式使用数据包处的元数据为接下来的规则处理提供信息。连接跟踪表达式可以通过关键字 ct 后跟一个下面的选项被包含进来：daddr、direction、expiration、helper、l3proto、mark、protocol、proto-src、proto-dst、saddr、state 和 status。

状态表达式是防火墙使用中重要的一项。普通的数据包检查和规则处理是无状态的，这意味着处理过程不知道之前处理过的数据包的任何信息。每个数据包都是依据其自身的源和目的地址、端口以及其他标准被检查的。下面列出的状态表达式使得与数据包相关的信息被记录，因此，进行处理的规则会得到相关流量正在进行交换的上下文。

- new：一个新的数据包到达防火墙，例如，一个设置了 SYN 标志的 TCP 数据包。
- established：数据包是已经被处理或跟踪的连接的一部分。
- invalid：一个不符合协议规则的数据包。
- related：一个数据包与某个连接相关，该连接的协议不使用其他手段跟踪其状态，例如 ICMP 或被动 FTP。
- untracked：一个用于绕开连接跟踪的管理员状态，典型用于特殊情况。

实际上，new、related、established 状态的使用都很频繁，invalid 状态会在合适的地方被使用。例如，下面是一个允许 established 和 related 的 SSH 连接的规则。允许相关的连接是很重要的，以防因为内存被清除，而否定所有已建立连接的状态。

```
nft add rule filter input tcpdport 22 ct state established,related accept
```

第 3 章中名为 "state filter 表匹配扩展" 的小节详细地讨论了状态机制。

负载表达式用于构建匹配特定标准的规则，并且与被处理的数据包的类型紧密相关。

表 4.2 描述了 IPv4 报头的表达式。表 4.3 描述了 IPv6 报头的表达式。表 4.4 描述了 TCP 报头的表达式。

表 4.2　　　　　　　　　　　　　　　　　IPv4 的负载表达式

表达式	描述
checksum	IP 报头的校验和
daddr	目的 IP 地址
frag-off	分片偏移
hdrlength	包括选项在内的 IP 报头长度

续表

表达式	描述
id	IP 标识符
length	数据包的总长度
protocol	IP 层以上的层所使用的协议
saddr	源 IP 地址
tos	服务类型值
ttl	生存期值
version	IP 报头版本，在 IPv4 表达式中该值总是 4

表 4.3   IPv6 报头表达式

表达式	描述
daddr	目的 IP 地址
flowlabel	流标签
hoplimit	跳数限制
length	负载的长度
nexthdr	下一报头协议
priority	优先级值
saddr	源 IP 地址
version	IP 报头版本，在 IPv6 表达式中该值总是 6

表 4.4   TCP 报头表达式

表达式	描述
ackseq	确认号
checksum	数据包的校验和
doff	数据偏移
dport	数据包所发往的端口（目的端口）
flags	TCP 标志
sequence	序列号
sport	数据包发出的端口（源端口）
urgptr	紧急指针值
window	TCP 窗口值

如表 4.5 所示，由于 UDP 是一个相对简单的协议，因此几乎没有用于 UDP 报头的表达式。

表 4.5　　　　　　　　　　　　　　　　UDP 报头表达式

表达式	描述
checksum	数据包的校验和
dport	数据包所发往的端口（目的端口）
length	数据包的总长度
sport	数据包发出的端口（源端口）

表 4.6 展示了用于 ARP 报头的可用表达式。

表 4.6　　　　　　　　　　　　　　　　ARP 报头表达式

表达式	描述
hlen	硬件地址长度
htype	ARP 硬件类型
op	操作
plen	协议地址长度
ptype	以太网类型

4.4.4　nftables 的基础操作

在添加一条规则时，表和规则链需要与匹配标准一同被指定。例如，添加一个用以接受从特定主机到来的 SSH 连接的规则如下所示。此规则被添加到前面创建的 filter 表中的 input 规则链：

```
nft add filter input tcp dport 22 accept
```

各种各样的声明，例如 accept、drop、reject、log 和其他声明（在本节前面列出的）在 iptables 中被称为扩展（extensions）。用于扩展的许多选项和操作模式在 nftables 中也同样适用。例如，记录传入连接时，需要使用 log 声明。此声明可以与连接跟踪联合使用，以仅仅记录到达 22 号端口的新连接。另外，还可以添加一个限制以防止日志记录机制不堪重负。

nftables 中的日志记录需要 nfnetlink_log 或 xt_LOG 内核模块或内核的支持。而且，您需要通过将"ipt_LOG"写入 proc 文件中的 nf_log 以启用日志记录：

```
echo "ipt_LOG" > /proc/sys/net/netfilter/nf_log/2
```

记录新 SSH 连接（频率限制）的 nftables 命令最终看起来是这样的：

```
nft add filter input tcp dport 22 ct state new limit rate 3/second log
```

元表达式，比如那些选择传入或传出接口的元表达式，被用作一个规则中更进一步的选择器。例如，记录到达 eth0 接口的新连接的命令看起来是这样的：

```
nft add filter input iif eth0 ct state new limit rate 10/minute log
```

第 3 章包含了各种表达式的语法规则和选项。

4.4.5　nftables 文件语法

nftables 最好的一个特性便是支持读取包含 nftables 规则的外部文件。这些文件可以保存导入的规则，在使用时无需创建又长又复杂的 shell 脚本。即便如此，shell 脚本作为防火墙规则文件的容器，在导入规则时依旧很有用。

nftables 使用-f选项来导入文件。例如，此文件创建了一个基础的过滤防火墙，以记录新的SSH 数据包（频率限制）：

```
table filter {
        chain input {
                type filter hook input priority 0;
                tcpdport 22 ct state new limit rate 3/second log prefix "NEWpacket: "
        }

        chain output {
                type filter hook input priority 0;
        }
}
```

假设此文件被保存为 firewall.nft，它便可以使用下面的命令进行加载：

```
nft -f firewall.nft
```

4.5　小结

nftables 与 iptables 很相似，规则和选项在构建防火墙时通常可以互相兼容。nftables 利用表，表包含了规则链，而规则链包含了许多规则。规则会告诉 nftables 在处理数据包时应该做什么。像 iptables 一样，nftables 可以在数据包上执行 accept、drop、reject、log 以及相似的动作。nftables 也可以包括基于状态的处理。nftables 取代了 arptables、iptables 和 ebtables。

因为 nftables 的许多规则和操作与 iptables 相似，对于本章未覆盖到的那些表达式，您可以使用第 3 章作为参考。

第 5 章
构建和安装独立的防火墙

第 2 章介绍了数据包过滤防火墙的背景知识和概念。每个防火墙规则链都有其自己的默认策略。每个规则不仅可以应用于单独的 INPUT 或 OUTPUT 规则链，而且可以应用于特定的网络接口、消息协议类型（例如 TCP、UDP 或 ICMP）以及服务端口号。您会在第 7 章中了解到，INPUT 规则链、OUTPUT 规则链以及 FORWARD 规则链定义的单独的接受、拒绝和驳回规则。本章将这些概念结合在一起，来介绍如何为您的站点构建一个简单的单系统防火墙。

您将在本章建立的防火墙基于"默认拒绝一切"的策略。所有的网络流量默认都是被阻挡的。服务均是根据例外策略被一一启用的。

在建立单系统防火墙后，第 7 章和第 8 章讲解了如何将独立的防火墙扩展为双宿主防火墙。一个多宿主防火墙至少拥有两个网络接口。它使得一个内部局域网与互联网隔离。它使用两种方式保护您的内部 LAN：通过两个转发接口上应用数据包过滤规则以及通过网络地址转换，扮演 LAN 和互联网之间的代理网关。NAT 并不是代理服务，因为它并没有为连接提供中间的终止点。NAT 是类似代理的，从互联网角度来看，它使得本地主机被隐藏了起来。

单系统和双宿主防火墙是防火墙架构里"最小安全"（least secure）的两种形式。如果防火墙主机被攻破，任何本地计算机将变成活靶子。作为独立防火墙，它是一种孤注一掷（要么完全安全，要么全被攻破）的提议。单宿主主机通常在隔离区（demilitarized zone，DMZ）中负责托管一个公共互联网服务，或用在家庭设置中。

对于单系统家庭或小型商务配置来说，其假设是大多数用户都拥有一台连接到互联网的计算机或设备，或用单个防火墙计算机保护的小型私有局域网。这种假设是由于这些站点一般没有资源去扩展具有额外防火墙等级的架构模型。

然而，"最小安全"的术语并不意味着不安全的防火墙。这些防火墙只是与包含多台计算机的更复杂架构相比更不安全。安全是在可用资源与逐渐减少的收益间的均衡。第 7 章会介绍更多的安全配置，以供保护较为复杂的局域网的附加内部安全性，也提供比单系统防火墙更安全的服务器配置。

5.1   Linux 防火墙管理程序

本书基于 3.14 版本的 Linux 内核。大多数 Linux 发行版提供在第 3 章中介绍到的 Netfilter 防火墙机制。这个机制通常指的是 iptables，其管理程序的名称。更老些的 Linux 发行版使用更早的 IPFW 机制。这种防火墙机制通常指的较早版本的管理程序（ipfwadm 或 ipchain）。由于发行版均至少被更新到了 3.13 的内核版本，新的 Netfilter 防火墙机制 nftables 或 nft（其管理程序的名称）被包括进来。

作为一个防火墙管理程序，iptables 为 INPUT 和 OUTPUT 规则链创建的单独的数据包过滤规则构成了防火墙。nftables 并不创建默认的表、规则链或规则，因此需要手动创建表以包含用于过滤数据包并且连接到 INPUT 和 OUTPUT 钩子的规则链。

定义防火墙规则的一个最重要的因素是定义规则的顺序。通常，数据包过滤规则存储在内核 filter 表或更多的表中的 INPUT、OUTPUT 或 FORWARD 规则链中，以它们被定义的顺序被存放。一条条规则会被插入到规则链的头部或附加到规则链的尾部。本章的例子中所有的规则都被附加在尾部（除了本章末尾的一个例外）。您定义规则的顺序便是它们被添加到内核表中的顺序，此顺序也是各个数据包比较规则的顺序。

当每个外部产生的数据包到达网络接口时，它的报头域会与此接口 INPUT 规则链中的每条规则相比较，直到找到一个匹配项。相反地，在每个本地产生的数据包被送出时，它的报头域会与 OUTPUT 规则链中的每条规则相比较，直到找到一个匹配项。两个方向中，当找到一个匹配项时，比较便会停止，规则中的数据包处置便会被应用：ACCEPT、DROP 或视情况执行 REJECT。如果数据包没有匹配到规则链中的任意一条规则，此规则链的默认策略会被应用。最后要强调的是，第一条匹配到的规则胜出。

本章的过滤示例使用/etc/services 中列出的数字服务端口号，而不是其符号名称。iptables 和 nftables 均支持符号化的服务端口名。本章中的例子使用数字值因为符号化的名称在 Linux 发行版之间并不固定，甚至在同一个发行版的不同版本中也不固定。为清楚起见，您可以在您的规则中使用符号化的名称，但请记住您的防火墙可能在下次更新后崩溃。我发现使用端口号本身会更加可靠。使用符号名称还可能引起防火墙规则的模糊性。

大多数 Linux 发行版将 iptables 实现为一组可加载的程序模块集合。大多数或全部的模块会在第一次使用时动态地、自动地被加载。如果您的发行版还未提供 nftables 支持，或者如果您选择构建您自己的内核（就像我经常做的那样），您将需要以模块化的方式或直接加入进内核的方式编译 netfilter 支持。

当使用 iptables 时，iptables 命令必须在您定义每一条规则时被调用一次。它是由 shell 脚本完成的，本章将为防火墙创建并使用一个名为 rc.firewall 的脚本。脚本应该被放置的位置取决于使用此脚本的 Linux 发行版。在大多数系统中，包括 Red Hat/CentOS/Fedora 和 Debian，正确的路径应该是在/etc/init.d/.中。为了防止 shell 语义的不同，例子是以 Bourne（sh）或 Bourne Again

（Bash）shell 语义写成的。

iptables 的 shell 脚本设置了许多变量。其中最主要的是 iptables 命令本身的位置。设置这个变量是很重要的，这样可以明确地定位。在防火墙脚本中含糊不清是不允许的。本章中用于代表 iptables 命令的变量是 \$IPT。如果您看到了 \$IPT，它是 iptables 命令的替代物。您可以在 shell 中通过 iptables 而不是 \$IPT 来执行此命令。然而，在脚本中（本章的目的所在）设置此变量是一个好主意。

脚本应该以 "shebang"（#！）行开始，调用 shell 作为此脚本的解释器。换句话说，将下面一行作为脚本的第一行：

```
#!/bin/sh
```

这个例子并不是优化的。编写它们只是为了说明清楚。防火墙优化以及用户自定义规则链将会在第 6 章中进行讲解。

nftables 防火墙脚本以一个 shell 脚本开始，但也会以单独和包含文件的形式包括各种各样的 nftables 规则。这些文件将在本章后面被用到时被说明。

本章的其余部分着眼于构建一个防火墙以及展示每一个例子中 iptables 和 nftables 的用法。

5.1.1　定制与购买：Linux 内核

有一个巨大的争论：编译一个定制的内核还是坚持某个 Linux 发行版自带的现成的内核，哪一个更加明智？争论还包括编译一个一体化内核（一切都被编译进内核）和使用模块化内核哪个天然的更好。与任何争论一样,每种方法都有其优点和缺点。一方面，有些人总是（或几乎总是）构建他们自己的内核，有时被称作 "rolling their own"。另一方面，有些人很少或从来不构建他们自己的内核。还有些人总是构建一体化内核而其他人则使用模块化内核。

构建定制的内核有一些优势。首先，定制的内核可以只编译计算机运行所必须的驱动程序和选项。这对于服务器，特别是防火墙来说是非常好的，因为它们的硬件很少有变动。另一个优点是如果选用了一体化内核，几乎可以完全防止一些针对计算机的攻击。当然对一体化内核的攻击也是可能的，但相比于既有各种版本的内核的攻击会少很多。进一步讲，使用定制的内核不受各种 Linux 版本的限制，您尽可以使用最新最好的内核，其中包含了针对您的硬件的漏洞修复。最后，使用定制内核可以为内核提高附加的安全性选项。

构建定制内核也有其不足之处。在您构建您自己的内核之后，您将无法使用发行版的内核更新。实际上，您可以转换到发行版的内核并使用更新，但这样会再次将定制内核已经解决掉的那些 bug 引入进来。使用现成的内核也更方便从发行商处获得技术支持。

如之前提到的那样，我几乎总是为生产环境的服务器构建自己的内核。这种情况下，确实需要进行直接的技术支持。但这些都是少之又少的。我相信，为计算机定制内核并通过补丁添加更多的安全性，相比从发行版处使用官方的内核更新，利远大于弊。

5.1.2 　源地址和目的地址的选项

数据包的源地址和目的地址都可以在一条防火墙规则中指定。只有具有特定的源地址和/或目的地址的数据包会匹配此规则。地址可以是特定的 IP 地址、一个完全合法的主机名、一个网络（域）名或地址、一个有限范围内的地址或以上几个条件的综合。

> **IP 地址的符号名称表示**
>
> 　远程主机和网络可以被指定为有效的主机名或网络名。当防火墙规则应用到一个单独的远程主机时，使用主机名特别方便。对于那些 IP 地址可能改变或者无形地代表多个 IP 地址（就像 ISP 的邮件服务器有时所做的那样）的主机来说更是如此。然而，由于 DNS 主机名欺骗的可能性，通常远程地址最好以点分十进制记法来表示。
>
> 　符号化的主机名不能被解析，直到 DNS 流量被防火墙规则启用。如果在防火墙规则中使用主机名，这些规则必须跟在启用 DNS 流量的规则后面，除非/etc/hosts 中包含了这些主机名的条目。
>
> 　此外，一些发行版使用的引导环境会在启动网络或其他服务（包括 BIND）之前安装防火墙。如果在脚本中使用符号化主机和网络名，这些名称必须能够在/etc/hosts 中被解析。

iptables 和 nftables 都允许地址使用掩码作为地址后缀。掩码值可以从 0 到 32，指示掩码的比特数。如第 1 章中讨论的那样，比特从左边或最高位被记数。掩码表明地址中的前若干位需要与指定 IP 地址中的起始若干位相匹配。

一个 32 位的掩码，/32 意味着所有的位都必须被匹配。即地址必须与您在规则中定义的地址完全相同。指定地址为 192.168.10.30 与指定地址为 192.168.10.30/32 是一样的。默认情况下的掩码是/32，您无需特别说明。

下面是一个掩码的例子，它允许在您和您的 ISP 服务器之间建立某个特定服务的连接。假设您的 ISP 服务器提供服务的地址空间范围是 192.168.24.0～192.168.27.255。在这种情况下，地址/掩码对为 192.168.24/22。如图 5.1 所示，所有地址的前 22 位都是相同的，因此，任何与之前 22 位相同的地址都将匹配。这样，您只允许与 192.168.24.0 到 192.168.27.255 地址范围内的计算机提供的服务相连接。

图 5.1 　掩码 IP 地址范围 192.168.24.0/22 内的前 22 位匹配

掩码为 0，/0 即不要求地址中的位的匹配。换句话说，因为没有比特位需要匹配，那么使用/0 就等同于不指定地址。任何单播地址都将匹配。对于 0.0.0.0/0，iptables 有一个内置的别名 any/0。要注意，不管是否明确指出，any/0 是不包括广播地址的。

5.2 初始化防火墙

防火墙是通过一系列由 iptables 或 nftables 命令行选项所定义的数据包过滤规则实现的。

对于规则的调用，应该从一个可执行的 shell 脚本处进行，而不是直接从命令行处进行。您应该调用整个防火墙 shell 脚本。不要尝试从命令行调用特定的规则，因为这会导致您的防火墙不恰当地接受或丢弃数据包。当规则链被初始化时，默认的丢弃策略被启用，所有的网络服务都被阻挡，直到某服务的接受规则被定义为止。

理想情况下，您应该从控制台处执行 shell 脚本。从远程计算机或 XWindow 的 xterm 会话上执行 shell 脚本是比较冒险的做法。因为直到接口访问被明确启用之前，远程网络业务流是被阻塞的，而且 XWindows 所使用的本地回环接口的访问也是被阻塞的。原则上，防火墙计算机上不应该安装和运行 XWindows。这是一个典型的没有太多用处，并且曾被用于攻击服务器的软件。

有人需要从成百上千公里以外的某地方控制一台 Linux 计算机，和他们一样，我也要从很远的地方启动防火墙脚本。在这种情况下，最好做两项准备。首先，将防火墙脚本开始的一个或几个执行动作的默认策略定为接受（ACCEPT）。这样做是为了调试脚本的语法，而不是规则。在脚本被调试正确后，再将策略改回丢弃（DROP）策略。

其次非常重要的一点是，远程执行防火墙脚本时，最好设置 corn 作业，使防火墙可以在不久后的某一时间停下来。这样可以有效地允许您启用防火墙并进行一些测试，并且，当存在错误的（或遗漏的）设置时，不至于将您锁在计算机外面而无法返回计算机。例如，在调试一个防火墙脚本时，我会创建一个 corn 条目，每两分钟停止防火墙一次。这样可以安全地运行防火墙脚本并且知道我是否已经把 SSH 会话锁在了外面。如果我已经将自己锁在了外面，我只需要等待防火墙脚本再运行几分钟，等待防火墙被关闭，然后就可以修改脚本和继续尝试了。

此外，防火墙过滤器是按照您定义的顺序进行过滤的。规则按照您定义的顺序被附加在规则链尾部。第一条匹配的规则会胜出。因此，防火墙规则必须被定义成从最特别到最一般的规则层次关系。

防火墙的初始化涵盖了许多方面，包括定义 shell 脚本中的全局常量，启用内核支持服务（在必要的时候），清除防火墙规则链中任何已有的规则，为 INPUT 和 OUTPUT 规则链定义默认策略，为正常的系统操作重新启用回环接口，禁用您决定阻塞的来自特定主机或网络的访问，以及定义一些基本规则以拒绝非法地址并保护运行在非特权端口上的服务。

5.2.1　符号常量在防火墙示例中的使用

对反复出现的名称和地址使用符号常量，将使防火墙脚本变得极易阅读和维护。下面的常量或者是本章例子中用到的，或者是在网络标准中定义的通用常量。在下面的例子也包括"shebang"解释器行，以作为友好提示：

```
#!/bin/sh
INTERNET="eth0"                          # Internet-connected interface
LOOPBACK_INTERFACE="lo"                  # However your system names it
IPADDR="my.ip.address"                   # Your IP address
MY_ISP="my.isp.address.range"            # ISP server & NOC address range
SUBNET_BASE="my.subnet.network"          # Your subnet's network address
SUBNET_BROADCAST="my.subnet.bcast"       # Your subnet's broadcast address
LOOPBACK="127.0.0.0/8"                   # Reserved loopback address range
CLASS_A="10.0.0.0/8"                     # Class A private networks
CLASS_B="172.16.0.0/12"                  # Class B private networks
CLASS_C="192.168.0.0/16"                 # Class C private networks
CLASS_D_MULTICAST="224.0.0.0/4"          # Class D multicast addresses
CLASS_E_RESERVED_NET="240.0.0.0/5"       # Class E reserved addresses
BROADCAST_SRC="0.0.0.0"                  # Broadcast source address
BROADCAST_DEST="255.255.255.255"         # Broadcast destination address
PRIVPORTS="0:1023"                       # Well-known, privileged port range
UNPRIVPORTS="1024:65535"                 # Unprivileged port range
```

nftables 和 iptables 定义端口范围的方式有所不同。因此，端口范围的变量需要被分别定义。对于 iptables 防火墙来说，下面的声明可以工作：

```
PRIVPORTS="0:1023"                       # Well-known, privileged port range
UNPRIVPORTS="1024:65535"                 # Unprivileged port range
```

然而，对于 nftables 来说，冒号需要被替换为短的横线，如下所示：

```
PRIVPORTS="0-1023"                       # Well-known, privileged port range
UNPRIVPORTS="1024-65535"                 # Unprivileged port range
```

未在此处列出的常量将在用到它们的特定规则上下文中进行定义。对 iptables 或 nftables 来说，有一个额外的常量是需要的。如果您使用 iptables，按下面的进行定义：

```
IPT="/sbin/iptables"                     # Location of iptables on your system
```

如果您使用 nftables，按下面的进行定义：

```
NFT="/usr/local/sbin/nft"                # Location of nft on your system
```

5.2.2　启用内核对监控的支持

操作系统对各种类型数据包检测的支持经常与防火墙可以测试的类型相重合。这样做的目的是保持冗余度或进行深度防御。

可以看到下面几行命令，icmp_echo_ignore_broadcasts 通知内核丢弃发往广播地址或组播地址的 ICMP echo 请求消息（另一条命令 icmp_echo_ignore_all 用于丢弃所有传入的 echo 请求消息。值得注意的是，ISP 通常使用 ping 来帮助诊断本地网络的问题，DHCP 有时依赖于 echo 请求以避免地址冲突）。

```
# Enable broadcast echo Protection
echo "1" > /proc/sys/net/ipv4/icmp_echo_ignore_broadcasts
```

源路由现今很少会被合法地使用。防火墙通常会丢弃所有源路由数据包。这个命令禁用了源路由数据包：

```
# Disable Source Routed Packets
echo "0" > /proc/sys/net/ipv4/conf/all/accept_source_route
```

TCP 的 SYN cookies 是一种快速检测 SYN 洪水攻击以及从 SYN 洪水攻击恢复的机制。下面的命令可以启用 SYN cookies：

```
# Enable TCP SYN Cookie Protection
echo 1 > /proc/sys/net/ipv4/tcp_syncookies
```

邻近的路由器会向主机发送 ICMP 重定向消息，目的是通知主机找到了一条更短的路由路径。此时，主机和两个路由器都在同一网络内，原来的路由器将新的路由器作为下一跳并发送数据包。

路由器可以向主机发出重定向消息，但主机不会。主机需要接收重定向消息并将新网关加入到路由缓冲中。也有个别例外，如 RFC1122 "Requirements for Internet Hosts—Communication Layers" 3.2.2.2 节中提到的："如果重定向消息所标示的新网关地址所在的网络，与该消息传达时经过的网络不同，那么重定向消息应该被丢弃[INTRO:2 附录 A]，或者，如果重定向消息的发送源对于指定的目的地址来说，不是第一跳网关，重定向消息也要被丢弃（见 3.3.1 节）。"这些命令禁用重定向：

```
# Disable ICMP Redirect Acceptance
echo "0" > /proc/sys/net/ipv4/conf/all/accept_redirects
# Don't send Redirect Messages
echo "0" > /proc/sys/net/ipv4/conf/all/send_redirects
```

RFC 1812 "Requirements for IPVersion 4 Routers" 5.3.8 节中描述的 rp_filter 尝试实现源地址确认。简言之，一个传入的数据包中带有一个源地址，如果主机的转发表指出，用该数据包中的这个源地址作为目的地址转发另一个数据包却不能将其从传入的接口发出的话，该传入的数据包将会被静默地丢弃。根据 RFC 1812，如果得以实现，路由器会默认启用此功能。但路由器中一般不会启用这一地址确认功能，下面的命令可以禁用它：

```
# Drop Spoofed Packets coming in on an interface, which, if replied to,
# would result in the reply going out a different interface.
for f in /proc/sys/net/ipv4/conf/*/rp_filter; do
    echo "1" > $f
done
```

RFC 1812 的 5.3.7 节中定义了 log_martians，它会记录来自不太可能的地址的数据包。不太可能的源地址包括组播或广播地址，0 和 127 网络中的地址，以及 E 类保留地址空间。不太可能的目的地址包括地址 0.0.0.0，任何网络中的 0 号主机，任何 127 网络中的主机，以及 E 类地址。

目前，Linux 网络代码会检测上面提到的地址。它不会对私有地址进行检查（事实上，除非知道其网络接口，否则也不能够进行检查）。log_martians 并不影响数据包正确性检测，它只影响日志的记录，可以用下面的方法来设置它：

```
# Log packets with impossible addresses.
echo "1" > /proc/sys/net/ipv4/conf/all/log_martians
```

5.2.3　移除所有预先存在的规则

定义一组过滤规则时，要做的第一件事情就是从规则链中清除所有已存在的规则。否则，任何您定义的新规则将会被添加到已存在的规则之后。数据包会在到达规则链中您定义的规则之前轻易地匹配到预先存在的规则。

移除规则也叫做刷新（flush）规则链。

对于 iptables 来说，下面的命令一次性刷新所有规则链上的规则：

```
# Remove any existing rules from all chains
$IPT--flush
```

可以使用-t <table>选项指定表，以刷新特定的表：

```
$IPT -t nat --flush
$IPT -t mangle--flush
```

对于 nftables 来说，需要指定表的名称，下面的命令将刷新此表中所有规则链的规则：

```
nft flush table <tablename>
```

如果您使用的是社区标准的命名约定，那么您会有一个 filter 表，还可能有一个 nat 表，这些表可以用下面的命令刷新：

```
nft flush table filter
nft flush table nat
```

其他的用户自定义表可以按您防火墙实现的需要刷新。对于 nftables 来说，下面的循环可以使用户刷新所有表中的所有规则链：

```
for i in '$NFT list tables | awk '{print $2}''
do
        echo "Flushing ${i}"
        $NFT flush table ${i}
done
```

一个更好的方法是不仅仅删除规则，而且删除规则链和表本身。这可以通过 nftables shell 脚本的两个 for 循环完成：

```
for i in '$NFT list tables | awk '{print $2}''
do
        echo "Flushing ${i}"
        $NFT flush table ${i}
        for j in '$NFT list table ${i} | grep chain | awk '{print $2}''
        do
                echo "...Deleting chain ${j} from table ${i}"
                $NFT delete chain ${i} ${j}
        done
        echo "Deleting ${i}"
        $NFT delete table ${i}
done
```

刷新规则链并不会影响当前起作用的默认策略状态。

对于 iptables 来说，下一步便是删除任何用户自定义的规则链。下面的命令可以删除它们：

```
$IPT -X
$IPT -t nat -X
$IPT -t mangle-X
```

当使用 nftables 时，所有的表和规则链都是由用户自定义的，因此相同的语法并不适用。不论 iptables 还是 nftables，刷新规则链都不会影响当前起作用的默认策略状态。

现在，您已经拥有了一个基本的脚本，可以定义变量以及清除表和规则链，如果它们已经被定义了的话。

5.2.4 重置默认策略及停止防火墙

到目前为止，已经定义了一些默认策略，不管 netfilter 防火墙的状态如何都可以被使用。在定义规则为 DROP 之前，必须先重置默认策略为 ACCEPT。在下文很快可以看到，这样对完全停止防火墙是非常有用的。下面的命令可以设置默认策略：

```
# Reset the default policy
$IPT --policy INPUT   ACCEPT
$IPT --policy OUTPUT  ACCEPT
$IPT --policy FORWARD ACCEPT
$IPT -t nat --policy PREROUTING  ACCEPT
$IPT -t nat --policy OUTPUT ACCEPT
$IPT -t nat --policy POSTROUTING ACCEPT
$IPT -t mangle --policy PREROUTING ACCEPT
$IPT -t mangle --policy OUTPUT ACCEPT
```

对于 nftables 来说，没有与 iptables 中的规则链相同的默认策略，而且规则链和表都已经被删除。由于没有防火墙在运行，这样做的效果相当于设置策略为 ACCEPT。因此，对于 nftables 来说，没有什么要做的。

这里便是我认为应该添加在防火墙脚本（也就是，方便启动、关闭防火墙的代码）开头的最后的内容。将下面的代码放置于上面代码之后，当您使用参数"stop"调用脚本时，脚本将刷新、清除并重置默认的策略，并关闭防火墙：

```
if ["$1" = "stop" ]
then
echo "Firewall completely stopped!  WARNING: THIS HOST HAS NO FIREWALL RUNNING."
exit 0
fi
```

在更进一步配置 nftables 之前，基本的表需要被重新创建。它可以通过一个 nftables 的规则文件完成，我将其称为 setup-tables。setup-tables 规则文件的内容是：

```
table filter {
        chain input {
                type filter hook input priority 0;
        }
        chain output {
                type filter hook output priority 0;
        }
}
```

接下来，这个文件可以使用下面的命令进行加载。此命令应该被添加到防火墙脚本中停止防火墙的条件句之后：

```
$NFT -f setup-tables
```

5.2.5　启用回环接口

您需要启用不受限的回环流量。它使您能够运行任何您想选择的或系统所依赖的本地网络服务，而不必担心要在所有防火墙规则中一一指明。

本地服务依赖于回环网络接口。系统启动之后，系统的默认策略是接受所有的数据包。清除所有预存在的规则链对此也没有任何影响。然而，当防火墙被重新初始化，并且先前使用了默认禁止的策略，丢弃策略将依然有效。在没有任何接受规则的情况下，回环接口是不能被访问的。

因为回环接口是一个本地的内部接口，防火墙可以立即允许回环业务流。下面的命令用于 iptables 脚本：

```
# Unlimited traffic on the loopback interface
$IPT -A INPUT  -i lo -j ACCEPT
$IPT -A OUTPUT -o lo -j ACCEPT
```

nftables 的命令在这段文字后面。此命令可以被添加到您创建的主 rc.firewall 脚本文件，或 localhost-policy 规则文件中。添加规则到单独的 localhost-policy 文件则如下文所示。此文件假设包含在 setup-tables 文件（之前介绍过的）中的规则已经被添加到了防火墙。如果 setup-tables 规则文件没有被添加，那么将不会有任何处理发生。

localhost-policy 文件包含下面的内容：

```
table filter {
        chain input {
                iifname lo accept
}
        chain output {
                oifname lo accept
}
```

接下来，此文件通过添加下面的命令到 rc.firewall 完成加载：

```
$NFT -f localhost-policy
```

或者，如果您要添加到 rc.firewall 脚本，下面的命令也可以做同样的事：

```
$NFT add rule filter input iifname lo accept
$NFT add rule filter output oifname lo accept
```

5.2.6 定义默认策略

默认情况下，您希望防火墙丢弃所有的数据包。在 iptables 的内置规则链中有两个可用的选项，分别是 ACCEPT 和 DROP。REJECT 在 iptables 的规则链中并不是合法策略，但可以被用做目标，就像您之前看到的那样。用户自定义规则链和 nftables 规则链不能指定默认策略。

使用默认的 DROP 策略时，除非定义规则为明确地允许或驳回一个匹配的数据包，否则数据包将被丢弃。您更希望的是静默地丢弃不想要的传入数据包，而不是驳回正在进行的数据包以及返回 ICMP 错误消息到本地发送者。举例来说，对于终端用户，区别是，如果某人在远程站点处尝试连接到您的 Web 服务器，他的浏览器将保持挂起直到他的系统返回一个 TCP 超时状态。没有任何指示表明您的站点或您的 Web 服务器是否存在。另一方面，如果您尝试连接到一个远程 Web 服务器，您的浏览器将立刻接收到一个错误条件，指明此操作是不被允许的。

```
# Set the default policy to drop
$IPT --policy INPUT   DROP
$IPT --policy OUTPUT  DROP
$IPT --policy FORWARD DROP
```

如前所述，nftables 的规则链中没有默认策略。可以在 nftables 规则链的末尾设置一个默认值。

值得注意的是，此时，所有除了本地回环外的网络流量都被阻塞。如果您是通过网络在这个防火墙上工作，那么您的连接将不再是有效的，您也许在构建防火墙时已经将自己锁在了这台计算机外。

默认策略规则和最先匹配规则为准

在 iptables 中，默认策略似乎是最先匹配规则为准的例外。默认策略命令不依赖于其位置。它们本身不是规则。一个规则链的默认策略是指，一个数据包与规则链上的规则都做了比较却未找到匹配之后所采取的策略。这显然与 nftables 不同，在 nftables 中，最先匹配的规则总是胜出，而且不存在默认策略。

对 iptables 来说，默认策略首先定义在脚本里用于在任何相反的规则被定义之前定义默认的数据包处置。如果策略命令在脚本的最后被执行，并且如果防火墙脚本包含一个语法错误导致它过早地退出，则默认接受一切的策略将生效。如果数据包与规则（在一个默认禁止一切的防火墙中，通常为接受规则）都不匹配，那么此数据包将执行到规则链的最后，然后被默认地接受。这样，防火墙规则相当于没有完成任何有用的事情。

对 nftables 来说，针对传入流量的丢弃规则可以被添加到规则链的末尾，而驳回规则可以被添加到 OUTPUT 过滤器规则链的末尾。这与 iptables 的默认策略有相同的整体效果。但需要注意的是这些规则应该被添加到防火墙脚本的末尾，而且应仅仅在其前面已经创建的其他允许流量的规则之后。否则，所有的流量将被运行着防火墙的计算机丢弃或驳回，这可能包括您用于配置防火墙的 SSH 会话！

5.2.7　利用连接状态绕过规则检测

为已经开始并接受了的交换指定状态匹配规则，可以让正在进行的交换绕过防火墙的检测。但是服务器特定的过滤器仍然控制着最初的客户端请求。

请注意，为了绕过检测，在两个方向上，INPUT 和 OUTPUT 过滤器都需要设置。状态模块并不会将一个连接视为双向的交换，也不会为之生成相应的对称动态规则。

由于状态模块需要的内存比老些的 Linux 防火墙计算机能够拥有的内存更多，所以本章的 iptables 示例将会提供有状态模块的和没有状态模块的两种规则。nftables 规则假设使用了连接状态模块，因为 nftables 通常运行在更新的计算机上。

同时包含 iptables 的静态规则和动态规则

在伸缩性和状态表超时方面的资源限制要求同时使用静态规则和动态规则。这种限制成了大型商业防火墙的一个卖点。

可扩展性主要是因为，大型的防火墙往往需要同时处理 50,000~100,000 个连接，有大量的状态要处理。系统资源有时会被用尽，这样就无法完成连接的追踪了。要么必须丢弃新的连接，要么必须将软件回退到无状态模式。

还有一个问题就是超时。连接状态并不能永远保持。一些慢速或静止态的连接会轻易地被清理掉，从而为更加活跃的连接留出空间。当一个数据包又传来时，状态信息必须被重建。与此同时，当传输堆栈查找连接信息并且通知状态模块该数据包确实是已建立交换的一部分时，数据包流必须回退到无状态模式。

```
$IPT -A INPUT  -m state --state ESTABLISHED,RELATED -j ACCEPT
$IPT -A OUTPUT -m state --state ESTABLISHED,RELATED -j ACCEPT
# Using the state module alone, INVALID will break protocols that use
# bi-directional connections or multiple connections or exchanges,
# unless an ALG is provided for the protocol.
```

```
      $IPT -A INPUT -m state --state INVALID -j LOG \
            --log-prefix "INVALID input: "
      $IPT -A INPUT -m state --state INVALID -j DROP

      $IPT -A OUTPUT -m state --state INVALID -j LOG \
            --log-prefix "INVALID output: "
      $IPT -A OUTPUT -m state --state INVALID -j DROP
```

对 nftables 而言，应添加下面的规则到防火墙脚本：

```
$NFT add rule filter input ct state established,related accept
$NFT add rule filter input ct state invalid log prefix \"INVALID input: \" limit
➥rate 3/second drop
$NFT add rule filter output ct state established,related accept
$NFT add rule filter output ct state invalid log prefix \"INVALID output: \"
➥limit rate 3/second drop
```

5.2.8　源地址欺骗及其他不合法地址

本节基于源地址和目的地址建立了一些 INPUT 规则链过滤器。这些地址永远不会在从互联网传入的合法数据包中见到。

数据包过滤层次里，众多的源地址欺骗中，您可以确定识别出的一种欺骗就是它伪装成了您的 IP 地址。下面的规则丢弃那些声称来自于您的计算机的传入数据包：

```
# Refuse spoofed packets pretending to be from
# the external interface's IP address
$IPT -A INPUT  -i $INTERNET -s $IPADDR -j DROP
```

nftables 的规则是类似的，因为它利用了定义在 shell 脚本中的变量而不是原生的 nftables 规则：

```
$NFT add rule filter input iif $INTERNET ip saddr $IPADDR
```

阻塞发往您自己的传出数据包是没有必要的。那些声称源于您且似乎进行了欺骗的数据包不可能返回。记住，如果您发送数据包到您的外部接口，这些数据包会到达回环接口的输入队列，而不是外部接口的输入队列。使用您的地址作为源地址的数据包永远不会到达外部接口，即使您发送数据包到外部接口。

防火墙日志

-j LOG 目标为匹配规则的数据包启用日志。当数据包匹配此规则时，这个事件会被记录到/var/log/messages，或记录到任何您特别指定的地方。

正如第 1 章和第 2 章中介绍的那样，A、B、C 类地址范围中都有一些私有 IP 地址专门留给局域网使用。这些地址不会在互联网中使用。路由器也不会使用这些私有地址去路由数据包。然而，某些路由器确实会错误地转发含私有源地址的数据包。

另外，如果和您在同一个 ISP 子网（即与您在路由器的同一侧）中的某些人向外发送了带有私有地址的数据包，即使路由器没有转发，您也会看到这些数据包。如果您的 NAT 或代理设置不当，和您在同一局域网下的计算机也会泄漏私有地址。

下面三个规则不允许以任何 A、B 或 C 类私有网络地址为源地址的数据包传入。在一个公共网络中，这样的数据包不允许出现：

```
# Refuse packets claiming to be from a Class A private network
$IPT -A INPUT  -i $INTERNET -s $CLASS_A -j DROP

# Refuse packets claiming to be from a Class B private network
$IPT -A INPUT  -i $INTERNET -s $CLASS_B -j DROP

# Refuse packets claiming to be from a Class C private network
$IPT -A INPUT  -i $INTERNET -s $CLASS_C -j DROP
```

下面的规则不允许来自回环网络地址的数据包：

```
# Refuse packets claiming to be from the loopback interface
$IPT -A INPUT  -i $INTERNET -s $LOOPBACK -j DROP
```

同样效果的 nft 命令也很相似：

```
$NFT add rule filter input iif $INTERNET ip saddr $CLASS_A drop
$NFT add rule filter input iif $INTERNET ip saddr $CLASS_B drop
$NFT add rule filter input iif $INTERNET ip saddr $CLASS_C drop
$NFT add rule filter input iif $INTERNET ip saddr $LOOPBACK drop
```

因为回环地址是为内部的本地软件接口所分配的，任何声称来自于此地址的数据包都是故意伪造的。

同保留作为私有局域网的地址一样，路由器不会转发来自回环地址范围的数据包。路由器也不会转发使用回环地址作为目的地址的数据包。

下面的两条规则用于记录匹配的数据包。防火墙的默认策略是拒绝一切。这样的话，广播地址会被默认丢弃，如果想要它们的话，需要明确地启用它：

```
# Refuse malformed broadcast packets
$IPT -A INPUT  -i $INTERNET -s $BROADCAST_DEST -j LOG
$IPT -A INPUT  -i $INTERNET -s $BROADCAST_DEST -j DROP

$IPT -A INPUT  -i $INTERNET -d $BROADCAST_SRC  -j LOG
$IPT -A INPUT  -i $INTERNET -d $BROADCAST_SRC  -j DROP
```

第一对规则记录并拒绝所有声称来自于 255.255.255.255 的数据包，这个地址被保留作为广播目的地址。一个数据包永远不可能合法地从 255.255.255.255 发出。

第二对规则记录并拒绝任何发往目的地址 0.0.0.0 的数据包，此地址被保留作为广播的源地址。这样的数据包不是错误，而是特定的刺探数据包，用于确定计算机是否是一台运行着从 BSD 派生的网络软件的 UNIX 计算机。因为大多数 UNIX 操作系统的网络代码都是从 BSD 派生而来的，这个刺探可以有效地用于刺探运行着 UNIX 的计算机。

等效的 nftables 规则看起来类似；注意记录和丢弃的声明是如何一起出现在一条 nftables 规

则中的：

```
$NFT add rule filter input iif $INTERNET ip saddr $BROADCAST_DEST log limit
➥rate 3/second drop
$NFT add rule filter input iif $INTERNET ip saddr $BROADCAST_SRC log limit
➥rate 3/second drop
```

澄清 IP 地址 0.0.0.0 的意义

地址 0.0.0.0 被保留用于广播源地址。Netfilter 约定中指定的与任意地址（any/0，0.0.0.0/0，0.0.0.0.0/0.0.0.0）进行的匹配不会匹配到广播源地址。原因是广播数据包第二层帧报头中的比特指明了：它是一个广播数据包并且发往网络中的所有接口，而不是发往特定目的地的点对点单播。对广播数据包的处理与非广播数据包的处理不同。IP 地址 0.0.0.0 不是合法的非广播地址。

下面的两条规则阻塞了两种形式的直接广播：

```
# Refuse directed broadcasts
# Used to map networks and in Denial of Service attacks
$IPT -A INPUT -i $INTERNET -d $SUBNET_BASE -j DROP
$IPT -A INPUT -i $INTERNET -d $SUBNET_BROADCAST -j DROP
```

nftables 的规则如下：

```
$NFT add rule filter input iif $INTERNET ip daddr $SUBNET_BASE drop
$NFT add rule filter input iif $INTERNET ip daddr $SUBNET_BROADCAST drop
```

由于默认禁止一切的策略以及依据目的地址的匹配接受数据包的防火墙规则，所有这些直接广播消息都不会被防火墙所接受。在使用真实地址的规模较大的局域网中，这些规则变得越来越重要。

通过使用变长的网络前缀，一个站点的网络和主机与可能（或不可能）落在一个字节的边界上。为了简单起见，SUBNET_BASE 是您的网络地址，例如 192.168.1.0。SUBNET_BOARDCAST 是您网络的广播地址，如 192.168.1.255。

如同直接广播消息一样，限制在您的本地网段中的受限广播，同样也不会被默认拒绝的策略所接受，防火墙规则也需要根据目的地址的匹配明确地接受此数据包。同样，在使用真实地址的规模较大的局域网中，下面的规则将变得更加重要：

```
# Refuse limited broadcasts
$IPT -A INPUT -i $INTERNET -d $BROADCAST_DEST -j DROP
```

nftables 的规则如下：

```
$NFT add rule filter input iif $INTERNET ip daddr $BROADCAST_DEST drop
```

应当注意的是，后面的章节会为 DHCP 客户端设置一些例外。广播源地址和目的地址最初在 DHCP 的客户端和服务器端口间被使用。

组播地址只能作为合法的目的地址。下面的规则丢弃假冒的组播网络数据包：

```
# Refuse Class D multicast addresses
# Illegal as a source address
$IPT -A INPUT -i $INTERNET -s $CLASS_D_MULTICAST -j DROP
```

下面是等效的 nftables 规则：

```
$NFT add rule filter input iif $INTERNET ip saddr $CLASS_D_MULTICAST drop
```

合法的组播数据包总是 UDP 数据包。同样地，组播消息像其他 UDP 消息一样是被点对点发送的。单播和组播数据包间的差别是其使用的目的地址的类别（以及以太网报头携带的协议标志）。下面的规则拒绝携带非 UDP 协议的组播数据包：

```
$IPT -A INPUT -i $INTERNET ! -p udp -d $CLASS_D_MULTICAST -j DROP
```

下面是 nftables 的版本：

```
$NFT add rule filter input iif $INTERNET ip daddr $CLASS_D_MULTICAST ip protocol !=
➥udp drop
```

在您编译内核时，多播功能是一个可配置的选项，您的网络接口卡可以被初始化用于识别组播地址。在很多新的 Linux 发行版的默认内核中，这一功能被默认启用。如果您订阅了提供组播音视频的网络会议服务，那么您或许需要启用这些地址（在本地网络中进行全局资源发现时也需要用到组播，例如 DHCP 或路由）。

除非您已经将自己注册为订阅者，否则您通常不会看到组播目的地址。组播数据包被发送给事先指定的特定的多个目标。然而，我见过从我的 ISP 的本地子网计算机上发出的组播数据包。默认的策略会拒绝组播数据包，即便您已经注册为订阅者。您必须定义一个规则用于接受组播地址。为了完整性，下面的规则允许传入的组播数据包：

```
$IPT -A INPUT  -i $INTERNET -p udp -d $CLASS_D_MULTICAST -j ACCEPT
```

下面是 nftables 的版本：

```
$NFT add rule filter input iif $INTERNET ip daddr $CLASS_D_MULTICAST ip protocol udp
➥accept
```

组播的注册和路由是一个复杂的过程，由其自身 IP 层的控制协议，因特网组管理协议（Internet Group Management Protocol，IGMP，协议 2）管理。关于组播通信的更多信息，请于 http://www.tldp.org/HOWTO/Multicast-HOWTO.html 参阅 "Multicast overTCP/IP HOWTO"。其他的信息包括 RFC 1458，"Requirements for Multicast Protocols"；RFC 1112，"Host Extensions for IP Multicasting" (由 RFC 2236，"Internet Group Management ProtocolVersion 2"更新)，以及 RFC 2588，"IP Multicast and Firewalls"。

D 类 IP 地址的范围从 224.0.0.0 ~ 239.255.255.255。常量 CLASS_D_MULTICAST，224.0.0.0/4，被定义以匹配地址的前四个比特。

如图 5.2 所示，十进制数 224（11100000B）～239（11101111B）的二进制数中的前 4 位（1110B）完全相同。

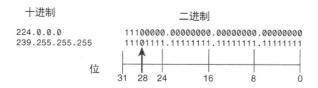

图 5.2 掩码 D 类组播地址范围内的前 4 位匹配

下面的规则用于丢弃声称来自于 E 类保留网络的数据包：

```
# Refuse Class E reserved IP addresses
$IPT -A INPUT -i $INTERNET -s $CLASS_E_RESERVED_NET -j DROP
```

nftables 的等价规则如下：

```
$NFT add rule filter input iif $INTERNET ip saddr $CLASS_E_RESERVED_NET drop
```

E 类 IP 地址的范围从 240.0.0.0 到 247.255.255.255。常量 CLASS_E_RESERVED_NET，240.0.0.0/5，被定义以匹配地址的前五个比特。如图 5.3 所示，十进制值 240（11110000B）～247（11110111B）的前 5 位（11110B）相同。

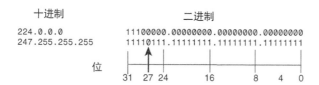

图 5.3 掩码 E 类保留地址范围 240.0.0.0/5 内的前 5 位匹配

IANA 在根本上管理着全球 IP 地址空间的分配和注册。更多关于 IP 地址分配的信息，请查阅 http://www.iana.org/assignments/ipv4-address-space/ipv4-address-space.xhtml。一些地址块被 IANA 定义为保留的。这些地址不应该出现在公共互联网中。

5.3 保护被分配在非特权端口上的服务

用于本地或私有用途的服务，常常运行在非特权端口上。对于基于 TCP 的服务来说，一个试图连接到这些服务的连接可以与使用某一非特权端口与客户端正在进行着的连接区分开来，这是通过识别端口的 SYN 和 ACK 位的状态实现的。阻塞连接请求就足够了。基于 UDP 的服务必须被阻止，除非使用了状态模块。

为了保护您自身，您应当阻止企图连接到这些端口的传入连接。为了保护自己和他人免受自己这端的错误的威胁，您应该阻止传出的连接企图，并记录潜在的内部安全问题。全面阻止这些端口并且以例外的、一个接一个的方式路由相关流量则更为安全。

> **官方的服务端口号分配**
>
> 端口号是由 IANA 分配和注册的。信息最初是作为 RFC 1700,"Assigned Numbers"
> 维护的。现在这个 RFC 已经废弃。官方的信息由 IANA 在 http://www.iana.org/assignments/
> port-numbers 进行动态地维护。

什么样的错误是您需要避免的呢?最严重的错误便是向世界提供危险的服务,不论是无意的或是有意的。一个常见的错误是运行在本地的网络服务会泄漏到互联网并干扰其他用户。另一个便是允许存在疑问的传出流量,例如端口扫描,不管此流量是意外产生的还是由您计算机上的用户有意输出的。一个默认拒绝一切的防火墙策略可以帮助您避免这些类型的错误。

> **端口扫描的问题**
>
> 端口扫描本身是无害的。它们是由网络分析工具产生的。现今,端口扫描的问题在于它们通常是由那些怀有不光彩的意图的人产生的。他们在"分析"您的网络,而不是他们自己的。不幸的是,这将暴露出他们仅有的不光彩的好奇心。

默认拒绝一切的防火墙策略使得您可以无风险地在防火墙后运行许多私有的服务。这些服务必须被明确地允许通过防火墙,从而被远程主机访问。然而,这仅仅是对实际情况的一种近似。尽管在特权端口上的 TCP 服务对除了技能高超、意志坚定的黑客以外的人来说都是相当安全的,但 UDP 服务天生不够安全,而且一些服务被分配运行在非特权端口。通常运行于 UDP 上的 RPC 服务,拥有的问题更多。基于 RPC 的服务通常绑定在非特权端口。portmap 守护进程会在 RPC 服务号和实际的端口号之间进行映射。端口扫描不通过 portmap 守护进程就可以看到这些基于 RPC 的服务绑定到了哪里。幸运的是,现在对 portmap 的应用越来越少了,所以和几年前相比,它的关系不太大了。

5.3.1   分配在非特权端口上的常用本地 TCP 服务

一些服务,通常为局域网服务,是通过正式注册的、众所周知的非特权端口提供的。而且,有些服务,例如 FTP 和 IRC,使用更加复杂的通信协议,这使得它们不能很好地适用于数据包过滤。下面几节将要描述的规则禁止本地或远程客户端程序初始化到这些端口的连接。

对于默认禁止策略并不能总是覆盖所有可能的情况来说,FTP 是一个极好的例子。FTP 协议稍后将在本章进行介绍。现在要指出的是,FTP 允许两个非特权端口之间的连接。有些本地服务监听使用已注册的非特权端口,针对这些服务的连接请求也是发自非特权的客户端口的,规则允许 FTP,就在不经意间也允许了其他发往本地服务的传入连接。这也是防火墙按逻辑分级并依赖规则的顺序性的一个很好的例子。保护运行在非特权端口上的某个本地私有服务的防火墙规则必须置于允许访问整个非特权端口范围的 FTP 防火墙规则之前。

这样做的结果是有一些规则显得多余，至少对于一些人来说是多余的。对于运行那些其他服务的人来说，下面的规则对保护运行在本地非特权端口上的私有服务而言是必要的。

禁止对常用 TCP 非特权服务器端口的连接

到远程 X Window 服务器的连接应当建立在 SSH 之上，SSH 自动支持 X Window 连接。通过指定--syn 标志、指明 SYN 位，来指明只有到服务器端口的连接会被拒绝。其他以该端口作为客户端端口进行初始化的连接则不受影响。

X Window 为最先运行的服务器分配端口 6000。如果还有其他的服务器在运行，就会被分配到递增的下一个端口上。作为一个小型站点，您可能只会运行一个 X 服务器，因此您的服务器只需监听 6000 端口。端口 6063 是典型的可分配的最高端口，最多允许在单个计算机上运行 64 个独立的 X Window 管理器，尽管有时也会看到从 6255～6999 范围内的端口：

```
XWINDOW_PORTS="6000:6063"              # (TCP) X Window
```

第一条规则确保到远程 X Window 管理器的传出连接不是从您的计算机发出的：

```
# X Window connection establishment
$IPT -A OUTPUT -o $INTERNET -p tcp --syn \
        --destination-port $XWINDOW_PORTS -j REJECT
```

对 nftables 来说，表示端口范围的语法有所不同，因此 XWINDOW_PORT 变量需要被相应地定义为：

```
XWINDOW_PORTS="6000-6063"
$NFT add rule filter output oif $INTERNET ct state new tcp dport $XWINDOW_PORTS reject
```

下一条规则阻止了尝试到您的 X Window 管理器的传入连接。本地连接不受影响，因为本地连接是在回环接口上进行的：

```
# X Window: incoming connection attempt
$IPT -A INPUT -i $INTERNET -p tcp --syn \
        --destination-port $XWINDOW_PORTS -j DROP
```

这里是 nftables 的命令：

```
$NFT add rule filter input iif $INTERNET ct state new tcp dport $XWINDOW_PORTS drop
```

对于 iptables 来说，使用了 multiport 匹配扩展的一条规则可以阻止其余基于 TCP 的服务。如果计算机中并没有运行任何服务，阻断传入的连接请求则是不必要的，但在长时间的运行中，万一后来您决定在本地运行某服务，这样做更安全。

网络文件系统（Network File System，NFS）通常被绑定到 UDP 的端口 2049，但也可以使用 TCP。您不应该在防火墙计算机上运行 NFS，但如果您这样做了，则应当拒绝一切外部访问。

同样也不应该允许到 Open Window 管理器的连接。Linux 发行版中没有 Open Window 管理器。发送到 2000 号端口的传入连接不需要被阻挡。（当防火墙的 FORWARD 规则链正保护着其他本地主机时，也许不是这种情形。）

squid 是一个 Web 缓存和代理服务器。squid 默认使用 3128 号端口，但可以被配置为使用其他端口。

下面的规则阻止了本地客户端向远程 NFS 服务器、Open Window 管理器、SOCKS 代理服务器或 squid Web 缓存服务器发起的连接请求：

```
NFS_PORT="2049"                              # (TCP) NFS
SOCKS_PORT="1080"                            # (TCP) socks
OPENWINDOWS_PORT="2000"                      # (TCP) OpenWindows
SQUID_PORT="3128"                            # (TCP) squid
# Establishing a connection over TCP to NFS, OpenWindows, SOCKS or squid

$IPT -A OUTPUT -o $INTERNET -p tcp \
        -m multiport --destination-port \
        $NFS_PORT,$OPENWINDOWS_PORT,$SOCKS_PORT,$SQUID_PORT \
        --syn -j REJECT

$IPT -A INPUT -i $INTERNET -p tcp \
        -m multiport --destination-port \
        $NFS_PORT,$OPENWINDOWS_PORT,$SOCKS_PORT,$SQUID_PORT \
        --syn -j DROP
```

对于 nftables 来说，可以使用同样的变量，这些变量的放置位置如下：

```
$NFT add rule filter output oif $INTERNET \
tcp dport \
{$NFS_PORT,$SOCKS_PORT,$OPENWINDOWS_PORT,$SQUID_PORT} \
ct state new reject
$NFT add rule filter input iif $INTERNET \
tcp dport \
{$NFS_PORT,$SOCKS_PORT,$OPENWINDOWS_PORT,$SQUID_PORT} \
ct state new drop
```

5.3.2   分配在非特权端口上的常用本地 UDP 服务

由于 TCP 是面向连接的协议，比起 UDP 来说，可以对协议规则进行更精细的管理。作为一个数据报服务，UDP 并没有一个与它相关的连接状态。除非使用了状态模块，访问 UDP 服务的请求应该被简单地阻塞。对于 DNS 和其他少数几个您可能使用的基于 UDP 的互联网服务来说，需要指定明确的例外以适应这些情况。幸运的是，常用的 UDP 互联网服务通常在客户端和服务器之间使用。过滤规则可以允许与某一特定远程主机之间的信息交换。

NFS 是 UNIX UDP 服务中主要需要考虑的，而且也是最经常受攻击的服务。NFS 运行在非特权端口 2049 上。不同于之前基于 TCP 的服务，NFS 主要是基于 UDP 的服务。它可以被配置作为基于 TCP 的服务，但通常不这么做。

与 NFS 相关的是 NFS 的 RPC 上锁守护程序——locked。它运行在 UDP 端口 4045：

```
NFS_PORT="2049"                         # NFS
LOCKD_PORT="4045"                       # RPC lockd for NFS
```

```
# NFS and lockd
$IPT -A OUTPUT -o $INTERNET -p udp \
            -m multiport --destination-port $NFS_PORT,$LOCKD_PORT \
            -j REJECT

    $IPT -A INPUT -i $INTERNET -p udp \
            -m multiport --destination-port $NFS_PORT,$LOCKD_PORT \
            -j DROP
```

nftables 的规则如下：

```
$NFT add rule filter output oif $INTERNET udp dport \
{$NFS_PORT,$LOCKD_PORT} reject
$NFT add rule filter input iif $INTERNET udp dport \
{$NFS_PORT,$LOCKD_PORT} drop
```

TCP 和 UDP 服务协议表

本章的其余部分将专注于定义允许访问特定服务的规则。无论是基于 TCP 还是基于 UDP 的服务，客户端/服务器的通信都包含了一些双向的通信，分别使用对于某服务特定的协议。这样，访问规则总是代表一个 I/O 对。客户端程序发起一个请求，而服务器则回送一个响应。针对一个服务的规则可以被分类为客户端规则或服务器规则。客户端分类表示了您的本地客户端访问远程服务器所需的通信。服务器分类表示了远程客户端访问托管于您的计算机上的服务所需的通信。

应用消息被封装在 TCP 或 UDP 传输层协议消息中。由于每个服务都使用特定的应用层协议，所以，给定的服务的 TCP 或 UDP 交换的特性在一定程度上是唯一的。

客户端与服务器之间的交换被防火墙规则明确地描述出来。防火墙规则的目的之一就是为了确保在数据包层面上协议的完整性。然而，以 iptables 或 nftables 语法表达出的防火墙规则并不是特别的具有可读性。在后面的几节里，数据包过滤级的服务协议将以状态信息表的形式进行展示，后面还会用 iptables 和 nftables 规则表示相应的状态。

表中的每一行都列出了服务交换中所涉及的一个数据包类型。一般会为每一种数据包类型定义一条防火墙规则。该表被分为多列。

- 描述（Description）包含了一个简单的描述，关于数据包是否是从客户端或服务器发出的，以及数据包的目的。
- 协议（Protocol）是使用的传输层协议，TCP、UDP 或 IP 协议的控制消息 ICMP。
- 远程地址（Remote Address）是可以在数据包的远程地址字段中包含的合法地址或地址范围。
- 远程端口（Remote Port）是可以在数据包的远程端口字段中包含的合法端口或端口范围。
- 输入/输出（In/Out）描述了数据包的方向，即从远程地址传入系统或从系统发出到某远程地址。

- 本地地址（Local Address）是可以在数据包的本地地址字段中包含的合法地址或地址范围。
- 本地端口（Local Port）是可以在数据包的本地端口字段中包含的合法的端口或端口范围。
- TCP 标志（TCP Flag）是 TCP 协议数据包包含的最后一列，它定义了数据包可以拥有的合法的 SYN-ACK 状态。

最后，在少数服务协议涉及 ICMP 消息的情况下，IP 网络层数据包与传输层 TCP 或 UDP 数据包中的源端口或目的端口的概念无关。作为替代，ICMP 数据包使用控制或状态消息类型的概念。ICMP 消息并不会发送至绑定到特殊服务端口的程序，而是会从一台计算机发送到另一台计算机（ICMP 数据包至少包含一份导致错误消息的原始数据包的拷贝。接收的主机检查 ICMP 数据包数据域所携带的数据包，并由此检测其中指出的错误过程）。因此，表中列出的少数 ICMP 数据包表项用源端口列来说明消息类型。对传入 ICMP 数据包来说，源端口列是远程端口列。对传出 ICMP 数据包来说，源端口列是本地端口列。

5.4   启用基本的、必需的互联网服务

只有一项服务是真正必要的：域名服务（DNS）。DNS 在主机名和其相应的 IP 地址之间进行转换。除非主机是在本地进行定义的，否则没有 DNS 的话，您几乎不可能定位一个远程主机。

5.4.1   允许 DNS（UDP/TCP 端口 53）

DNS 使用的通信协议同时依赖于 UDP 和 TCP。连接模式包括：普通的客户端-服务器连接、转发服务器与专门服务器间的对等业务流，以及主从式名称服务器连接。

对于客户端-服务器查询和对等服务器查询，查询请求通常是在 UDP 上完成的。如果返回的信息过大以至于不能放在一个 UDP DNS 数据包中，UDP 通信的查询可能会失败。服务器会在 DNS 消息报头中设置一个标志位，以指明数据被截断。这种情况下，协议允许使用 TCP 再次进行尝试。图 5.4 显示了在 DNS 查询过程中，UDP 和 TCP 之间的关系。实际上，对查询来说，通常并不需要 TCP。TCP 通常用于主从式名称服务器之间的管理区域传送。

区域传送是在名称服务器之间进行的对一个网络、一段网络的全部信息的转移，即该服务器被授权该网络或网段（即作为正式的服务器）。授权的名称服务器被称作主名称服务器。次名称服务器或备份名称服务器会周期性地从它的主名称服务器处请求区域传送，以保持其 DNS 缓存为最新。

例如，ISP 的名称服务器中，有一个对于 ISP 的地址空间来说是主授权服务器。ISP 通常有多个 DNS 服务器，用来均衡负载和进行冗余备份。其他的名称服务器是次名称服务器，它们从主名称服务器处获得拷贝来刷新自身。

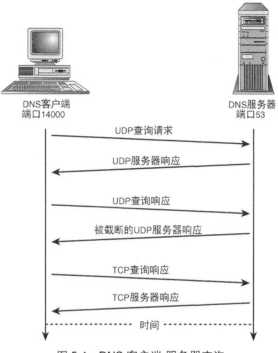

图 5.4 DNS 客户端-服务器查询

区域传送需要在主名称服务器和次名称服务器间进行严格的访问控制。一个小系统不可能成为公共域名空间内的权威名称服务器，也不可能成为公共备份信息的服务器。大型的站点可以很容易地托管主名称服务器和次名称服务器。要注意的是，区域传送只能在这些主机之间进行。许多攻击之所以已经成功，是因为攻击者可以获得一份整个 DNS 区域的拷贝，并且可以了解到网络的拓扑以直接攻击最有价值的地方。

表 5.1 列出了防火墙规则可用的完整的 DNS 协议。

表 5.1 DNS 协议

描述	协议	远程地址	远程端口	输入/输出	本地地址	本地端口	TCP 标志
本地客户端查询	UDP	NAMESERVER	53	Out	IPADDR	1024:65535	—
远程服务器响应	UDP	NAMESERVER	53	In	IPADDR	1024:65535	—
本地客户端查询	TCP	NAMESERVER	53	Out	IPADDR	1024:65535	Any
远程服务器响应	TCP	NAMESERVER	53	In	IPADDR	1024:65535	ACK

描述	协议	远程地址	远程端口	输入/输出	本地地址	本地端口	TCP 标志
本地服务器查询	UDP	NAMESERVER	53	Out	IPADDR	53	—
远程服务器响应	UDP	NAMESERVER	53	In	IPADDR	53	—
本地区域传送请求	TCP	Primary	53	Out	IPADDR	1024:65535	Any
远程区域传送请求	TCP	Primary	53	In	IPADDR	1024:65535	ACK
远程客户端查询	UDP	DNS client	1024:65535	In	IPADDR	53	—
本地服务器响应	UDP	DNS client	1024:65535	Out	IPADDR	53	—
远程客户端查询	TCP	DNS client	1024:65535	In	IPADDR	53	Any
本地服务器响应	UDP	DNS client	53	Out	IPADDR	53	—
远程区域传送请求	TCP	Secondary	1024:65535	In	IPADDR	53	Any
本地区域传送响应	TCP	Secondary	1024:65535	Out	IPADDR	53	ACK

允许作为客户端的 DNS 查询

DNS 解析客户端并不是一个特定的程序。客户端被集成到了网络程序使用的网络库代码。当需要查询一个主机名时，解析器会向 DNS 服务器请求查询。大多数计算机被配置为仅作为 DNS 客户端。而服务器运行在远程计算机上。对于家庭用户来说，名称服务器通常是由您的 ISP 拥有的一台服务器。

作为客户端，其假设是您的计算机并没有运行本地的 DNS 服务器；如果您运行了本地的服务器，您应该确认您是否真正需要运行它。因为没必要再运行多余的服务！每个客户端查询从解析器开始，接下来会被发送到在/etc/resolv.conf 中配置的远程名称服务器。通常，即便使用本地服务器，也最好安装客户端规则。这样可以避免一些可能突然出现的令人迷惑的问题。

这些规则必须被安装在其他可能会通过主机名而不是 IP 地址指定的防火墙规则之前，当然，除了那些在本地的/etc/hosts 中指定的远程主机。

DNS 以 UDP 数据报的形式发送查询请求：

```
NAMESERVER ="my.name.server"              # (TCP/UDP) DNS
if ["$CONNECTION_TRACKING" = "1" ]; then
    $IPT -A OUTPUT -o $INTERNET -p udp \
```

```
                -s $IPADDR --sport $UNPRIVPORTS \
                -d $NAMESERVER --dport 53 \
                -m state --state NEW -j ACCEPT
  fi

  $IPT -A OUTPUT -o $INTERNET -p udp \
          -s $IPADDR --sport $UNPRIVPORTS \
          -d $NAMESERVER --dport 53 -j ACCEPT

  $IPT -A INPUT  -i $INTERNET -p udp \
          -s $NAMESERVER --sport 53 \
          -d $IPADDR --dport $UNPRIVPORTS -j ACCEPT
```

nftables 的规则如下：

```
$NFT add rule filter output oif $INTERNET ip saddr $IPADDR udp sport $UNPRIVPORTS ip
➡daddr $NAMESERVER udp dport 53 ct state new accept
$NFT add rule filter input iif $INTERNET ip daddr $IPADDR udp dport $UNPRIVPORTS ip
➡saddr $NAMESERVER udp sport 53 accept
```

如果因为返回的数据太大无法装入 UDP 数据报中而导致了错误，DNS 客户端会使用 TCP 连接重新尝试。

下面的两个规则包括了查询响应无法装入一个 DNS 的 UDP 数据报中的情况。这种情况很少见，不会在日常的操作中用到。或许您可以在没有 TCP 规则的情况下运行您的系统几个月而不出问题。但不幸的是，如果没有这些规则，您的 DNS 查询常常会被挂起。更典型的是，这些规则会在次名称服务器向主名称服务器请求区域传送时被用到。

```
if ["$CONNECTION_TRACKING" = "1" ]; then
    $IPT -A OUTPUT -o $INTERNET -p tcp \
            -s $IPADDR --sport $UNPRIVPORTS \
            -d $NAMESERVER --dport 53 \
            -m state --state NEW -j ACCEPT
  fi

  $IPT -A OUTPUT -o $INTERNET -p tcp \
          -s $IPADDR --sport $UNPRIVPORTS \
          -d $NAMESERVER --dport 53 -j ACCEPT

  $IPT -A INPUT  -i $INTERNET -p tcp ! --syn \
          -s $NAMESERVER --sport 53 \
          -d $IPADDR --dport $UNPRIVPORTS -j ACCEPT
```

nftables 的规则如下：

```
$NFT add rule filter output oif $INTERNET ip saddr $IPADDR tcp sport $UNPRIVPORTS ip
➡daddr $NAMESERVER tcp dport 53 ct state new accept
$NFT add rule filter input iif $INTERNET ip daddr $IPADDR tcp dport $UNPRIVPORTS ip
➡saddr $NAMESERVER tcp sport 53 tcp flags != syn accept
```

允许作为转发服务器的 DNS 查询

配置一个本地转发名称服务器会大大提高性能。如图 5.5 所示，当 BIND 被配置作为缓存和转发名称服务器时，它既作为本地服务器又作为远程 DNS 服务器的客户端。直接的客户端-服务器交换和转发服务器间的交换的差别是使用的源端口和目的端口。BIND 使用 DNS 端口号 53 来初始化交换，而不是从一个非特权端口进行初始化。（查询的源端口现在是可配置的。在新版本的 BIND 中，本地服务器默认从非特权端口发起请求。）第二个差别是：转发服务器查询总是使用 UDP 完成（如果响应太大以至于不能存入 UDP 的 DNS 数据包中，本地服务器必须转换到标准的客户端/服务器的方式初始化 TCP 请求）。

DNS BIND 端口使用

在历史上，当与其他服务器通信时，DNS 服务器使用 UDP 端口 53 作为其源端口。它将客户端流量与服务器发起的流量区别开来，因为客户端总是使用高位的非特权端口作为其源端口。BIND 后来的版本允许服务器-服务器的源端口被配置为默认使用非特权端口。本书中所有的例子假设，对于服务器-服务器的查询来说，BIND 已经被配置为使用 UDP 端口 53，而不是非特权端口。

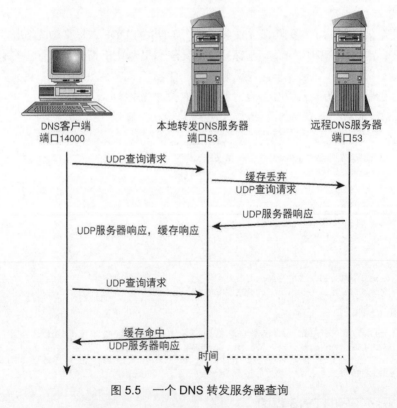

图 5.5   一个 DNS 转发服务器查询

本地客户端请求会被发送到本地 DNS 服务器。在第一次使用时，BIND 不含任何查询信息，所以它将转发请求到远程名称服务器。BIND 会缓存返回的信息，并将其传递到客户端。下一次，当请求同样的信息时，BIND 会查找它的本地缓存（根据记录的生存期[TTL]），而不是发起远程请求。

如果因为 UDP 数据包大小的原因导致查找失败，服务器将回退到 TCP 客户端模式的查询。如果由于远程服务器没有该信息而导致了失败，本地服务器将会向根缓存服务器进行查询。因此，客户端规则需要允许 DNS 到任何服务器的流量，而不是在本地配置文件中列出的特定的服务器。

另一种可选的方式配置 BIND 不单单作为一个转发服务器，也作为 BIND 配置文件 name.conf 中指定的远程服务器的从服务器。作为从服务器的话，普通的客户端 UDP 规则便不需要了。

5.5 启用常用 TCP 服务

可能没有人会启用本节列出的所有服务，但是大多数人都会启用其中的一些。它们是当今在互联网上最常用的服务。因此，本节比其他节更具有参考性。本节为如下服务提供规则：

- Email；
- SSH；
- FTP；
- 通用的 TCP 服务。

许多其他可用的服务这里并没有涉及到。其中有些用于专用服务器，有些用于大型的商业企业及组织，有些用于本地私有网络。另外 LAN 和 DMZ 服务会在第 7 章中进行介绍。

5.5.1 Email (TCP SMTP 端口 25, POP 端口 110, IMAP 端口 143)

Email 是大多数人都要用的服务。如何设置邮件取决于您的 ISP、您的连接类型以及您自己的选择。Email 通过 SMTP 在网络上进行发送，它使用 TCP 服务端口 25。Email 通常通过三个不同的协议进行接收——SMTP、POP 或 IMAP，这取决于您的 ISP 提供的服务和您的本地配置。

SMTP 是普通邮件传送协议。一般是根据给定域的 DNS 的 MX 记录将邮件送到目的主机的。终端邮件服务器决定了邮件是否可传送（地址为一个计算机上的固定用户账号），然后将其送到用户的本地邮箱里。

POP 和 IMAP 都是邮件取回的服务。POP 运行在 TCP 端口 110 上。IMAP 运行在 TCP 端口 143 上。今天的 POP 和 IMAP 协议典型地运行于安全套接字层（Secure Sockets Layer，SSL）以进行加密。POP/S 和 IMAP/S 分别运行在端口 995 和 993。ISP 通常使用它们中的一种或两种服务来为客户提供邮件服务。两种服务都是通过用户名和密码进行认证的。就邮件取回而言，SMTP 和 POP 或 IMAP 的不同之处在于，SMTP 接收传入的邮件，然后将其排入用户的本地邮箱的邮箱队列。POP 和 IMAP 将邮件从用户的 ISP 处取回到用户的本地邮件程序，在那里，邮件已经排在 ISP 的用户 SMTP 邮箱队列中了。表 5.2 为 SMTP、POP 和 IMAP 列出了完整的客户端/服务器连接协议。SMTP 也使用您本地网络可能使用的特殊的传递机制，例如 ETRN，它能高效地传递一个域中的所有邮件，以进行本地处理。

表 5.2　　　　　　　　　　　　　　　SMTP、POP 和 IMAP 邮件协议

描述	协议	远程地址	远程端口	输入/输出	本地地址	本地端口	TCP 标志
发送邮件	TCP	ANYWHERE	25	Out	IPADDR	1024:65535	Any
远程服务器响应	TCP	ANYWHERE	25	In	IPADDR	1024:65535	ACK
接收邮件	TCP	ANYWHERE	1024:65535	In	IPADDR	25	Any
本地服务器响应	TCP	ANYWHERE	1024:65536	Out	IPADDR	25	ACK
本地客户端查询	TCP	POP SERVER	110 或 995	Out	IPADDR	1024:65535	Any
远程服务器响应	TCP	POP SERVER	110 或 995	In	IPADDR	1024:65535	ACK
远程客户端查询	TCP	POP CLIENT	1024:65535	In	IPADDR	110 或 995	Any
本地服务器响应	TCP	POP CLIENT	1024:65535	Out	IPADDR	110 或 995	ACK
本地客户端查询	TCP	IMAP SERVER	143 或 993	Out	IPADDR	1024:65535	Any
远程服务器响应	TCP	IMAP SERVER	143 或 993	In	IPADDR	1024:65535	ACK
远程客户端查询	TCP	IMAP CLIENT	1024:65535	In	IPADDR	143 或 993	Any
本地服务器响应	TCP	IMAP CLIENT	1024:65535	Out	IPADDR	143 或 993	ACK

通过 SMTP 发送邮件（TCP 端口 25）

邮件是通过 SMTP 发送的。但您用的是谁的 SMTP 服务器来收集您的邮件以及发送您的邮件的呢？ISP 向它们的客户提供 SMTP 邮件服务。ISP 的邮件服务器相当于邮件网关。它知道如何收集您的邮件，找到接收的主机，并传递邮件。在 UNIX 上，如果您想的话，您可以托管您自己的本地邮件服务器。您的服务器将负责路由邮件到它的目的地。

通过外部（ISP）网关 SMTP 服务器传递传出邮件

当您通过外部邮件网关服务器传递传出邮件时，您的客户端邮件程序会将所有的邮件发送到您 ISP 的邮件服务器。您的 ISP 作为您向世界其他地方发送邮件的网关。您的系统不需要知道如何定位您的邮件目的地或到目的地的路线。ISP 的邮件网关会作为您的中继。

下面的两个规则使得您可以通过您的 ISP 的 SMTP 网关传递邮件：

```
SMTP_GATEWAY="my.isp.server"            # External mail server or relay
if [ "$CONNECTION_TRACKING" = "1" ]; then
    $IPT -A OUTPUT -o $INTERNET -p tcp \
            -s $IPADDR --sport $UNPRIVPORTS \
            -d $SMTP_GATEWAY --dport 25 -m state --state NEW -j ACCEPT
fi
```

```
$IPT -A OUTPUT -o $INTERNET -p tcp \
        -s $IPADDR --sport $UNPRIVPORTS \
        -d $SMTP_GATEWAY --dport 25 -j ACCEPT

$IPT -A INPUT -i $INTERNET -p tcp ! --syn \
        -s $SMTP_GATEWAY --sport 25 \
        -d $IPADDR --dport $UNPRIVPORTS -j ACCEPT
```

nftables 的命令如下：

```
$NFT add rule filter output oif $INTERNET ip daddr $SMTP_GATEWAY tcp dport 25 ip saddr
➥$IPADDR tcp sport $UNPRIVPORTS accept
$NFT add rule filter input iif $INTERNET ip saddr $SMTP_GATEWAY tcp sport 25 ip daddr
➥$IPADDR tcp dport $UNPRIVPORTS tcp flags != syn accept
```

发送邮件到任意的外部邮件服务器

或者，您可以绕过 ISP 的邮件服务器并托管您自己的邮件服务器。您的本地服务器负责收集您的传出邮件，执行目的主机名的 DNS 查询，并且发送邮件到其目的地。您的客户端邮件程序指向您的本地 SMTP 服务器而不是 ISP 的服务器。

下面的规则使得您可以直接发送邮件到远程目的地：

```
if [ "$CONNECTION_TRACKING" = "1" ]; then
    $IPT -A OUTPUT -o $INTERNET -p tcp \
            -s $IPADDR --sport $UNPRIVPORTS \
            --dport 25 -m state --state NEW -j ACCEPT
fi

$IPT -A OUTPUT -o $INTERNET -p tcp \
        -s $IPADDR --sport $UNPRIVPORTS \
        --dport 25 -j ACCEPT

$IPT -A INPUT -i $INTERNET -p tcp ! --syn \
        --sport 25 \
        -d $IPADDR --dport $UNPRIVPORTS -j ACCEPT
```

nftables 的命令如下：

```
$NFT add rule filter output oif $INTERNET ip saddr $IPADDR tcp sport $UNPRIVPORTS tcp
➥dport 25 accept
$NFT add rule filter input iif $INTERNET ip daddr $IPADDR tcp sport 25 tcp dport
➥$UNPRIVPORTS tcp flags != syn accept
```

接收邮件

怎样接收邮件取决于您的情况。如果您运行着您的本地邮件服务器，您可以在您的 Linux 计算机上直接收集传入邮件。如果您从您的 ISP 账户那里获取邮件，您可能使用 POP，也可能使用 IMAP 客户端，这取决于您如何配置您的 ISP 邮件账号以及 ISP 提供的邮件传递服务。

作为本地 SMTP 服务器接收邮件（TCP 端口 25）

如果您想接收从世界上任何地方直接发送到您本地计算机的邮件，您需要运行 Sendmail、Gmail 或一些其他的服务器程序。下面是本地服务器规则：

```
if [ "$CONNECTION_TRACKING" = "1" ]; then
    $IPT -A INPUT  -i $INTERNET -p tcp \
            --sport $UNPRIVPORTS \
            -d $IPADDR --dport 25 \
            -m state --state NEW -j ACCEPT
fi

$IPT -A INPUT  -i $INTERNET -p tcp \
        --sport $UNPRIVPORTS \
        -d $IPADDR --dport 25 -j ACCEPT

$IPT -A OUTPUT -o $INTERNET -p tcp ! --syn \
        -s $IPADDR --sport 25 \
        --dport $UNPRIVPORTS -j ACCEPT
```

用于 nftables 脚本的命令如下：

```
$NFT add rule filter input iif $INTERNET tcp sport $UNPRIVPORTS ip daddr $IPADDR tcp
➥dport 25 accept
$NFT add rule filter output oif $INTERNET tcp sport 25 ip saddr $IPADDR tcp dport
➥$UNPRIVPORTS tcp flags != syn accept
```

或者，如果您宁愿保持您本地邮件账户的私密性并使用您的工作邮件账户或 ISP 邮件账户作为您的公共地址，您可以配置您的工作邮件账户或 ISP 邮件账户转发邮件到您的本地服务器。这种情况下，您可以为每一个邮件转发者使用分开的、特定的规则替换前面单一的规则对，来接受从任何地方到来的连接。

作为 POP 客户端收取邮件（TCP 端口 110 或 995）

连接到 POP 服务器是非常常用的从远程 ISP 或工作账户处收取邮件的手段。如果您的 ISP 使用 POP 服务器为客户接收邮件，您需要允许传出的客户端-服务器连接。

服务器的地址是一个特定的主机名或地址而不是全局的，由 ANYWHERE 隐喻的指示符。POP 账户是关联到一个特定的用户和密码的用户账户：

```
POP_SERVER="my.isp.pop.server"       # External pop server, if any
if [ "$CONNECTION_TRACKING" = "1" ]; then
    $IPT -A OUTPUT -o $INTERNET -p tcp \
            -s $IPADDR --sport $UNPRIVPORTS \
            -d $POP_SERVER --dport 110 -m state --state NEW -j ACCEPT
fi

$IPT -A OUTPUT -o $INTERNET -p tcp \
        -s $IPADDR --sport $UNPRIVPORTS \
        -d $POP_SERVER --dport 110 -j ACCEPT
```

```
$IPT -A INPUT -i $INTERNET -p tcp ! --syn \
          -s $POP_SERVER --sport 110 \
          -d $IPADDR --dport $UNPRIVPORTS -j ACCEPT
```

nftables 的命令如下，如果您的邮件服务器使用常规的不带 SSL 的 POP，请将 995 替换为 110：

```
$NFT add rule filter output oif $INTERNET ip saddr $IPADDR ip daddr $POP_SERVER tcp
➥sport $UNPRIVPORTS tcp dport 995 accept
$NFT add rule filter input iif $INTERNET ip saddr $POP_SERVER tcp sport 110 ip daddr
➥$IPADDR tcp dport $UNPRIVPORTS tcp flags != syn accept
```

作为 IMAP 客户端收取邮件（TCP 端口 143 或 993）

连接到 IMAP 服务器是另一种从远程 ISP 账户或工作账户处接收邮件的常用的方法。如果您的 ISP 使用 IMAP 服务器为客户提供邮件服务，您需要允许传出的客户端-服务器连接。

服务器的地址是一个特定的主机名或地址而不是全局的$ANYWHERE 说明符。IMAP 账户是关联到一个特定的用户和密码的用户账户：

```
IMAP_SERVER="my.isp.imap.server"        # External imap server, if any
if [ "$CONNECTION_TRACKING" = "1" ]; then
    $IPT -A OUTPUT -o $INTERNET -p tcp \
             -s $IPADDR --sport $UNPRIVPORTS \
             -d $IMAP_SERVER --dport 143 -m state --state NEW -j ACCEPT
fi

$IPT -A OUTPUT -o $INTERNET -p tcp \
          -s $IPADDR --sport $UNPRIVPORTS \
          -d $IMAP_SERVER --dport 143 -j ACCEPT

$IPT -A INPUT -i $INTERNET -p tcp ! --syn \
          -s $IMAP_SERVER --sport 143 \
          -d $IPADDR --dport $UNPRIVPORTS -j ACCEPT
```

nftables 的规则如下；如果您的 IMAP 服务器不使用 SSL，则应使用 143 替换 993：

```
$NFT add rule filter output oif $INTERNET ip saddr $IPADDR tcp sport $UNPRIVPORTS ip
➥daddr $IMAP_SERVER tcp dport 993 accept
$NFT add rule filter input iif $INTERNET ip saddr $IMAP_SERVER tcp sport 995 ip daddr
➥$IPADDR tcp dport $UNPRIVPORTS tcp flags != syn accept
```

为远程客户端托管一个邮件服务器

在小型系统中托管一个公共的 POP 或 IMAP 服务不太常见。您这样做可能是因为您在为一些朋友提供远程邮件服务，例如，如果他们的 ISP 邮件服务暂时不可用。在任何情况下，限制您的系统接受从客户端处发起的连接十分重要，不论在数据包过滤层还是在服务器配置层。

为远程客户端托管一个 POP 服务器

POP 服务器是受黑客攻击最频繁且最成功的点之一。在很多情况下，防火墙规则可以提供一些保护。当然，您也可以在服务器配置层面限制访问。就像往常一样，保证软件保持最新的安全更新十分重要，尤其是对于邮件服务器软件。

如果您使用本地系统作为中心邮件服务器并且运行 POP3 服务器为 LAN 内的本地计算机提供邮件访问，那么您不需要本例中的服务器规则。从互联网传入的连接应该被丢弃。如果您确实需要为数量有限的远程个人托管 POP 服务，那么下面的两条规则将允许到达您 POP 服务器的传入连接。连接被限制为您指定的客户端的 IP 地址：

```
if [ "$CONNECTION_TRACKING" = "1" ]; then
    $IPT -A INPUT  -i $INTERNET -p tcp \
            -s <my.pop.clients> --sport $UNPRIVPORTS \
            -d $IPADDR --dport 110 \
            -m state --state NEW -j ACCEPT
fi

$IPT -A INPUT  -i $INTERNET -p tcp \
        -s <my.pop.clients> --sport $UNPRIVPORTS \
        -d $IPADDR --dport 110 -j ACCEPT

$IPT -A OUTPUT -o $INTERNET -p tcp ! --syn \
        -s $IPADDR --sport 110 \
        -d <my.pop.clients> --dport $UNPRIVPORTS -j ACCEPT
```

nftables 的规则如下：

```
nft add rule filter input iif $INTERNET ip saddr <POP_CLIENTS> tcp sport $UNPRIVPORTS
➡ip daddr $IPADDR tcp dport 995 accept
$NFT add rule filter output oif $INTERNET ip saddr $IPADDR tcp sport 995 ip daddr
➡<POP_CLIENTS> tcp dport $UNPRIVPORTS tcp flags != syn accept
```

如果您的站点是 ISP，那么您可以使用网络地址掩码来限制您将从哪些源地址接受 POP 连接：

```
POP_CLIENTS="192.168.24.0/24"
```

如果您是住宅站点，只有屈指可数的 POP 客户端，则客户端地址需要被明确地表示，每一个规则对对应一个客户端地址。

为远程客户端托管一个 IMAP 服务器

IMAP 服务器也是受黑客攻击最频繁且最成功的点之一。在很多情况下，防火墙规则都可以提供一些保护。当然，您也可以在服务器配置层面限制访问。就像往常一样，保证软件保持最新的安全更新十分重要，尤其是对于邮件服务器软件。

5.5.2　SSH（TCP 端口 22）

随着 RSA 专利在 2000 年的过期，OpenSSH、安全 Shell 均被包含到了 Linux 发行版中。它们也可以在互联网上的软件站点中免费获得。在远程登录访问方面，SSH 比 telnet 更好，因为连接两端的主机和用户都使用了认证密钥，并且数据是被加密的。此外，SSH 不仅仅是远程登录服务。它可以自动地在远程站点之间转发 X Window 连接，而 FTP 和其他基于 TCP 的连接可以在更安全的 SSH 连接上被转发。假设连接的另一端允许 SSH 可连接，那么就可以使用 SSH 路由所有的 TCP 连接通过防火墙。因此，SSH 在某种意义上是穷人的虚拟专用网（VPN）。

SSH 使用的端口是高度可配置的。默认情况下，连接是由客户端的非特权端口和服务器的已知服务端口 22 所发起的。SSH 客户端使用的非特权端口是独占的。本例中的规则应用针对默认的 SSH 端口：

```
SSH_PORTS="1024:65535"          # RSA authentication
```
或
```
SSH_PORTS="1020:65535"          # Rhost authentication
```

客户端和服务器规则允许从任何地方到来以及到任何地方去的访问。实际上，您需要限制外部地址为一个选定的子网，尤其是因为连接的两端必须被配置为可识别对方的用户账户以进行鉴别。表 5.3 列出了 SSH 服务完整的客户端/服务器连接协议。

表 5.3　　　　　　　　　　　　　　　　　　SSH 协议

描述	协议	远程地址	远程端口	输入/输出	本地地址	本地端口	TCP 标志
本地客户端请求	TCP	ANYWHERE	22	Out	IPADDR	1024:65535	Any
远程服务器响应	TCP	ANYWHERE	22	In	IPADDR	1024:65535	ACK
本地客户端请求	TCP	ANYWHERE	22	Out	IPADDR	513:1023	Any
远程服务器响应	TCP	ANYWHERE	22	In	IPADDR	513:1023	ACK
远程客户端请求	TCP	SSH clients	1024:65535	In	IPADDR	22	Any
本地服务器响应	TCP	SSH clients	1024:65535	Out	IPADDR	22	ACK
远程客户端请求	TCP	SSH clients	513:1023	In	IPADDR	22	Any
本地服务器响应	TCP	SSH clients	513:1023	Out	IPADDR	22	ACK

允许客户端访问远程 SSH 服务

下面的规则允许您用 SSH 连接远程站点：

```
if [ "$CONNECTION_TRACKING" = "1" ]; then
    $IPT -A OUTPUT -o $INTERNET -p tcp \
            -s $IPADDR --sport $SSH_PORTS \
            --dport 22 -m state --state NEW -j ACCEPT
fi

$IPT -A OUTPUT -o $INTERNET -p tcp \
        -s $IPADDR --sport $SSH_PORTS \
        --dport 22 -j ACCEPT

$IPT -A INPUT -i $INTERNET -p tcp ! --syn \
        --sport 22 \
        -d $IPADDR --dport $SSH_PORTS -j ACCEPT
```

nftables 的规则如下:

```
$NFT add rule filter output oif $INTERNET ip saddr $IPADDR tcp sport $SSH_PORTS tcp
➥dport 22 accept
$NFT add rule filter input iif $INTERNET tcp sport 22 ip daddr $IPADDR tcp dport
➥$SSH_PORTS tcp flags != syn accept
```

允许远程客户端访问您的本地 SSH 服务器

下面的规则允许到达您的 SSH 服务器的传入连接:

```
if [ "$CONNECTION_TRACKING" = "1" ]; then
    $IPT -A INPUT  -i $INTERNET -p tcp \
            --sport $SSH_PORTS \
            -d $IPADDR --dport 22 \
            -m state --state NEW -j ACCEPT
fi

$IPT -A INPUT  -i $INTERNET -p tcp \
        --sport $SSH_PORTS \
        -d $IPADDR --dport 22 -j ACCEPT

$IPT -A OUTPUT -o $INTERNET -p tcp ! --syn \
        -s $IPADDR --sport 22 \
        --dport $SSH_PORTS -j ACCEPT
```

nftables 的规则如下:

```
$NFT add rule filter input iif $INTERNET tcp sport $SSH_PORTS ip daddr $IPADDR tcp
➥dport 22 accept
$NFT add rule filter output oif $INTERNET ip saddr $IPADDR tcp sport 22 tcp dport
➥$SSH_PORTS tcp flags != syn accept
```

5.5.3   FTP (TCP 端口 20、21)

在由互联网相连的两台计算机之前, FTP 是最常用的传输文件的手段之一。基于 Web
的 FTP 浏览器接口也越来越常用。像 telnet 一样, FTP 同时以纯文本的方式在网络上发送认证证书和通信数据。因此，FTP 也被认为是一个天生不安全的协议。SFTP 和 SCP 在这一点上有一些提高。

FTP 是一个用来说明协议与防火墙或 NAT 不友好的经典的例子。传统的通过 TCP 进行通信的客户端/服务器应用都是以相同的方式工作的。客户端发起请求以连接到服务器。

表 5.4 列出了 FTP 服务完整的客户端/服务器连接协议。

表 5.4 **FTP 协议**

描述	协议	远程地址	远程端口	输入/输出	本地地址	本地端口	TCP 标志
本地客户端查询	TCP	ANYWHERE	21	Out	IPADDR	1024:65535	Any
远程服务器响应	TCP	ANYWHERE	21	In	IPADDR	1024:65535	ACK
远程服务器主动数据通道请求	TCP	ANYWHERE	20	In	IPADDR	1024:65535	Any
本地客户端主动数据通道响应	TCP	ANYWHERE	20	Out	IPADDR	1024:65535	ACK
本地客户端被动数据通道请求	TCP	ANYWHERE	1024:65535	Out	IPADDR	1024:65535	Any
远程服务器被动数据通道响应	TCP	ANYWHERE	1024:65535	In	IPADDR	1024:65535	ACK
远程客户端请求	TCP	ANYWHERE	1024:65535	In	IPADDR	21	Any
本地服务器响应	TCP	ANYWHERE	1024:65535	Out	IPADDR	21	ACK
本地服务器主动数据通道响应	TCP	ANYWHERE	1024:65535	Out	IPADDR	20	Any
远程客户端主动数据通道响应	TCP	ANYWHERE	1024:65535	In	IPADDR	20	ACK
远程客户端被动数据通道请求	TCP	ANYWHERE	1024:65535	In	IPADDR	1024:65535	Any
本地服务器被动数据通道响应	TCP	ANYWHERE	1024:65535	Out	IPADDR	1024:65535	ACK

FTP 与这个标准的客户端/服务器通信模型相背离。FTP 依赖于两个单独的连接，一个用于控制或命令流，另一个用于传递数据文件和其他信息，例如文件夹列表。控制流是通过传统的 TCP 连接传输的。客户端被绑定到一个高位的、非特权端口并且向 FTP 服务器的 21 号端口发送连接请求。这个连接被用于传递命令。

对于第二个数据流连接而言，FTP 有两个可选的模式用于在客户端和服务器之间交换数据：主动模式（port mode）和被动模式（passive mode）。主动模式是原始的默认的机制。客户端告诉服务器它会监听的次要的、非特权端口。服务器则从端口 20 向客户端指定的非特权端口发起数据连接。

这与标准的客户端/服务器模型相背离。服务器会发起次连接到客户端。这就是为什么 FTP 协议在防火墙和 NAT 方面需要 ALG 的支持了。防火墙必须负责支持从端口 20 传入到本地非特权端口的连接。NAT 必须负责支持用于次数据流连接的目的地址（客户端不知道它的网络流量被 NAT 了。它发送到服务器的地址和端口是本地的、NAT 之前的端口和地址）。

被动模式类似于传统的客户端/服务器模型，由客户端发起次连接用于数据流传输。而且，客户端从高位的、非特权端口发起连接。然而，服务器的数据连接并不会绑定到端口 20。而是由服务器告诉客户端连接请求应该发到哪一个高位的、非特权端口。数据流的传输是在客户端和服务器的非特权端口间进行的。

在传统的数据包过滤中，防火墙必须允许所有非特权端口间的 TCP 流量。连接状态追踪和 ALG 支持允许防火墙将辅助连接与特定的 FTP 控制流相关联。NAT 不会在客户端处产生问题，因为客户端初始化了所有连接。

允许客户端对远程 FTP 服务器的传出访问

大多数站点都希望允许 FTP 客户端访问远程文件仓库。大多数人也都想启用客户机到远程服务器的传出连接。

从控制通路发出的 FTP 请求

下面的两条规则允许到远程 FTP 服务器的传出控制连接：

```
if [ "$CONNECTION_TRACKING" = "1" ]; then
    $IPT -A OUTPUT -o $INTERNET -p tcp \
            -s $IPADDR --sport $UNPRIVPORTS \
            --dport 21 -m state --state NEW -j ACCEPT
fi

$IPT -A OUTPUT -o $INTERNET -p tcp \
        -s $IPADDR --sport $UNPRIVPORTS \
        --dport 21 -j ACCEPT

$IPT -A INPUT -i $INTERNET -p tcp ! --syn \
        --sport 21 \
        -d $IPADDR --dport $UNPRIVPORTS -j ACCEPT
```

nftables 的规则如下：

```
$NFT add rule filter output oif $INTERNET ip saddr $IPADDR tcp sport $UNPRIVPORTS tcp
➥dport 21 accept
    $NFT add rule filter input iif $INTERNET ip daddr $IPADDR tcp sport 21 tcp dport
➥$UNPRIVPORTS accept
```

FTP 主动模式的数据通路

下面的两条规则允许标准数据通路连接，连接时服务器通过回调建立从服务器 20 端口到客户指定的非特权端口的连接：

```
if [ "$CONNECTION_TRACKING" = "1" ]; then
    $IPT -A INPUT  -i $INTERNET -p tcp \
            --sport 20 \
            -d $IPADDR --dport $UNPRIVPORTS \
            -m state --state NEW -j ACCEPT
fi

$IPT -A INPUT  -i $INTERNET -p tcp \
        --sport 20 \
        -d $IPADDR --dport $UNPRIVPORTS -j ACCEPT

$IPT -A OUTPUT -o $INTERNET -p tcp ! --syn \
        -s $IPADDR --sport $UNPRIVPORTS \
        --dport 20 -j ACCEPT
```

这种不寻常的回调动作，即远程服务器与您的客户端建立的次连接，是使得 FTP 难于在数据包过滤级保持安全的原因之一。nftables 的规则假设使用了 ct 状态模块，因此实际上不需要另外创建规则。

5.5.4 通用的 TCP 服务

许多在本节中展示的规则看起来都很相似。比起为每一种基于 TCP 的服务提供规则来，根据您需要提供的那些服务，来简单地学习添加规则的通用方式则更加有用。

下面通用的规则适用于任何您需要连接的 TCP 服务。请用目的服务端口替换<YOUR PORT HERE>：

```
if [ "$CONNECTION_TRACKING" = "1" ]; then
    $IPT -A OUTPUT -o $INTERNET -p tcp \
            -s $IPADDR --sport $UNPRIVPORTS \
            --dport<YOUR PORT HERE> -m state --state NEW -j ACCEPT
fi

$IPT -A OUTPUT -o $INTERNET -p tcp \
        -s $IPADDR --sport $UNPRIVPORTS \
        --dport<YOUR PORT HERE> -j ACCEPT

$IPT -A INPUT -i $INTERNET -p tcp ! --syn \
        --sport <YOUR PORT HERE> \
        -d $IPADDR --dport $UNPRIVPORTS -j ACCEPT
```

nftables 的规则如下：

```
$NFT add rule filter output oif $INTERNET ip saddr $IPADDR tcp sport $UNPRIVPORTS tcp
```

```
→dport <YOUR PORT HERE> accept
    $NFT add rule filter input iif $INTERNET tcp sport <YOUR PORT HERE> ip daddr $IPADDR
→tcp dport $UNPRIVPORTS accept
```

对于给定的服务，下面的规则适用于允许任何传入到该服务必要端口的 TCP 连接：

```
if [ "$CONNECTION_TRACKING" = "1" ]; then
    $IPT -A INPUT  -i $INTERNET -p tcp \
            --sport $UNPRIVPORTS \
            -d $IPADDR --dport <YOUR PORT HERE> \
            -m state --state NEW -j ACCEPT
fi

$IPT -A INPUT  -i $INTERNET -p tcp \
        --sport $UNPRIVPORTS \
        -d $IPADDR --dport <YOUR PORT HERE> -j ACCEPT

$IPT -A OUTPUT -o $INTERNET -p tcp ! --syn \
        -s $IPADDR \
        --dport $UNPRIVPORTS -j ACCEPT
```

nftables 的规则如下：

```
nft add rule filter input iif $INTERNET tcp sport $UNPRIVPORTS ip daddr $IPADDR tcp
→dport <YOUR PORT HERE> accept
    nft add rule filter output oif $INTERNET ip saddr $IPADDR tcp sport <YOUR PORT HERE>
→tcp dport $UNPRIVPORTS accept
```

5.6   启用常用 UDP 服务

无状态的 UDP 协议本身就不像面向连接的 TCP 协议那样安全。因此，许多对安全敏感的站点对访问 UDP 的服务完全禁止，或者是做尽可能多的限制。很明显，基于 UDP 的 DNS 交换是非常必要的，但远程服务器的名字可以在防火墙规则中被明确地指出。因此，本节只为如下两个服务提供一些规则：

- 动态主机配置协议（Dynamic Host Configuration Protocol，DHCP）；
- 网络时间协议（Network Time Protocol，NTP）。

5.6.1   访问您 ISP 的 DHCP 服务器（UDP 端口 67、68）

您的站点与 ISP 服务器之间的 DHCP 交换（如果有的话）是一个从本地客户机到远程服务器的交换。通常来说，DHCP 客户端接收由中心服务器临时动态分配的 IP 地址，中心服务器管理着 ISP 的客户的 IP 地址空间。服务器也可以提供您的本地主机一些其他的配置信息，例如网络子网掩码、网络 MTU、默认的第一条路由地址、域名以及默认的 TTL。

如果您想获得一个由 ISP 动态分配的 IP 地址，那么您需要在您的计算机上运行 DHCP 客户端守护进程。

表5.5列出了DHCP消息类型描述符,引用于RFC2131,"Dynamic Host Configuration Protocol"。

表 5.5   DHCP 消息类型

DHCP 消息	描述
DHCPDISCOVER	客户端广播以定位可用的服务器
DHCPOFFER	服务器对客户端的DHCPDISCOVER进行相应,同时提供配置参数
DHCPREQUEST	客户端发往服务器的消息,用于以下目的之一:(a)请求某个服务器提供的参数并拒绝其他服务器提供的参数;(b)用于确认之前提供的地址的正确性,例如,在系统重启后;(c)扩展特定网络地址的租用期
DHCPACK	包括配置参数在内的服务器发往客户端的消息,包括提供的网络地址
DHCPNAK	服务器发往客户端,指明客户端想要的网络地址不正确(例如,客户端已经移动到了新的子网)或客户端的租用期已经过期
DHCPDECLINE	客户端发往服务器以指示网络地址已经被使用
DHCPRELEASE	客户端发往服务器以放弃网络地址并取消租用期
DHCPINFORM	客户端发往服务器,仅用于查询本地配置参数;客户端已经有了外部配置的地址

大体上,当 DHCP 客户端初始化时,它会广播一个 DHCPDISCOVER 查询,用以查询是否有可用的 DHCP 服务器。任何收到这个查询的服务器都会送回一个 DHCPOFFER 消息,表明它愿意为此客户端提供服务;同时消息中还包括了服务器必须提供的配置参数。客户端广播一个 DHCPREQUEST 消息到它所接受的一个服务器,并通知其他的服务器将谢绝它们提供的服务。被选中的服务器广播一个 DHCPACK 消息作为响应,用以确认先前提供的参数。此时,地址分配已经完成。客户端会定期地向服务器发送一个 DHCPREQUEST 消息来请求继续租用此 IP 地址。如果租期被更新,服务器将通过单播一个 DHCPACK 消息进行响应。否则,客户机将重新回到初始化过程。表 5.6 列出了 DHCP 服务完整的客户端/服务器交换协议。

表 5.6   DHCP 协议

描述	协议	远程地址	远程端口	输入/输出	本地地址	TCP 标志
DHCPDISCOVER; DHCPREQUEST	UDP	255.255.255.255	67	Out	0.0.0.0	68
DHCPOFFER	UDP	0.0.0.0	67	In	255.255.255.255	68
DHCPOFFER	UDP	DHCP SERVER	67	In	255.255.255.255	68
DHCPREQUEST; DHCPDECLINE	UDP	DHCP SERVER	67	Out	0.0.0.0	68
DHCPACK; DHCPNACK	UDP	DHCP SERVER	67	In	ISP/NETMASK	68

续表

描述	协议	远程地址	远程端口	输入/输出	本地地址	TCP 标志
DHCPACK	UDP	DHCP SERVER	67	In	IPADDR	68
DHCPREQUEST; DHCPRELEASE	UDP	DHCP SERVER	67	Out	IPADDR	68

DHCP 协议远比上面这个简单的描述要更复杂得多，但是上面的介绍描述出了典型的客户端和服务器交换的本质。

下面的防火墙规则允许您的 DHCP 客户端和远程服务器之间的通信：

```
# Initialization or rebinding: No lease or Lease time expired.
$IPT -A OUTPUT -o $INTERNET -p udp \
        -s $BROADCAST_SRC --sport 67:68 \
        -d $BROADCAST_DEST --dport 67:68 -j ACCEPT
# Incoming DHCPOFFER from available DHCP servers

$IPT -A INPUT  -i $INTERNET -p udp \
        --sport 67:68 \
        --dport 67:68 -j ACCEPT
```

nftables 规则如下：

```
$NFT add rule filter output oif $INTERNET ip saddr $BROADCAST_SRC udp sport 67-68 ip
➥daddr $BROADCAST_DEST udp dport 67-68 accept
    $NFT add rule filter input iif $INTERNET udp sport 67-68 udp dport 67-68 accept
```

需要注意的是，并不能完全地限制发送到您的 DHCP 服务器的 DHCP 流量。在初始化期间，当您的客户端既没有被分配 IP 地址，也没有服务器的 IP 地址时，数据包的传送是通过广播而不是通过点对点的方式进行的。在第二层上，数据包也许会寻址到您的网卡的硬件地址。

5.6.2　访问远程网络时间服务器（UDP 端口 123）

网络时间服务（例如 NTP）允许访问一个或多个公共互联网时间的提供者。这对于维护一个精确的系统时钟十分有用，尤其是如果您的内部时钟会产生漂移，以及需要在重启或掉电后想要建立正确的时间和日期。小型系统的用户一般只作为客户端来使用此项服务。几乎没有小型站点拥有到英国格林威治的卫星链路，或到原子钟的无线链路，或一个摆放在自己周围的原子钟。

ntpd 是服务器的守护进程。除了为客户端提供时间服务之外，ntpd 会在服务器之间建立起一种对等关系。很少有小型站点需要 ntpd 提供的额外的精确性。ntpdate 是客户端程序，使用客户端到服务器的模型。客户端程序是小型站点所需要的全部。表 5.7 只列出了 NTP 服务的客户端/服务器交换协议。几乎没有自己运行 ntpd 的理由，因为它是服务器组件。如果您必须运行 NTP 服务器（与客户端相对），请在 chroot 环境中这样做。

表 5.7   NTP 协议

描述	协议	远程地址	远程端口	输入/输出	本地地址	TCP 标志
本地客户端查询	UDP	TIMESERVER	123	Out	IPADDR	1024:65535
远程服务器响应	UDP	TIMESERVER	123	In	IPADDR	1024:65535

ntpd 启动脚本会在其同时使用 ntpdate 来查询一系列的公共时间服务提供者。在服务器响应之后，ntpd 守护进程开始运行。所有那些提供者的主机需要在防火墙规则中被单独地指出：

```
TIME_SERVER="my.time.server"          # External time server, if any

if [ "$CONNECTION_TRACKING" = "1" ]; then
    $IPT -A OUTPUT -o $INTERNET -p udp \
            -s $IPADDR --sport $UNPRIVPORTS \
            -d $TIME_SERVER --dport 123 \
            -m state --state NEW -j ACCEPT
fi

$IPT -A OUTPUT -o $INTERNET -p udp \
        -s $IPADDR --sport $UNPRIVPORTS \
        -d $TIME_SERVER --dport 123 -j ACCEPT

$IPT -A INPUT  -i $INTERNET -p udp \
        -s $TIME_SERVER --sport 123 \
        -d $IPADDR --dport $UNPRIVPORTS -j ACCEPT
```

nftables 的脚本规则如下：

```
$NFT add rule filter output oif $INTERNET ip saddr $IPADDR udp sport $UNPRIVPORTS ip
➥daddr $TIME_SERVER udp dport 123 accept
    $NFT add rule filter input iif $INTERNET ip saddr $TIME_SERVER udp sport 123 ip daddr
➥$IPADDR udp dport $UNPRIVPORTS accept
```

需要注意的是，上面的规则是为标准的客户端/服务器的 UDP 通信而写的。根据您的客户端和服务器软件，其中的一方或双方可能会使用 NTP 的服务器-服务器的通信模型，那样的话，客户端和服务器都会使用 UDP 端口 123。

5.7   记录被丢弃的传入数据包

任何匹配了一条规则的数据包都可以通过在 iptables 中使用 -j LOG 目标或在 nftables 中使用日志声明进行记录。然而，记录一个数据包对于数据包的处置没有任何影响。数据包必须匹配一个接受规则或丢弃规则。在数据包经过再次匹配被丢弃之前，之前展示的一些规则已经启用了记录功能。一些用于防止 IP 地址欺骗的规则就是例子。

规则可以被明确地定义用于记录特定类型的数据包。典型情况下，我们感兴趣的是可疑的数据包，这代表了某种刺探或扫描。由于默认会拒绝所有的数据包，如果记录是用于特定的数据包类型，那么必须在数据包到达规则链末尾默认策略生效之前定义明确的规则对其进行记录。

实质上，对于所有被禁止的数据包，您对其感兴趣想要记录的只是其中的一些，所以可以使用频率限制的方式记录其中的一些，静默地丢弃其他。

哪个数据包需要记录由个人决定。一些人想要记录所有被丢弃的数据包。对有些人而言，记录所有丢弃的数据包不久就会导致系统日志溢出。有些人对丢弃的数据包没有什么顾虑，不在意它们也不想了解它们。有些人只对明显的端口扫描或特定的数据包类型感兴趣。

由于"首次匹配的规则胜出"的策略，您可以使用一条规则记录所有被丢弃的数据包。这里的假设是所有的数据包匹配接受规则都已经被测试过了，并且数据包将要被传递到规则链的末尾并将被丢弃：

```
$IPT -A INPUT -i $INTERNET -j LOG
```

nftables 的规则如下：

```
$NFT add rule filter input iif $INTERNET log
```

5.8   记录被丢弃的传出数据包

记录被防火墙阻塞的传出数据流，对于调试防火墙规则来说是必需的，并且可以在本地软件出现问题时得到报警。

所有将被默认策略丢弃的流量可以被记录：

```
$IPT -A OUTPUT -o $INTERNET -j LOG
```

nftables 的命令如下：

```
$NFT add rule filter output oif $INTERNET log
```

5.9   安装防火墙

本节假设防火墙脚本名为 rc.firewall。当然，它也可以简单称为 fwscript 或其他名字。实际上，在 Debian 系统里，标准更接近这个名称：fwscript，而不是如 Red Hat 中那样以 rc.为前缀的名称。本节将会介绍一些命令，将脚本安装到 Red Hat 或 SUSE 系统中的/etc/rc.d 或 Debian 系统中的/etc/init.d/。

作为一个 shell 脚本，初始的安装非常简单。此脚本必须为 root 用户所拥有。在 Red Hat 和 SUSE 中：

```
chown root.root /etc/rc.d/rc.firewall
```

在 Debian 中：

```
chown root.root /etc/init.d/rc.firewall
```

这个脚本应该只能由 root 用户写入或执行。理想情况下，普通用户不应该拥有读权限。在 Red Hat 和 SUSE 中：

```
chmod u=rwx /etc/rc.d/rc.firewall
```

在 Debian 中:

```
chmod u=rwx /etc/init.d/rc.firewall
```

如果需要在任何时候初始化防火墙,只需要从命令行执行此脚本。无需重新启动:

```
/etc/rc.d/rc.firewall start
```

从技术角度来说,start 参数并不需要,但这不是一个好习惯,我宁愿在完整性方面犯错误而不愿意令防火墙出现歧义。脚本还包括一个 stop 动作,它可以完全停止防火墙。因此,如果您想要停止防火墙,请使用 stop 参数调用同样的命令:

```
/etc/rc.d/rc.firewall stop
```

需要预先提醒的是:如果您以这种方式停止了防火墙,您将处于无保护的运行状态下。我应该提醒您一句"请保持您的防火墙永远启用吧!"

在 Debian 中应将上面命令中的路径改为/etc/init.d。启动防火墙:

```
/etc/init.d/rc.firewall start
```

在 Debian 中停止防火墙:

```
/etc/init.d/rc.firewall stop
```

5.9.1 调试防火墙脚本的小窍门

当您通过 SSH 或其他远程连接调试一个新的防火墙脚本时,您很有可能会把自己锁在系统之外。当然,如果您从控制台安装防火墙时就不必考虑这一点,但对于管理远程 Linux 服务器的人来说,使用控制台几乎是不可能的。因此,为防止被锁在防火墙之外,防火墙启动后让它自动停止是非常有必要的。cron 可以完成此功能。

使用一个 cron 作业,您可以通过运行脚本的 stop 命令在预先定义好的时间间隔中停止防火墙。在初始化调试中每两分钟令 cron 作业工作一次是非常好的做法。如果您也想使用这种方法,可以在 root 下使用下面的命令设置一个 cron 作业:

```
crontab -e
*/2 * * * * /etc/init.d/rc.firewall stop
```

在 Red Hat 和 SUSE 上:

```
crontab -e
*/2 * * * * /etc/rc.d/rc.firewall stop
```

通过使用 cron 作业,您可以每两分钟停止一次防火墙。但是,使用这种方法也是一种折中,因为您必须在时间到达之前做好您的初始化调试工作。另外,您也要注意,要在完成调试以后移除 cron 作业。如果您忘记了移除它,防火墙停止后您的系统就运行在无防火墙的状态下了!

5.9.2   在启动 Red Hat 和 SUSE 时启动防火墙

在 Red Hat 和 SUSE 系统中，初始化防火墙最容易的方式是编辑/etc/rc.d/rc.local 并且将下面的命令行添加到文件的末尾：

```
/etc/rc.d/rc.firewall start
```

在防火墙规则被调试并正常运行以后，Red Hat Linux 提供一个更加标准的方式来启动和停止防火墙。在您使用某个运行级的管理器时，若选用 iptables，默认的运行级目录包括一个到/etc/rc.d/init.d/iptables 的链接。如同此目录下的其他启动脚本一样，系统会在引导或是改变运行级别时自动地启动或停止防火墙。

然而，使用标准的运行级系统还需要一个额外的步骤。您必须首先手动地安装防火墙规则：

```
/etc/rc.d/rc.firewall
```

接下来执行此命令：

```
/etc/init.d/iptables save
```

此规则会被存储到一个/etc/sysconfig/iptables 文件中。在这之后，启动脚本会自动找到此文件并自动执行其中存储的规则。

使用这种方式时应该注意保存（save）和加载（load）防火墙规则。iptables 的保存和加载功能此时还未完全地被调试。如果您特定的防火墙配置在保存和加载规则时导致了语法错误，您必须继续使用一些其他的启动机制，例如从/etc/rc.d/rc.local 执行防火墙脚本。

5.9.3   在启动 Debian 时启动防火墙

与很多其他方面一样，配置防火墙脚本在系统启动时启动在 Debian 上比其他发行版更加简单。您可以使用 update-rc.d 命令选择在系统启动时启动或停止防火墙。使用/etc/init.d 中的防火墙脚本运行 update-rc.d，并且同时设置您的当前目录为/etc/init.d/：

```
cd /etc/init.d
update-rc.d rc.firewall defaults
```

请参考 update-rc.d 的命令手册以获取更多关于此命令的信息。

防火墙脚本的其他方面取决于您是否拥有一个已注册的、静态的 IP 地址或动态的、由 DHCP 分配的 IP 地址。本章提供的防火墙脚本适用于使用静态分配的、永久的 IP 地址的站点。

5.9.4   安装使用动态 IP 地址的防火墙

如果您使用动态分配的 IP 地址，标准的防火墙安装方法不经修改是不可用的。防火墙规则必须在网络接口启用前、系统被分配一个 IP 地址之前、或者可能在分配默认网关路由器或名称服务器之前被安装。

防火墙脚本本身需要 IPADDR 和 NAMESERVER 的值。DHCP 服务器和本地的/etc/resolv.conf 文件可以定义多达三个名称服务器。一个站点也可能不会提前知道它们的名称服务器的地址、默认网关路由器或 DHCP 服务器。而且，对于您的网络掩码、子网和广播地址来说，在 ISP 标识网络时随时间而变化也是很常见的。有些 ISP 会频繁地分配不同的 IP 地址，这可能会导致您正在进行中的连接的 IP 地址改变多次。

您的站点必须提供一些方法，可以在这些更改发生时动态更新防火墙规则。附录 B "防火墙示例与支持脚本" 中会提供用于自动处理这些更改的示例脚本。

防火墙脚本可以直接从环境或文件中读取这些 shell 变量。不管是哪种情况，这些变量不可以像本章中的例子一样，硬性地写入到防火墙脚本中。

5.10 小结

本章带您经历了使用 iptables 和 nftables 构建一个独立防火墙的过程，创建了默认拒绝的策略。在脚本的开头就解决了一些常见的可能的攻击点，如源地址欺骗、保护非特权端口上的服务以及 DNS，并且给出了用于常用网络服务的规则。最后，对防火墙安装中的一些问题也进行了介绍，包括针对使用静态 IP 地址的站点和动态分配 IP 地址的站点。

第 6 章以独立防火墙为基础构建了一个优化的防火墙。第 7 章又以它为基础构建更为复杂的防火墙结构。用两个防火墙划分出一个 DMZ 区的屏蔽子网结构将会在第 7 章进行介绍。一个小型商业用户可能会需要这种更为精细的配置，并且也有足够的资源去拥有这些配置。第 8 章的例子将以独立防火墙为基础，但并不是直接在这个例子的基础上进行构建的。

第2部分

高级议题、多个防火墙和网络防护带

第 6 章

防火墙的优化

第 5 章同时使用了 iptables 和 nftables 两个防火墙管理程序构建了一个简单的单系统自定义防火墙。本章将介绍防火墙的优化。优化可以分为三种主要的类别：规则组织、state 模块的使用和用户自定义规则链。前面章节的例子中有的使用了 state 模块，有的没有使用 state 模块。本章将聚焦于规则组织和用户自定义规则链。

6.1 规则组织

只使用 INPUT、OUTPUT 和 FORWARD 规则链很难完成防火墙的优化。规则链的遍历从上到下，每次一条规则，直到数据包匹配了一条规则。规则链上的规则必须以分等级的方式进行排列，从最普通的规则到最特殊的规则。

对于规则组织来说，没有一成不变的公式。有两个最基本的因素：一是要考虑主机上托管着哪些服务，二是主机的主要用途，尤其要注意主机上流量最大的服务。针对专用防火墙和数据包转发者的需求与保护着 Web 服务器或邮件服务器的堡垒防火墙的需求相比有很大的不同。同样地，一个站点的管理员可能会为一台主要作为工作站的防火墙而不是同时作为住宅网关和家庭 Linux 服务器的防火墙计算机设置不同的性能优先级。

当我们准备为防火墙优化组织规则时，第三个基本的因素是可用的网络带宽和互联网连接的速度。如果站点的互联网连接速度为住宅速率，则优化不可能有太大的收益。甚至对于访问频繁的网站来说，计算机的 CPU 也不会有太大负担。因为瓶颈是互联网连接本身。

6.1.1 从阻止高位端口流量的规则开始

如第 5 章介绍的那样，大多数规则都是用于阻止地址欺骗或特定高位端口（例如 NFS 或 X Windows）的规则。这些类型的规则必须在允许流量进入特定服务的规则之前。由于 FTP 的传输量一般都很大，尽管您希望此规则靠近列表的顶端，但显然 FTP 数据通道必定位于规则链的末端。

6.1.2　使用状态模块进行 ESTABLISHED 和 RELATED 匹配

使用状态模块的 ESTABLISHED 和 RELATED 匹配本质上是将用于正在进行的交换的规则移动到规则链的前端，同时也没有必要保留用于服务器端连接的某些特定规则。实际上，使正在进行中的、经过验证的、之前已被接受的交换绕过过滤匹配正是状态模块的两个主要目的之一。

状态模块的第二个主要的目的是提供防火墙过滤（firewall-filtering）功能。连接状态的追踪使得防火墙可以把数据包与正在进行的交换联系起来。这对于无连接、无状态的 UDP 交换来说尤其有用。

6.1.3　考虑传输层协议

服务使用的传输层协议是另一个需要考虑的因素。在静态防火墙中，对每一个传入数据包测试所有的欺骗规则的开销是一个非常大的损失。

TCP 服务：绕过欺骗规则

尽管没有状态模块，对基于 TCP 的服务来说，远程服务器一半的连接可以绕过欺骗规则。TCP 协议层将会丢弃传入的设置了 ACK 位的欺骗数据包，因为这种数据包不与 TCP 层所建立连接的任何状态相匹配。

然而，远程客户端一半的规则对必须遵循欺骗规则，因为典型的客户端规则同时覆盖了初始连接的请求和来自客户端的、正在进行的流量。如果 SYN 和 ACK 标志被分别检测的话，从远程客户端到来的数据包中 ACK 标志可以绕过欺骗测试。欺骗测试必须仅应用于初始的 SYN 请求。

使用状态模块也会允许远程客户端的传入连接请求，即初始的 SYN 数据包，与客户端接下来的 ACK 数据包在逻辑上区分开来。只有初始连接请求，即初始的 NEW 数据包，需要针对欺骗规则进行测试。

UDP 服务：将传入数据包规则放在欺骗规则之后

在没有状态模块的情况下，对于基于 UDP 的服务来说，传入数据包的规则必须跟在欺骗规则之后。客户端和服务器的概念是在应用层被维护的，我们假设它被完全地维护了。在防火墙和 UDP 层中，除了一些使用的服务端口或非特权端口外，由于没有连接状态，也没有发起者和响应者的标识。

DNS 是一个无连接的 UDP 服务的例子。由于没有连接状态，也就没有从客户端发送的请求中的目的地址与接收到的响应中的源地址之间的映射。DNS 服务器的缓冲区中可能存在有害的数据包，其中一个原因是因为 DNS 服务器不会检测传入数据包是从之前请求的服务器发来的合法的响应，还是从其他地址发来的数据包。而且，一些实现甚至不会确认客户端是否发送了请求。任何一个传入的、未请求的数据包都可以被用于更新本地 DNS 缓存，即使没有发起过相应的查询。

TCP 服务与 UDP 服务：将 UDP 规则放在 TCP 规则之后

总的说来，UDP 规则应该被置在防火墙规则链的后端，在所有 TCP 规则之后。这是由于大多数互联网服务都在使用 TCP，无连接的 UDP 服务通常是简单的、单数据包、查询和响应式的服务。让一个或少量的 UDP 数据包通过前面的用于正在传输的 TCP 连接的规则并不会明显地拖累 UDP 的查询和响应。多连接会话协议（Multiconnection session protocol）本来是不受防火墙欢迎的。如果没有特定的 ALG 支持，这些服务将无法通过防火墙或 NAT。

ICMP 服务：将 ICMP 规则放在规则链的后端

ICMP 是另一种能够被放到防火墙规则链后端的协议。ICMP 数据包是小型的控制和状态消息。就其本身而论，它们的发送频率相对较低。合法的 ICMP 数据包通常是一个单独的、未分片的数据包。echo-request 除外，ICMP 数据包几乎总是作为控制消息或者状态消息发送用于对某种异常的传出数据包做出响应。

6.1.4 尽早为常用的服务设置防火墙规则

一般来说，对于规则在规则链的位置并没有一成不变的规则。对于常用的服务，例如一个特定的 Web 服务器中关于 HTTP 协议的规则应该尽早被设立。针对那些包含大量持续的数据包的应用的规则也应该尽早被设立。然而，正如前面说过的，像 FTP 这样的数据流协议需要把规则放在规则链的末尾，在所有应用规则的后面，除非有特定的针对这些协议的辅助工具。

6.1.5 使用网络数据流来决定在哪里为多个网络接口设置规则

如果主机有多个网络接口，一个给定接口规则的放置应该考虑到哪个接口将承受最大的流量。这些接口的规则应该在其他接口的规则之前。对于住宅站点来说，考虑接口的意义不大。但是它们对商业站点的吞吐率有重要的影响。

这里有一个比较合适的例子：一个小型的 ISP 几年前在 Bob Ziegler 的站点上使用 ipfwadm 和 ipchains 建立了一个防火墙。如图 6.1 和图 6.2 所示，对于 IPFW 和 Netfilter 来说，数据包通过操作系统的路径是非常不同的。与 Netfilter 和 iptables 不同，在 ipchains 中，在网络接口之间传递的数据包首先由 INPUT 规则链传递到 FORWARD 规则链，再传递到 OUTPUT 规则链。此站点的例子非常适合于家庭网络。LAN 中的输入和输出规则是脚本中的排在最后的规则。为本地 Linux 主机设立的规则排在最前面。ISP 的防火墙主要扮演着路由器或网关的角色。通过实验，ISP 发现将 LAN 接口的 I/O 规则移动到 INPUT 和 OUTPUT 规则链的开头会使网络的吞吐量提高 1Mb/s 以上。

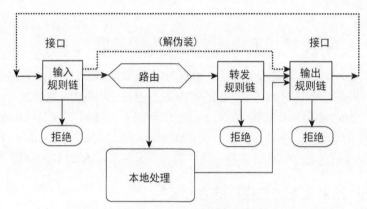

图 6.1　IPFW 回环和地址伪装的数据包路径

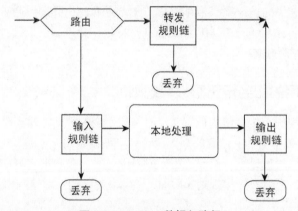

图 6.2　Netfilter 数据包路径

6.2　用户自定义规则链

对于 iptables 来说，filter 表有三个固定的内置规则链：INPUT、OUTPUT 和 FORWARD。iptables 允许用户定义自己的规则链，即用户自定义规则链。在 nftables 中，所有表都是由用户定义的，但是在实践中仍旧使用 filter 表。

用户自定义的规则链被当作规则目标，即在规则指定的匹配集的基础上，目标可以向外扩展或跳转到用户自定义的规则链上。与数据包被接受或被丢弃的处理不同，控制会被传递到用户自定义规则链，针对分支规则对数据包进行更具体的匹配测试。在用户自定义规则链被遍历完之后，控制会返回到调用的规则链，并将从规则链的下一条规则开始继续匹配，除非用户自定义规则链匹配成功并且对数据包采取了行动。

图 6.3 展示了标准的、自顶向下地使用内建规则链的遍历过程。

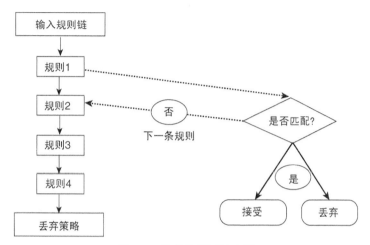

图 6.3　标准的规则链遍历

用户自定义规则链对于优化规则集非常有用，因此经常被用到。它将规则组织成层次分明的树形结构。数据包的匹配测试可以根据数据包的特征有选择地减少，而不必通过直通的、自顶向下的标准规则链固有的匹配列表。图 6.4 显示了初始数据包流。当数据包经过了初步的测试之后，依据数据包的目的地址再对数据包进行分支测试。

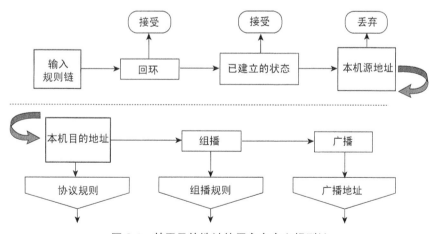

图 6.4　基于目的地址的用户自定义规则链

本例中分支是基于目的地址的。与特定应用相关的源地址匹配会在稍后进行，例如远程 DNS 或邮件服务器。在大多数情况下，远程地址将会是"任何地址"。在该点对目的地址进行匹配可

以将发往这台主机的单播数据包、广播数据包、组播数据包与（根据是否是 INPUT 规则链或
FORWARD 规则链）发往内部主机的数据包区分开来。

图 6.5 详细展示了为发往本机的数据包设立的、与协议规则有关的用户自定义规则链。就
像图中看到的那样，匹配测试能够从一个用户自定义规则链跳转到另一个包含更具体测试的用
户自定义规则链。

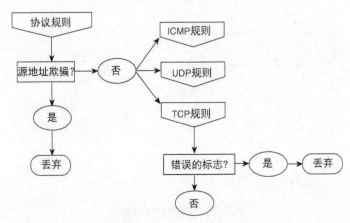

图 6.5　基于协议的用户自定义规则链

下面这个列表总结了第 3 章中用户自定义规则链的特性。

● 使用-N 或--new-chain 操作来创建用户自定义规则链。
● 用户自定义规则链的名称最多不能超过 30 个字符。
● 用户自定义规则链的名称可以包含连字符（ - ）但不能包含下划线（ _ ）。
● 用户自定义规则链可以被作为规则目标来访问。
● 用户自定义规则链没有默认策略。
● 用户自定义规则链可以调用其他的用户自定义规则链。
● 如果数据包没有匹配用户自定义规则链上的规则，控制会返回到调用规则链处的下一
　条规则。
● 用户自定义规则链可以提前退出，通过 RETURN 目标将控制返回给调用规则链处的下
　一条规则。
● 使用-x 或--delete-chain 操作删除用户自定义规则链。
● 在删除一条规则链之前必须清空规则链。
● 当一个规则链仍然被其他规则链引用时不能被删除。
● 可以通过指定一个规则链的名字来清空该规则链，如果没有指定规则链，可以使用-F
　或--flush 操作清空所有的规则链。

下一节中我们将利用用户自定义规则链和上一节提到的规则组织的概念来对第 5 章的单系

统防火墙进行优化。

6.3 优化的示例

下面展示了对第 5 章构建的防火墙的优化示例。第一个例子是基于 iptables 的防火墙。如果您在使用 nftables,您可以安全地跳过这一节,直接转到 nftables 脚本的示例处。

6.3.1 优化的 iptables 脚本

有一个新的变量被定义:USER_CHAINS,它包含了脚本中使用的所有用户自定义规则链的名称。这些规则链如下所示。

- tcp-state-flags:包含检测非法 TCP 状态标志组合的规则。
- connection-tracking:包含检测状态相关(INVALID、ESTABLISHED 和 RELATED)匹配的规则。
- source-address-check:包含检测非法源地址的规则。
- destination-address-check:包含检测非法目的地址的规则。
- EXT-input:包含用于 INPUT 规则链的特定接口的用户自定义规则链。在该例中,主机拥有一个连接到互联网的接口。
- EXT-output:包含用于 OUTPUT 规则链的特定接口的用户自定义规则链。在该例中,主机拥有一个连接到互联网的接口。
- local-dns-server-query:包含检测从本地 DNS 服务器或本地客户端的传出的查询的规则。
- remote-dns-server-response:包含检测从远端 DNS 服务器传入的响应的规则。
- local-tcp-client-request:包含检测传出 TCP 连接请求和由本地产生发往远端服务器的客户端流量的规则。
- remote-tcp-server-response:包含检测从远端 TCP 服务器传入的响应的规则。
- remote-tcp-client-request:包含检测传入的 TCP 连接请求和远程产生的发往本地服务器的客户端流量的规则。
- local-tcp-server-response:包含检测发往远程客户端的传出响应的规则。
- local-udp-client-request:包含检测发往远程服务器的传出 UDP 客户端流量的规则。
- remote-udp-server-response:包含检测来自远程 UDP 服务器的传入响应的规则。
- EXT-icmp-out:包含检测传出 ICMP 数据包的规则。
- EXT-icmp-in:包含检测传入 ICMP 数据包的规则。
- EXT-log-in:包含在传入数据包被 INPUT 的默认策略丢弃之前,对其记录的规则。
- EXT-log-out:包含在传出数据包被 OUTPUT 的默认策略丢弃之前,对其记录的规则。

- log-tcp-state：包含在具有非法状态标志组合的 TCP 数据包被丢弃之前，对其记录的规则。
- remote-dhcp-server-response：包含检测来自主机 DHCP 服务器的传入数据包的规则。
- local-dhcp-client-query：包含检测 DHCP 客户端的传出数据包的规则。

一些特定接口的规则链以 EXT 为开头，用来与其他包含任何 LAN 接口的用户自定义规则链相区别。这个防火墙规则假定只有一个接口，即外部接口。这表明不同的规则和安全策略可以建立在每一个接口的基础上。

防火墙脚本中实际的声明如下所示：

```
USER_CHAINS="EXT-input                    EXT-output \
            tcp-state-flags               connection-tracking \
            source-address-check          destination-address-check \
            local-dns-server-query        remote-dns-server-response \
            local-tcp-client-request      remote-tcp-server-response \
            remote-tcp-client-request     local-tcp-server-response \
            local-udp-client-request      remote-udp-server-response \
            local-dhcp-client-query       remote-dhcp-server-response \
            EXT-icmp-out                  EXT-icmp-in \
            EXT-log-in                    EXT-log-out \
            log-tcp-state"
```

6.3.2　防火墙初始化

防火墙的启动脚本和第 5 章的例子是一样的。回想一下，我们定义的一系列 shell 变量中，包括一个叫做$IPT 的变量，用于定义 iptables 防火墙管理命令的位置：

```
#!/bin/sh

IPT="/sbin/iptables"                   # Location of iptables on your system
INTERNET="eth0"                        # Internet-connected interface
LOOPBACK_INTERFACE="lo"                # However your system names it
IPADDR="my.ip.address"                 # Your IP address
MY_ISP="my.isp.address.range"          # ISP server & NOC address range
SUBNET_BASE="my.subnet.network"        # Your subnet's network address
SUBNET_BROADCAST="my.subnet.bcast"     # Your subnet's broadcast address
LOOPBACK="127.0.0.0/8"                 # Reserved loopback address range
CLASS_A="10.0.0.0/8"                   # Class A private networks
CLASS_B="172.16.0.0/12"                # Class B private networks
CLASS_C="192.168.0.0/16"               # Class C private networks
CLASS_D_MULTICAST="224.0.0.0/4"        # Class D multicast addresses
CLASS_E_RESERVED_NET="240.0.0.0/5"     # Class E reserved addresses
BROADCAST_SRC="0.0.0.0"                # Broadcast source address
BROADCAST_DEST="255.255.255.255"       # Broadcast destination address
PRIVPORTS="0:1023"                     # Well-known, privileged port range
UNPRIVPORTS="1024:65535"               # Unprivileged port range
```

同样也设置了很多内核参数，参见第 5 章中对这些参数的解释：

```
# Enable broadcast echo Protection
echo 1 > /proc/sys/net/ipv4/icmp_echo_ignore_broadcasts
```

```
# Disable Source Routed Packets
for f in /proc/sys/net/ipv4/conf/*/accept_source_route; do
    echo 0 > $f
done
# Enable TCP SYN Cookie Protection
echo 1 > /proc/sys/net/ipv4/tcp_syncookies
# Disable ICMP Redirect Acceptance
for f in /proc/sys/net/ipv4/conf/*/accept_redirects; do
    echo 0 > $f
done

# Don't send Redirect Messages
for f in /proc/sys/net/ipv4/conf/*/send_redirects; do
    echo 0 > $f
done
# Drop Spoofed Packets coming in on an interface, which, if replied to,
# would result in the reply going out a different interface.
for f in /proc/sys/net/ipv4/conf/*/rp_filter; do
    echo 1 > $f
done
# Log packets with impossible addresses.
for f in /proc/sys/net/ipv4/conf/*/log_martians; do
    echo 1 > $f
done
```

内置规则链和任何预先存在的用户自定义规则链将被清空：

```
# Remove any existing rules from all chains
$IPT --flush
$IPT -t nat --flush
$IPT -t mangle --flush
```

下一步是删除用户自定义规则链。它们可以用下面的命令删除：

```
$IPT -X
$IPT -t nat -X
$IPT -t mangle -X
```

把所有内置规则链的默认策略设置为 ACCEPT：

```
# Reset the default policy
$IPT --policy INPUT   ACCEPT
$IPT --policy OUTPUT  ACCEPT
$IPT --policy FORWARD ACCEPT
$IPT -t nat --policy PREROUTING  ACCEPT
$IPT -t nat --policy OUTPUT ACCEPT
$IPT -t nat --policy POSTROUTING ACCEPT
$IPT -t mangle --policy PREROUTING ACCEPT
$IPT -t mangle --policy OUTPUT ACCEPT
```

下面是防火墙启动代码的最后一部分，换句话说，这段代码可以轻易地使防火墙关闭。通过把这段代码放在前面代码的后面，您可以使用 stop 参数来调用这个脚本，脚本将清空、删除和重置默认策略，防火墙将会在实际上停止。

```
if [ "$1" = "stop" ]
then
echo "Firewall completely stopped!  WARNING: THIS HOST HAS NO FIREWALL RUNNING."
exit 0
fi
```

现在重置实际的默认策略为 DROP：

```
$IPT --policy INPUT   DROP
$IPT --policy OUTPUT  DROP
$IPT --policy FORWARD DROP
```

通过回环接口的流量被允许：

```
# Unlimited traffic on the loopback interface
$IPT -A INPUT  -i lo -j ACCEPT
$IPT -A OUTPUT -o lo -j ACCEPT
```

现在，这个脚本开始与第 5 章中的例子有所不同了。

用户自定义规则链现在可以被创建了。它们的名称被包括在一个 shell 变量 USER_CHAINS 中，下面的代码用于创建用户自定义规则链：

```
# Create the user-defined chains
for i in $USER_CHAINS; do
    $IPT -N $i
done
```

6.3.3　安装规则链

不幸的是，在没有能力对脚本的多处进行同时显示的情况下，构造和安装规则链所具有的函数调用的特征使我们无法按照一个串行、逐步的方式对其进行解释。

总的思想是将规则放置在用户自定义规则链中，然后安装这些规则链到内置的 INPUT、OUTPUT 和 FORWARD 规则链。如果脚本包含一个错误并在构建用户自定义规则链时退出，则内置规则链将不包含任何规则，默认的 DROP 策略将实际起作用，而且，回环流量也将被启用。

因此，首次安装的部分实际被放在了防火墙脚本的末尾。第一步是检测非法的 TCP 状态标志组合：

```
# If TCP: Check for common stealth scan TCP state patterns
$IPT -A INPUT  -p tcp -j tcp-state-flags
$IPT -A OUTPUT -p tcp -j tcp-state-flags
```

请注意，同一个规则链可以从多个调用规则链进行引用。在用户自定义规则链上的规则不必重复 INPUT 和 OUTPUT 规则链上的规则。现在，当数据包处理到达了这一点时，处理过程将会"跳转"到用户自定义的 tcp-state-flags 规则链。当规则链中的处理完成时，处理过程将返回到此处并继续，除非针对数据包的一个最终的处置在用户自定义规则链中被找到。

如果使用了状态模块，如果数据包是之前已接受的、正在进行的交换的一部分，则下一步便是完全绕开防火墙：

```
if [ "$CONNECTION_TRACKING" = "1" ]; then
    # Bypass the firewall filters for established exchanges
    $IPT -A INPUT -j connection-tracking
    $IPT -A OUTPUT -j connection-tracking
fi
```

如果这台主机是 DHCP 客户端，必须为初始化期间客户端和服务器之间广播的消息制定规则。

还要准备接受广播源地址 0.0.0.0。源地址和目的地址检测将丢弃初始的 DHCP 数据流：

```
if [ "$DHCP_CLIENT" = "1" ]; then
    $IPT -A INPUT -i $INTERNET -p udp \
            --sport 67 --dport 68 -j remote-dhcp-server-response
    $IPT -A OUTPUT -o $INTERNET -p udp \
            --sport 68 --dport 67 -j local-dhcp-client-query
fi
```

下面跳转到用户自定义规则链，以丢弃使用此主机的 IP 地址所谓源地址的传入数据包。接下来测试其他非法的源地址和目的地址：

```
# Test for illegal source and destination addresses in incoming packets
$IPT -A INPUT ! -p tcp -j source-address-check
$IPT -A INPUT -p tcp --syn -j source-address-check
$IPT -A INPUT -j destination-address-check
# Test for illegal destination addresses in outgoing packets
$IPT -A OUTPUT -j destination-address-check
```

不需要检测本地产生的传出数据包，因为防火墙规则明确地要求主机的 IP 地址在源地址域中。然而，需要对传出数据包执行目的地址检测。

此时，正常的以本地 IP 地址为目的地址的传入数据包可以被挑选出来进入防火墙的主要部分。任何未被 EXT-input 规则链匹配的传入数据包将返回到这里被记录和丢弃：

```
# Begin standard firewall tests for packets addressed to this host
$IPT -A INPUT -i $INTERNET -d $IPADDR -j EXT-input
```

为目的地址设立一个最终的测试集是必要的。广播和组播数据包并不是指向该主机的单播 IP 地址。它们指向的是一个广播或组播 IP 地址。

就像第 5 章中提到的那样，除非您注册接收一个特定组播地址的数据包，否则组播数据包不会被接收。如果您想接收组播数据包，您必须接受全部或添加一个规则以指定任何会话使用的特定的地址和端口。下面的代码使得您可以选择丢弃或接受组播数据流：

```
# Multicast traffic
$IPT -A INPUT -i $INTERNET -p udp -d $CLASS_D_MULTICAST -j [ DROP | ACCEPT ]
$IPT -A OUTPUT -o $INTERNET -p udp -s $IPADDR -d $CLASS_D_MULTICAST \
    -j [ DROP | ACCEPT ]
```

此时，来自本机的正常的传出数据包能够被挑选出来进入到防火墙的主要部分。任何未被 EXT-output 规则链匹配的传出数据包将返回到这里被记录和丢弃：

```
# Begin standard firewall tests for packets sent from this host.
# Source address spoofing by this host is not allowed due to the
# test on source address in this rule.
$IPT -A OUTPUT -o $INTERNET -s $IPADDR -j EXT-output
```

任何广播消息都被最后的输入和输出规则默认地忽略了。根据该计算机所连接到的公共的或外部网络的特性，广播在本地子网中可能很常见。您大概不想记录这些消息，哪怕是限速的记录。

最后，剩下的数据包会被默认策略丢弃。记录会在这里完成：

```
# Log anything of interest that fell through,
# before the default policy drops the packet.
$IPT -A INPUT  -j EXT-log-in
$IPT -A OUTPUT -j EXT-log-out
```

这标记着防火墙的结束，也是我们对 INPUT 和 OUTPUT 规则链最后的引用。

6.3.4　构建用户自定义的 EXT-input 和 EXT-output 规则链

本节将介绍在上一节中跳转到的用户自定义规则链的构建。在高层，规则建立在 EXT-input 和 EXT-output 规则链上。这些规则会跳转到您创建的用户自定义规则链中的更加特殊的匹配集。

请注意 EXT-input 和 EXT-output 层并不是必需的。接下来的规则和跳转可以与内置的 INPUT 和 OUTPUT 规则链相互关联起来。

然而，使用这些规则链有一个好处。因为跳转到这些规则链依赖于源地址或目的地址，也就是说传入到该主机的数据包拥有一个合法的源地址。从本机发出的传出数据包也有一个合法的目的地址。同样的，如果使用了状态模块，数据包既可以是数据交换的第一个数据包也可以是一个新的无关联的 ICMP 数据包。

总之，EXT-input 和 EXT-output 规则链将根据协议、数据流方向以及主机是客户端还是服务器选择数据流。每个规则都提供了跳转分支点，这些分支点针对特定的协议和数据包特性。由 EXT-input 和 EXT-output 规则执行的匹配是通过用户自定义规则链进行防火墙优化的关键所在。

DNS 流量

识别 DNS 流量的规则应排在首位。如果您还没有安装 DNS 规则的话，您的网络软件将不能对互联网上的服务和主机进行定位，除非您使用 IP 地址。

第一对规则用于匹配来自本地缓存和转发名称服务器（如果您有的话）的查询，以及来自远程 DNS 服务器的响应。本地服务器被配置作为远程主服务器的从服务器，因此如果查询不成功，本地服务器也将失败。对于小型办公/家庭来说，这一配置并不常见：

```
$IPT -A EXT-output -p udp --sport 53 --dport 53 \
     -j local-dns-server-query

$IPT -A EXT-input -p udp --sport 53 --dport 53 \
     -j remote-dns-server-response
```

接下来的一对规则用于匹配基于 TCP 的标准 DNS 客户端查询请求，当服务器的响应不能放在一个 DNS 的 UDP 数据包中时发生。这些规则将被转发名称服务器和标准客户端同时使用：

```
$IPT -A EXT-output -p tcp \
     --sport $UNPRIVPORTS --dport 53 \
     -j local-dns-server-query

$IPT A EXT-input -p tcp ! --syn \
     --sport 53 --dport $UNPRIVPORTS \
     -j remote-dns-server-response
```

以下是包含实际 ACCEPT 和 DROP 规则的用户自定义规则链。

local-dns-server-query 和 remote-dns-server-response

local-dns-server-query 和 remote-dns-server-response 这两个用户自定义规则链执行对数据包的最终决定。

local-dns-server-query 规则链基于远程服务器的目的地址选择传出的请求数据包。对于此规则链，您必须定义您要使用的名称服务器：

```
NAMESERVER_1="your.name.server"
NAMESERVER_2="your.secondary.nameserver"
NAMESERVER_3="your.tertiary.nameserver"

# DNS Forwarding Name Server or client requests
if [ "$CONNECTION_TRACKING" = "1" ]; then
    $IPT -A local-dns-server-query \
         -d $NAMESERVER_1 \
         -m state --state NEW -j ACCEPT

    $IPT -A local-dns-server-query \
         -d $NAMESERVER_2 \
         -m state --state NEW -j ACCEPT

    $IPT -A local-dns-server-query \
         -d $NAMESERVER_3 \
         -m state --state NEW -j ACCEPT
fi

$IPT -A local-dns-server-query \
     -d $NAMESERVER_1 -j ACCEPT

$IPT -A local-dns-server-query \
     -d $NAMESERVER_2 -j ACCEPT
```

```
$IPT -A local-dns-server-query \
        -d $NAMESERVER_3 -j ACCEPT
```

remote-dns-server-response 规则链基于远程服务器的源地址选择传入的响应数据包：

```
# DNS server responses to local requests
$IPT -A remote-dns-server-response \
        -s $NAMESERVER_1 -j ACCEPT

$IPT -A remote-dns-server-response \
        -s $NAMESERVER_2 -j ACCEPT

$IPT -A remote-dns-server-response \
        -s $NAMESERVER_3 -j ACCEPT
```

请注意，最后的规则只根据远程服务器的 IP 地址进行选择。EXT-input 和 EXT-output 规则链上的调用规则已经对 UDP 或 TCP 报头域进行了匹配。所以这些匹配不需要再进行一次。

local-dns-client-request 和 remote-dns-server-response

local-dns-client-request 和 remote-dns-server-response 这两个用户自定义规则链对本地 TCP 客户端和远程服务器间交换的数据包执行最终决定。

local-dns-client-request 规则链基于远程服务器的目的地址和端口选择传出的请求数据包。remote-dns-server-response 规则链根据远程服务器的源地址和端口选择传入的响应数据包。

基于 TCP 的本地客户端流量

下面的一对规则用于匹配基于 TCP 的发往远程服务器的标准的本地客户端流量：

```
$IPT -A EXT-output -p tcp \
        --sport $UNPRIVPORTS \
        -j local-tcp-client-request

$IPT -A EXT-input -p tcp ! --syn \
        --dport $UNPRIVPORTS \
        -j remote-tcp-server-response
```

记住，当使用状态模块时，这些规则通常并未被测试，传出的第一个 SYN 请求是一个例外。

在下面的规则里，尽管在调用规则中已经对协议部分进行了匹配，但还是需要对 TCP 协议进行具体的引用，因为源端口或目的端口已经被指定。这是 iptables 的语法要求。同时要注意，您需要在这些规则中定义源主机和目的主机，就像在<selected host>和其他类似的调用中那样指出。另外，如果您使用了这些规则，请确保定义了那些您选择的变量，例如 POP_SERVER、MAIL_SERVER、NEWS_SERVER 等等。下面的代码启用来自本地客户端的 TCP 流量：

```
# Local TCP client output and remote server input chains

# SSH client
```

```
if [ "$CONNECTION_TRACKING" = "1" ]; then
    $IPT -A local-tcp-client-request -p tcp \
            -d <selected host> --dport 22 \
            -m state --state NEW \
            -j ACCEPT
fi

$IPT -A local-tcp-client-request -p tcp \
        -d <selected host> --dport 22 \
        -j ACCEPT

$IPT -A remote-tcp-server-response -p tcp ! --syn \
        -s <selected host> --sport 22 \
        -j ACCEPT

# Client rules for HTTP, HTTPS and FTP control requests
if [ "$CONNECTION_TRACKING" = "1" ]; then
    $IPT -A local-tcp-client-request -p tcp \
            -m multiport --destination-port 80,443,21 \
            --syn -m state --state NEW \
            -j ACCEPT
fi
$IPT -A local-tcp-client-request -p tcp \
        -m multiport --destination-port 80,443,21 \
        -j ACCEPT

$IPT -A remote-tcp-server-response -p tcp \
        -m multiport --source-port 80,443,21 ! --syn \
        -j ACCEPT

# POP client
if [ "$CONNECTION_TRACKING" = "1" ]; then
    $IPT -A local-tcp-client-request -p tcp \
            -d $POP_SERVER --dport 110 \
            -m state --state NEW \
            -j ACCEPT
fi

$IPT -A local-tcp-client-request -p tcp \
        -d $POP_SERVER --dport 110 \
        -j ACCEPT

$IPT -A remote-tcp-server-response -p tcp ! --syn \
        -s $POP_SERVER --sport 110 \
        -j ACCEPT

# SMTP mail client
if [ "$CONNECTION_TRACKING" = "1" ]; then
    $IPT -A local-tcp-client-request -p tcp \
            -d $MAIL_SERVER --dport 25 \
            -m state --state NEW \
            -j ACCEPT

fi
```

```
$IPT -A local-tcp-client-request -p tcp \
        -d $MAIL_SERVER --dport 25 \
        -j ACCEPT

$IPT -A remote-tcp-server-response -p tcp ! --syn \
        -s $MAIL_SERVER --sport 25  \
        -j ACCEPT

# Usenet news client
if [ "$CONNECTION_TRACKING" = "1" ]; then
   $IPT -A local-tcp-client-request -p tcp \
           -d $NEWS_SERVER --dport 119 \
           -m state --state NEW \
           -j ACCEPT
fi
$IPT -A local-tcp-client-request -p tcp \
        -d $NEWS_SERVER --dport 119 \
        -j ACCEPT

$IPT -A remote-tcp-server-response -p tcp ! --syn \
        -s $NEWS_SERVER --sport 119  \
        -j ACCEPT

# FTP client - passive mode data channel connection
if [ "$CONNECTION_TRACKING" = "1" ]; then
   $IPT -A local-tcp-client-request -p tcp \
           --dport $UNPRIVPORTS \
           -m state --state NEW \
           -j ACCEPT
fi

$IPT -A local-tcp-client-request -p tcp \
        --dport $UNPRIVPORTS -j ACCEPT

$IPT -A remote-tcp-server-response -p tcp  ! --syn \
        --sport $UNPRIVPORTS -j ACCEPT
```

基于 TCP 的本地服务器流量

下面的一对规则用于匹配基于 TCP 的发往远程客户端的标准的本地服务器流量。只有当您向远程主机提供服务时，这些规则才是合适的：

```
$IPT -A EXT-input -p tcp \
        --sport $UNPRIVPORTS \
        -j remote-tcp-client-request

$IPT -A EXT-output -p tcp ! --syn \
        --dport $UNPRIVPORTS \
        -j local-tcp-server-response
```

当 FTP 客户端使用主动模式时，下面的一对规则处理来自远程 FTP 服务器的传入数据通道连接：

```
# Kludge for incoming FTP data channel connections
# from remote servers using port mode.
# The state modules treat this connection as RELATED
# if the ip_conntrack_ftp module is loaded.

$IPT -A EXT-input -p tcp \
        --sport 20 --dport $UNPRIVPORTS \
        -j ACCEPT

$IPT -A EXT-output -p tcp ! --syn \
        --sport $UNPRIVPORTS --dport 20 \
        -j ACCEPT
```

remote-tcp-client-request 和 local-tcp-server-response

remote-tcp-client-request 和 local-tcp-server-response 两个用户自定义规则链对远程 TCP 客户端和本地服务器间交换的数据包执行最终决定。

remote-tcp-client-request 规则链基于远程客户端的源地址和端口选择传入的请求数据包。local-tcp-server-response 规则链基于远程客户端的目的地址和端口选择传出的响应数据包：

```
# Remote TCP client input and local server output chains

# SSH server
if [ "$CONNECTION_TRACKING" = "1" ]; then
    $IPT -A remote-tcp-client-request -p tcp \
            -s <selected host> --destination-port 22 \
            -m state --state NEW \
            -j ACCEPT
fi

$IPT -A remote-tcp-client-request -p tcp \
        -s <selected host> --destination-port 22 \
        -j ACCEPT

$IPT -A local-tcp-server-response -p tcp  ! --syn \
        --source-port 22 -d <selected host> \
        -j ACCEPT

# AUTH identd server
$IPT -A remote-tcp-client-request -p tcp \
        --destination-port 113 \
        -j REJECT --reject-with tcp-rese
```

基于 UDP 的本地客户端流量

下面的一对规则用于匹配基于 UDP 的发往远程服务器的标准本地客户端流量：

```
# Local UDP client, remote server
$IPT -A EXT-output -p udp \
        --sport $UNPRIVPORTS \
```

```
            -j local-udp-client-request

$IPT -A EXT-input -p udp \
        --dport $UNPRIVPORTS \
        -j remote-udp-server-response
```

不使用状态模块的情况下绕过源地址检查

　　如果您没有使用状态模块，那么大多数 TCP 规则仍旧可以放在源地址欺骗的规则之前。TCP 自身维护了其连接的状态。只有第一个传入的连接请求，第一个 SYN 数据包需要进行源地址检测。您可以通过重新组织规则并将用于传入客户端流量的规则分为两份(一份用于初始的 SYN 标志，另一份用于所有其后的 ACK 标志)来达到目的。

　　下面使用用于本地 Web 服务器的规则作为例子，第一个规则跟在地址欺骗规则后：

```
if ["$CONNECTION_TRACKING" = "1"]; then
    $IPT -A remote-tcp-client-request -p tcp \
            --destination-port 80 \
            -m state --state NEW \
            -j ACCEPT
else
    $IPT -A remote-tcp-client-request -p tcp --syn \
            --destination-port 80 \
            -j ACCEPT
fi
```

　　下面的两条规则应先于欺骗规则：

```
$IPT -A INPUT -p tcp ! --syn \
        --source-port $UNPRIVPORTS \
        -d $IPADDR --destination-port 80 \
        -j ACCEPT

$IPT -A OUTPUT -p tcp ! --syn \
        -s $IPADDR --source-port 80 \
        --destination-port $UNPRIVPORTS \
        -j ACCEPT
```

---

local-udp-client-request 和 remote-udp-server-response

　　local-udp-client-request 和 remote-udp-server-response 两个用户自定义规则链对本地 UDP 客户端和远程服务器间进行交换的数据包执行最终决定。

　　local-udp-client-request 规则链基于远程服务器的目的地址和端口选择传出请求数据包。remote-udp-server-response 规则链基于远程服务器的源地址和端口选择传入响应数据包。请确保在实现此规则前定义了 TIME_SERVER 变量：

```
# NTP time client
if [ "$CONNECTION_TRACKING" = "1" ]; then
```

```
    $IPT -A local-udp-client-request -p udp \
            -d $TIME_SERVER --dport 123 \
            -m state --state NEW \
            -j ACCEPT
fi

$IPT -A local-udp-client-request -p udp \
        -d $TIME_SERVER --dport 123 \
        -j ACCEPT

$IPT -A remote-udp-server-response -p udp \
        -s $TIME_SERVER --sport 123 \
        -j ACCEPT
```

ICMP 流量

最后的一对规则用于匹配传入和传出的 ICMP 流量：

```
# ICMP traffic
$IPT -A EXT-input -p icmp -j EXT-icmp-in

$IPT -A EXT-output -p icmp -j EXT-icmp-out
```

EXT-icmp-in 和 EXT-icmp-out

EXT-icmp-in 和 EXT-icmp-out 两个用户自定义规则链对本地主机和远程主机间交换的 ICMP 数据包执行最终的决定。

EXT-icmp-in 规则链基于 ICMP 消息的类型选择传入的 ICMP 数据包。EXT-icmp-out 规则链基于 ICMP 消息的类型选择传出的 ICMP 数据包：

```
# Log and drop initial ICMP fragments
$IPT -A EXT-icmp-in --fragment -j LOG \
        --log-prefix "Fragmented incoming ICMP: "

$IPT -A EXT-icmp-in --fragment -j DROP

$IPT -A EXT-icmp-out --fragment -j LOG \
        --log-prefix "Fragmented outgoing ICMP: "

$IPT -A EXT-icmp-out --fragment -j DROP

# Outgoing ping
if [ "$CONNECTION_TRACKING" = "1" ]; then
    $IPT -A EXT-icmp-out -p icmp \
            --icmp-type echo-request \
            -m state --state NEW \
            -j ACCEPT
fi

$IPT -A EXT-icmp-out -p icmp \
        --icmp-type echo-request -j ACCEPT
```

```
$IPT -A EXT-icmp-in -p icmp \
        --icmp-type echo-reply -j ACCEPT

# Incoming ping
if [ "$CONNECTION_TRACKING" = "1" ]; then
    $IPT -A EXT-icmp-in -p icmp \
            -s $MY_ISP \
            --icmp-type echo-request \
            -m state --state NEW \
            -j ACCEPT
fi

$IPT -A EXT-icmp-in -p icmp \
        --icmp-type echo-request \
        -s $MY_ISP -j ACCEPT

$IPT -A EXT-icmp-out -p icmp \
        --icmp-type echo-reply \
        -d $MY_ISP -j ACCEPT

# Destination Unreachable Type 3
$IPT -A EXT-icmp-out -p icmp \
        --icmp-type fragmentation-needed -j ACCEPT

$IPT -A EXT-icmp-in -p icmp \
        --icmp-type destination-unreachable -j ACCEPT

# Parameter Problem
$IPT -A EXT-icmp-out -p icmp \
        --icmp-type parameter-problem -j ACCEPT

$IPT -A EXT-icmp-in -p icmp \
        --icmp-type parameter-problem -j ACCEPT

# Time Exceeded
$IPT -A EXT-icmp-in -p icmp \
        --icmp-type time-exceeded -j ACCEPT

# Source Quench
$IPT -A EXT-icmp-out -p icmp \
        --icmp-type source-quench -j ACCEPT

$IPT -A EXT-icmp-in -p icmp \
        --icmp-type source-quench -j ACCEPT
```

6.3.5　tcp-state-flags

tcp-state-flags 规则链将是您附加到内置的 INPUT 和 OUTPUT 规则链上的第一个用户自定义规则链。这些测试用于匹配人为制作并经常用于隐形扫描的 TCP 状态标志组合：

```
# All of the bits are cleared
$IPT -A tcp-state-flags -p tcp --tcp-flags ALL NONE -j log-tcp-state
```

```
# SYN and FIN are both set
$IPT -A tcp-state-flags -p tcp --tcp-flags SYN,FIN SYN,FIN -j log-tcp-state

# SYN and RST are both set
$IPT -A tcp-state-flags -p tcp --tcp-flags SYN,RST SYN,RST -j log-tcp-state

# FIN and RST are both set
$IPT -A tcp-state-flags -p tcp --tcp-flags FIN,RST FIN,RST -j log-tcp-state

# FIN is the only bit set, without the expected accompanying ACK
$IPT -A tcp-state-flags -p tcp --tcp-flags ACK,FIN FIN -j log-tcp-state

# PSH is the only bit set, without the expected accompanying ACK
$IPT -A tcp-state-flags -p tcp --tcp-flags ACK,PSH PSH -j log-tcp-state

# URG is the only bit set, without the expected accompanying ACK
$IPT -A tcp-state-flags -p tcp --tcp-flags ACK,URG URG -j log-tcp-state
```

log-tcp-state

使用 log-tcp-state 规则链的原因有两个。第一，日志消息以一个特定的解释消息作为开头，并且由于这是一个精心伪造的数据包，任何 IP 或 TCP 选项都会被报告。第二，匹配数据包会被立刻丢弃。下面出现的两个广义的日志规则链的编写基于这样的假设：记录数据包将会被默认策略立刻丢弃并从规则链返回。

```
$IPT -A log-tcp-state -p tcp -j LOG \
        --log-prefix "Illegal TCP state: " \
        --log-ip-options --log-tcp-options

$IPT -A log-tcp-state -j DROP
```

6.3.6　connection-tracking

connection-tracking 规则链将是您附加到内置的 INPUT 和 OUTPUT 规则链上的第二个用户自定义规则链。匹配的数据包会绕过防火墙规则并立刻被接受：

```
if [ "$CONNECTION_TRACKING" = "1" ]; then
    # Bypass the firewall filters for established exchanges
    $IPT -A connection-tracking -m state \
            --state ESTABLISHED,RELATED \
            -j ACCEPT

    $IPT -A connection-tracking -m state --state INVALID \
            -j LOG --log-prefix "INVALID packet: "
    $IPT -A connection-tracking -m state --state INVALID -j DROP
fi
```

6.3.7　local-dhcp-client-query 和 remote-dhcp-server-response

local-dhcp-client-query 和 remote-dhcp-server-response 规则链包含 DHCP 客户端所需的规则。

这些规则在规则链体系中的位置十分重要，它们与所有的源地址欺骗或通用的广播规则有关。
进一步说，主机的 IP 地址一直未被配置，直到主机接收到从服务器发来的 DHCPACK 承诺消息。
服务器在 DHCPACK 消息中使用的目的地址依赖于特定的服务器实现。如果您想使用这条规则，
您需要将 DHCP_CLIENT 设置为 1 并且定义 DHCP_SERVER 变量：

```
# Some broadcast packets are explicitly ignored by the firewall.
# Others are dropped by the default policy.
# DHCP tests must precede broadcast-related rules, as DHCP relies
# on broadcast traffic initially.

if [ "$DHCP_CLIENT" = "1" ]; then
    DHCP_SERVER="my.dhcp.server"

    # Initialization or rebinding: No lease or Lease time expired.

    $IPT -A local-dhcp-client-query \
            -s $BROADCAST_SRC \
            -d $BROADCAST_DEST -j ACCEPT

    # Incoming DHCPOFFER from available DHCP servers
    $IPT -A remote-dhcp-server-response \
            -s $BROADCAST_SRC \
            -d $BROADCAST_DEST -j ACCEPT

    # Fall back to initialization
    # The client knows its server, but has either lost its lease,
    # or else needs to reconfirm the IP address after rebooting.

    $IPT -A local-dhcp-client-query \
            -s $BROADCAST_SRC \
            -d $DHCP_SERVER -j ACCEPT

    $IPT -A remote-dhcp-server-response \
            -s $DHCP_SERVER \
            -d $BROADCAST_DEST -j ACCEPT

    # As a result of the above, we're supposed to change our IP
    # address with this message, which is addressed to our new
    # address before the dhcp client has received the update.
    # Depending on the server implementation, the destination address
    # can be the new IP address, the subnet address, or the limited
    # broadcast address.

    # If the network subnet address is used as the destination,
    # the next rule must allow incoming packets destined to the
    # subnet address, and the rule must precede any general rules
    # that block such incoming broadcast packets.

    $IPT -A remote-dhcp-server-response \
            -s $DHCP_SERVER -j ACCEPT

    # Lease renewal
```

```
        $IPT -A local-dhcp-client-query \
                -s $IPADDR \
                -d $DHCP_SERVER -j ACCEPT
fi
```

6.3.8 source-address-check

source-address-check 规则链用于测试可辨认的非法源地址。这个规则链单独附加于 INPUT 规则链。这个防火墙规则确保了由本机产生的数据包包含了您的 IP 地址作为源地址。请注意，如果本机有多个网络接口或者如果一个私有局域网使用私有类 IP 地址时，这些规则需要进行调整。

一个 DHCP 客户端需要在执行这些测试之前处理与 DHCP 相关的广播流量：

```
# Drop packets pretending to be originating from the receiving interface
$IPT -A source-address-check -s $IPADDR -j DROP

# Refuse packets claiming to be from private networks
$IPT -A source-address-check -s $CLASS_A -j DROP
$IPT -A source-address-check -s $CLASS_B -j DROP
$IPT -A source-address-check -s $CLASS_C -j DROP
$IPT -A source-address-check -s $CLASS_D_MULTICAST -j DROP
$IPT -A source-address-check -s $CLASS_E_RESERVED_NET -j DROP
$IPT -A source-address-check -s $LOOPBACK  -j DROP

$IPT -A source-address-check -s 0.0.0.0/8 -j DROP
$IPT -A source-address-check -s 169.254.0.0/16 -j DROP
$IPT -A source-address-check -s 192.0.2.0/24 -j DROP
```

6.3.9 destination-address-check

destination-address-check 规则链用于测试广播数据包、被误用的组播地址和熟知的非特权服务端口。此规则链附加在 INPUT 规则链和 OUTPUT 规则链上。一个 DHCP 客户端需要在执行这些测试之前处理与 DHCP 相关的广播流量：

```
# Block directed broadcasts from the Internet

$IPT -A destination-address-check $BROADCAST_DEST -j DROP
$IPT -A destination-address-check -d $SUBNET_BASE -j DROP
$IPT -A destination-address-check -d $SUBNET_BROADCAST -j DROP
$IPT -A destination-address-check ! -p udp \
        -d $CLASS_D_MULTICAST -j DROP

# Avoid ports subject to protocol and system administration problems

# TCP unprivileged ports
# Deny connection requests to NFS, SOCKS, and X Window ports
$IPT -A destination-address-check -p tcp -m multiport \
        --destination-port
$NFS_PORT,$OPENWINDOWS_PORT,$SOCKS_PORT,$SQUID_PORT \
```

```
            --syn -j DROP

$IPT -A destination-address-check -p tcp --syn \
        --destination-port $XWINDOW_PORTS -j DROP

# UDP unprivileged ports
# Deny connection requests to NFS and lockd ports
$IPT -A destination-address-check -p udp -m multiport \
        --destination-port $NFS_PORT,$LOCKD_PORT -j DRO
```

6.3.10　在 iptables 中记录丢弃的数据包

EXT-log-in 和 EXT-log-out 规则链包含记录被丢弃的数据包的规则，这些数据包在抵达规则链的末尾将要被默认策略丢弃之前会立刻被记录。几乎所有被丢弃的传出数据包都会被记录，因为这表明或者防火墙规则有问题，或者存在一个未知（或未授权）的服务正尝试与外界连接：

```
# ICMP rules

$IPT -A EXT-log-in -p icmp \
        ! --icmp-type echo-request -m limit -j LOG

# TCP rules

$IPT -A EXT-log-in -p tcp \
        --dport 0:19 -j LOG

# Skip ftp, telnet, ssh
$IPT -A EXT-log-in -p tcp \
        --dport 24 -j LOG

# Skip smtp
$IPT -A EXT-log-in -p tcp \
        --dport 26:78 -j LOG

# Skip finger, www
$IPT -A EXT-log-in -p tcp \
        --dport 81:109 -j LOG

# Skip pop-3, sunrpc
$IPT -A EXT-log-in -p tcp \
        --dport 112:136 -j LOG

# Skip NetBIOS
$IPT -A EXT-log-in -p tcp \
        --dport 140:142 -j LOG

# Skip imap
$IPT -A EXT-log-in -p tcp \
        --dport 144:442 -j LOG

# Skip secure_web/SSL
$IPT -A EXT-log-in -p tcp \
```

```
            --dport 444:65535 -j LOG

#UDP rules
$IPT -A EXT-log-in -p udp \
        --dport 0:110 -j LOG

# Skip sunrpc
$IPT -A EXT-log-in -p udp \
        --dport 112:160 -j LOG

# Skip snmp
$IPT -A EXT-log-in -p udp \
        --dport 163:634 -j LOG

# Skip NFS mountd
$IPT -A EXT-log-in -p udp \
        --dport 636:5631 -j LOG

# Skip pcAnywhere
$IPT -A EXT-log-in -p udp \
        --dport 5633:31336 -j LOG

# Skip traceroute's default ports
$IPT -A EXT-log-in -p udp \
        --sport $TRACEROUTE_SRC \
        --dport $TRACEROUTE_DEST -j LOG

# Skip the rest
$IPT -A EXT-log-in -p udp \
        --dport 33434:65535 -j LOG

# Outgoing Packets

# Don't log rejected outgoing ICMP destination-unreachable packets
$IPT -A EXT-log-out -p icmp \
        --icmp-type destination-unreachable -j DROP

$IPT -A EXT-log-out -j LOG
```

6.3.11 优化的 nftables 脚本

nftables 的语法使得 nftables 脚本可以利用额外的外部规则文件。

● nft-vars：包含与脚本相关的变量，以 nftables 的格式而不是 shell 的格式进行定义。
● setup-tables：包含主要的 filter 表和 nat 表的架构，INPUT 和 OUPUT 规则链也包括在内。
● localhost-policy：包含用于本地流量的规则。
● connectionstate-policy：设置连接状态策略。
● invalid-policy：设置与无效流量相关的策略。
● dns-policy：包含与 DNS 查询相关的策略。
● tcp-client-policy：包含与传出的客户端连接相关的规则。

- tcp-server-policy：包含与传入连接相关的规则，如果此计算机扮演服务器的角色。
- icmp-policy：包含与 ICMP 请求相关的规则。
- log-policy：包含与日志记录相关的规则。
- default-policy：包含用于防火墙的最终默认策略的规则。

6.3.12　防火墙初始化

防火墙脚本以定义 nftables 防火墙管理命令的位置作为开始：

```
#!/bin/sh

NFT="/usr/local/sbin/nft"              # Location of nft on your system
```

许多的内核参数也将被设置；关于这些参数的解释，请参考第 5 章：

```
# Enable broadcast echo Protection
echo 1 > /proc/sys/net/ipv4/icmp_echo_ignore_broadcasts
# Disable Source Routed Packets
for f in /proc/sys/net/ipv4/conf/*/accept_source_route; do
    echo 0 > $f
done
# Enable TCP SYN Cookie Protection
echo 1 > /proc/sys/net/ipv4/tcp_syncookies
# Disable ICMP Redirect Acceptance
for f in /proc/sys/net/ipv4/conf/*/accept_redirects; do
    echo 0 > $f
done

# Don't send Redirect Messages
for f in /proc/sys/net/ipv4/conf/*/send_redirects; do
    echo 0 > $f
done
# Drop Spoofed Packets coming in on an interface, which, if replied to,
# would result in the reply going out a different interface.
for f in /proc/sys/net/ipv4/conf/*/rp_filter; do
    echo 1 > $f
done
# Log packets with impossible addresses.
for f in /proc/sys/net/ipv4/conf/*/log_martians; do
    echo 1 > $f
done
```

脚本的第一部分重置并且删除已存在的规则链，如第 5 章所示：

```
for i in '$NFT list tables | awk '{print $2}''
do
    echo "Flushing ${i}"
    $NFT flush table ${i}
    for j in '$NFT list table ${i} | grep chain | awk '{print $2}''
    do
        echo "...Deleting chain ${j} from table ${i}"
        $NFT delete chain ${i} ${j}
    done
    echo "Deleting ${i}"
```

```
    $NFT delete table ${i}
done
```

下面是开始防火墙脚本最后部分的代码，即使得防火墙可以被很容易地停止的代码。通过将这段代码放在前面代码的后面，当您使用"stop"参数调用脚本时，脚本将刷新、清除并重置默认策略，防火墙实际上将停止。

```
if [ "$1" = "stop" ]
then
echo "Firewall completely stopped!  WARNING: THIS HOST HAS NO FIREWALL RUNNING."
exit 0
fi
```

现在，表被重建了。

```
$NFT -f setup-tables
$NFT -f localhost-policy
$NFT -f connectionstate-policy
```

6.3.13　构建规则文件

下面的几节显示了用于各种各样防火墙组件的包含 nftables 规则的文件。规则文件使用 nftables 定义的变量，这些变量包含在每个规则文件里，并被封装在一个叫做 **nft-vars** 的文件中。**nft-vars** 文件将随着规则的添加而增长。一开始，**nft-vars** 文件包含如下内容：

```
define int_loopback = lo
define int_internet = eth0
define ip_external = <your external ip>
define subnet_external = <your external subnet>
define net_loopback = 127.0.0.0/8
define net_class_a = 10.0.0.0/8
define net_class_b = 172.16.0.0/16
define net_class_c = 192.168.0.0/16
define net_class_d = 224.0.0.0/4
define net_class_e = 240.0.0.0/5
define broadcast_src = 0.0.0.0
define broadcast_dest = 255.255.255.255
define ports_priv = 0-1023
define ports_unpriv = 1024-6553
```

创建表

setup-tables 规则会创建 filter 和 nat 表，分别为它们创建 INPUT 和 OUTPUT 规则链，并且将这些规则链连接到 nftables 中它们各自的钩子，因此这个规则链可以接收数据包。setup-tables 规则如下：

```
include "nft-vars"
table filter {
        chain input {
                type filter hook input priority 0;
```

```
      }
      chain output {
              type filter hook output priority 0;
      }
  }
```

启用本机流量

启用本机通讯由 localhost-policy 规则文件完成。请注意本例中使用的一个 nftables 定义的变量（$int_loopback）：

```
include "nft-vars"
table filter {
      chain input {
              iifname $int_loopback accept
      }
      chain output {
              oifname $int_loopback accept
      }
}
```

启用连接状态

连接状态追踪包含在 connectionstate-policy 规则文件中：

```
include "nft-vars"
table filter {
      chain input {
              ct state established,related accept
              ct state invalid log prefix "INVALID input: " limit rate 3/second drop
      }
      chain output {
              ct state established,related accept
              ct state invalid log prefix "INVALID output: " limit rate 3/second drop
      }
}
```

丢弃无效流量

用于丢弃无效流量的规则包含在一个叫做 invalid-policy 的规则文件中：

```
include "nft-vars"
table filter {
      chain input {
              iif $int_internet ip saddr $ip_external drop
              iif $int_internet ip saddr $net_class_a drop
              iif $int_internet ip saddr $net_class_b drop
              iif $int_internet ip saddr $net_class_c drop
              iif $int_internet ip protocol udp ip daddr $net_class_d accept
              iif $int_internet ip saddr $net_class_e drop
              iif $int_internet ip saddr $net_loopback drop
              iif $int_internet ip daddr $subnet_external drop
      }
  }
```

启用 DNS 流量

首先是用于识别 DNS 流量的规则。在 DNS 规则被安装之前，您的网络软件不具有定位互联网中的服务和主机的能力，除非您使用 IP 地址。

在这些规则中，有三个新的变量被添加到 nft-vars 文件：

```
define nameserver_1 = <your nameserver ip>
define nameserver_2 = <second nameserver ip>
define nameserver_3 = <third nameserver ip, if necessary>
```

dns-policy 被创建用于保存下面的规则，接着可以使用命令 nft -f dns-policy 将其加载到 rc.firewall 脚本：

```
include "nft-vars"
table filter {
        chain input {
                ip daddr { $nameserver_1,$nameserver_2,$nameserver_3 } udp sport 53 udp
                ➥dport 53 accept
                ip daddr { $nameserver_1,$nameserver_2,$nameserver_3 } tcp sport 53 tcp
                ➥dport $ports_unpriv accept
                ip daddr { $nameserver_1,$nameserver_2,$nameserver_3 } udp sport 53 udp
                ➥dport $ports_unpriv accept
        }
        chain output {
                ip daddr { $nameserver_1,$nameserver_2,$nameserver_3 } udp sport 53 udp
                ➥dport 53 accept
                ip daddr { $nameserver_1,$nameserver_2,$nameserver_3 } tcp sport
                ➥$ports_unpriv tcp dport 53 accept
                ip daddr { $nameserver_1,$nameserver_2,$nameserver_3 } udp sport
                ➥$ports_unpriv udp dport 53 accept
        }
}
```

在 INPUT 和 OUTPUT 规则链中的第一条规则用于匹配从本地缓存服务器和转发名称服务器（如果您有一台的话）发来的请求，并从远程 DNS 服务器进行响应。本地服务器被配置作为远程主服务器的从服务器，因此如果查询未成功，本地服务器也会失败。这个配置对于小型办公/家庭办公来说并不常用。

INPUT 规则链和 OUTPUT 规则链中的下一条规则用于匹配基于 TCP 的标准 DNS 客户端查询，这种情况在服务器的响应过大而不能放在一个 DNS 的 UDP 数据包中时发生。这些规则会被转发名称服务器和标准客户端所使用。

基于 TCP 的本地客户端流量

从您的计算机到互联网的 TCP 连接可以通过为您想要连接的服务器和服务添加特定的输出规则来完成。在从前，用于这个目的的规则需要假定已经使用了状态追踪模块。如果状态追踪没有被启用，需要向 INPUT 规则链添加一个镜像规则以允许一个特定连接中传回来的流量。

这个规则需要添加一个 server_smtp 变量到 nft-vars 程序：

```
define server_smtp = <your SMTP server>
```

这条规则会放在一个名为 tcp-client-policy 的文件中，它可以通过命令 nft -f tcp-client-policy 加载到 rc.firewall 程序。

下面是 tcp-client-policy 中的规则：

```
include "nft-vars"
table filter {
      chain input {
      }
      chain output {
            tcp dport {21,22,80,110,143,993,995,443} tcp sport $ports_unpriv accept
            ip daddr $server_smtp tcp dport 25 tcp sport $ports_unpriv accept
      }
}
```

基于 TCP 的本地服务器流量

允许客户端连接到您本地服务器的服务可以通过添加特定的规则到 INPUT 规则链完成。理想情况下，您可以限制连接为已知的客户端，并且为源地址添加一条规则（ip saddr <your client ip>），但在现实世界中这通常不可能。

下面的文件可以使用 nft -f tcp-server-policy 加载到 rc.firewall 脚本。

这个规则文件名为 tcp-server-policy，包含下面的内容，它允许从任意客户端发往本地服务器端口 22（SSH）的连接：

```
include "nft-vars"
table filter {
    chain input {
        ip daddr $ip_external tcp sport $ports_unpriv tcp dport {22} accept
    }
    chain output {
    }
}
```

ICMP 流量

最后一对规则用于匹配传入和传出的 ICMP 流量。这些规则被载入一个称为 icmp-policy 的文件：

```
include "nft-vars"
table filter {
      chain input {
            icmp type { echo-reply,destination-unreachable,parameter-problem,source-
            ➥quench,time-exceeded} accept
      }
```

```
chain output {
        icmp type { echo-request,parameter-problem,source-quench} accept
    }
}
```

这个文件可以通过 nft -f icmp-policy 命令添加到主 rc.firewall 脚本中。

6.3.14 在 nftables 中记录丢弃的数据包

最后的规则用于在防火墙中记录未被前面所示已加载的规则处理的数据包。几乎所有被丢弃的传出数据包都会被记录,因为它们或者表明防火墙规则出现了问题,或者存在一个未知的(未授权的)服务尝试连接外部世界。

这个文件叫做 log-policy,它包含下面的规则。可以通过 nft -f log-policy 命令将此文件加载到默认策略之前。

下面是规则:

```
include "nft-vars"
table filter {
    chain input {
            log prefix "INPUT packet dropped: " limit rate 3/second
    }
    chain output {
            log prefix "OUTPUT packet dropped: " limit rate 3/second
    }
}
```

6.4 优化带来了什么

优化的目的是为了让数据包尽可能快速地通过过滤的过程,尽可能地减少不必要的测试。理想情况下,您希望数据包以线性的速度通过。

就防火墙本身而言,有三个因素影响其性能:安装在内核中的规则的数量;规则链路径的长度或任意数据包在匹配前测试的规则数量;以及所有在数据包上进行的匹配测试的数量之和。而且,当使用状态模块时,需要在速度和内存之间做出权衡。

请注意,第 5 章和本章表格方面的一些差异是根据示例脚本的组织方式人为设置的,两个例子中 TCP 的状态标志和源地址检测在两个例子中的不同也是如此。

6.4.1 iptables 的优化

对 iptables 来说,优化过的版本比直通(straight-through)的副本拥有更多的规则。更令人惊讶的是,连接追踪的版本也比经典的、无状态的版本拥有更多的规则!我们之前不是推断过:使用状态匹配模块可以通过消除为服务器响应和客户端请求所设的独立的 ACCEPT 规则,来减少规则的数量?是也不是。事实上,规则数量的绝对值增加了,因为静态规则必须继续存在，以应付状态表条目超时或由于资源短缺被替换的情况。但输入规则遍历的次数能够大幅度地下降。

使用用户自定义规则链也会导致规则数量的些许增加。额外的规则在中间进行数据包的选择和分支处理。在顶层进行分支决策只需要少量的开销。开销很小，以致于您都感觉不到。衡量性能的关键不是规则被遍历的次数，而是独立的报头域执行匹配测试的次数。

使用用户自定义规则链可以显著地减少一个响应数据包在到达最终的匹配规则前要经过测试的规则数。直通的规则集由于防止欺骗的规则引入了许多的开销，这不太显著。因为示例的防火墙是以客户端为中心的，由于需要对传入数据包进行地址检测，直通服务器路径的长度比客户端的长度要长得多。

使用状态模块对于已建立的流量来说可以绕过防火墙，因此明显地减少了对已建立连接遍历列表的长度。新建连接的规则遍历次数的增加是由重复的规则（duplicate rule）、连接追踪规则（connection-tracking rule）以及它们的静态副本（static counterpart）导致的。

即使使用了状态模块，初始的数据包也总是遵循静态路径。因此，相比于直通防火墙，从典型防火墙优化而来的版本带来的好处仍旧可以作用于第一个数据包。

最后，优化和连接状态追踪带来的好处都是显著的！相对于典型的数据包过滤防火墙，由用户自定义规则链带来的分类匹配功能大幅度地减少了数据包的测试次数。状态模块的使用更进一步降低了测试的次数，甚至可以使成批的数据绕过防火墙规则。还有，数据通道连接可以作为一个 RELATED 连接立刻被匹配。

除非您阅读了内核防火墙的代码，否则您不太可能清楚地知道，实际的性能并不是由遍历规则的数量决定的，本质上，是由比较次数所决定的。每个不匹配的规则至少相当于一次比较（例如，传入数据包是一个 ICMP 数据包还是一个 TCP 数据包，或者它来自于回环接口还是其他的接口？）。用户自定义规则链允许在临界比较决定点划分比较关系，将其划分为专门的规则链。

6.4.2   nftables 的优化

对于 nftables 脚本来说，大量的处理被移动到了原生的 nftables 规则文件，它们将被 shell 脚本加载。这个优化的好处是它使规则更加接近于它将被处理的地方，而不用为每一个独立的规则运行一个 shell 命令。

规则也在逻辑上被划分为多个策略文件，每个都包含了针对相似流量的规则。它更加易于维护，并且可以根据您特定的情况进行精简或扩展。

6.5   小结

第 5 章以一步一步为一个单独的系统构建一个简单防火墙的方式介绍了 iptables 和 nftables。本章讨论了防火墙优化背后的问题，并且构建了用户自定义规则链用于优化第 5 章示例中的防火墙。最后，对使用了状态模块的防火墙的优化效果进行了检查。

第 7 章

数据包转发

本章会介绍一些关于局域网安全、网关防火墙转发和网络防御带的基本问题。安全策略依据站点需要的安全级别、被保护的数据的价值和重要性以及数据丢弃的代价来定义。本章首先回顾一下前面章节讲到的防火墙的知识，然后讨论站点策略制定者在选择服务器布局并决定安全策略时必须注意的一些问题。

您可能需要网络地址转换（NAT）来从内部计算机访问互联网。NAT 直到第 8 章才会讲到。本章仅着重于转发。

对于熟悉 ipchains 或 ipfwadm 的读者来说，转发和 NAT 是分不开的。这两个功能都是通过单个转发规则来定义的。这些逻辑上相区别的功能在 iptables 和 nftables 中都是被清楚地分开的。实际上，这两个功能是由不同的规则链中不同的表处理的。NAT 独立位于数据包通过系统的传输路径上的一个不同的点。本章着重介绍 filter 表及其扩展策略中可用的 iptables 服务，以及 nftables 的转发功能。第 8 章介绍与 NAT 相关的服务。

7.1 独立防火墙的局限性

在第 5 章中介绍的单系统防火墙是一个基本的堡垒防火墙，只用了 filter 表中的基础规则链。当防火墙是同时拥有一个连接到互联网的接口和一个连接到您的局域网的接口（被称为双宿主系统）的一个数据包过滤路由器时，防火墙需要应用规则来决定是否转发或阻止穿过两个接口的数据包。这种情况下，数据包过滤防火墙是一个带有流量监控规则的静态路由器，执行涉及哪些数据包被允许通过网络接口的本地策略。

正如在第 3 章中所指出的那样，在处理转发数据包方面，Netfilter 与 IPFW 机制有很大的不同。被转发的数据包只被 FORWARD 规则链检查。INPUT 和 OUTPUT 规则不会被应用。与本地防火墙主机相关的网络流量和与本地局域网相关的网络流量有着完全不同的规则集和规则链。

在 FORWARD 规则链上的规则可以指定传入和传出的接口。对于一个局域网中的双宿主主机来说，应用于传入和传出网络接口的防火墙规则表现为一个 I/O 对——一条规则用于到达数据包，另一条相反方向的规则用于离开的数据包。规则均是分方向的。两个接口被看作一个整体来处理。

流量并不会自动地在互联网和局域网之间路由。对于被转发的数据包来说，如果没有一个规则对接受此流量，则数据包并不会被转发。应用在两个接口上的过滤规则扮演两个网络间的防火墙和静态路由器的角色。

第 5 章介绍的防火墙配置对于拥有一个网络接口的独立的家庭系统来说完全足够了。

作为一个保护局域网的独立网关防火墙，如果防火墙计算机被攻破了，那么一切就都完了。即使防火墙的本地接口有着完全不同于那些用于转发数据流的策略，一旦防火墙被攻破，那么离入侵者得到 root 权限也不远了。那样的话，用不了多久，内部系统的大门也将敞开。但是如果仔细地挑选提供给互联网的服务并且使用严格的防火墙策略，一个家庭式的局域网也绝不会遇到这种情况。尽管如此，一个独立的网关防火墙也会造成单个的不安全点。这是一种要么挡住一切，要么什么也挡不住的情况。

许多较大的组织和公司依赖于单个防火墙设置，其他的许多公司会使用另外两种架构中的一种：没有直接路由的屏蔽主机结构或者有代理服务的屏蔽子网结构，同时有一个建在外部防火墙之间或旁边的、同专用局域网分开的 DMZ 网络防御带。DMZ 网络中的公用服务器也有它们自己专用的堡垒防火墙。这意味着这些站点布置了许多计算机并且有一个专门的员工来管理这些机器。

DMZ：网络防御带另外的一个名字

两个防火墙之间的网络防御带被称为非军事化区域（DMZ）。DMZ 的目的是要在其中建立一个保护区来运行公用服务器（或服务），并将这个区域同私有局域网的剩余部分相隔离。如果 DMZ 中的一个服务器被入侵了，那个服务器同局域网依然是相互分隔的；运行于其他 DMZ 服务器的网关防火墙和堡垒防火墙提供针对被入侵服务器的防护。

除了单系统的独立防火墙，在第 5 章中介绍的防火墙可以被扩展为用于保护提供一个或多个公用服务的主机的双宿主网关防火墙的基础。家庭型局域网通常由既过滤转发数据流又提供公共服务的单个网关防火墙来保护。

对一个不能承担单个网关防火墙的风险或负担多台计算机和一个专职管理人员费用的双宿主系统来说有其他可行的选择吗？幸运的是，当系统被仔细地配置时，双宿主主机防火墙和局域网会提供更强的安全性。问题是：在一个可靠的环境中为了增加安全性而付出维护防火墙的额外努力值得吗？

7.2   基本的网关防火墙的设置

这里用到两种基本的网关防火墙设置。如图 7.1 所示，网关有两个网络接口：一个连接到互联网，另一个连接到 DMZ。公共互联网服务通过 DMZ 网络中的计算机进行提供。网关防火墙并不提供服务。第二个防火墙是隔断防火墙，它也被连接到 DMZ 网络，用于将内部的私有网络与网络防御带中的准公用服务器计算机隔离开。私有计算机受到内部局域网中隔断防火墙的保护。另外，DMZ 中的每个服务器都运行着一个专门的防火墙。如果网关防火墙或其中的某个服务器失效了，DMZ 中的公共服务器计算机仍旧会运行它们自己的独立防火墙。隔断防火墙保护内部网络免受被入侵的网关或网络防御带中其他被入侵的计算机的侵犯。在 LAN 和互联网之间的流量会通过两个防火墙并穿过网络防御带。

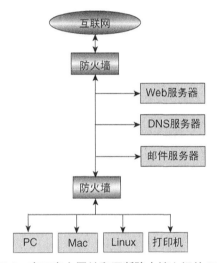

图 7.1　在双宿主网关和隔断防火墙之间的 DMZ

在第二种设置中，网关有三个网络接口：一个连接到互联网，一个连接到 DMZ，一个连接到私有局域网。如图 7.2 所示，局域网和互联网之间的流量以及 DMZ 和互联网之间的流量除了共享网关的外部网络接口外，不共享任何东西。

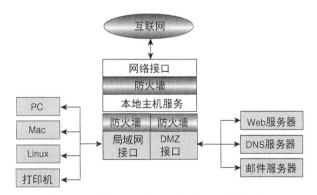

图 7.2　隔离 LAN 和 DMZ 的三宿主防火墙

这个设置相比第一种的优势是，LAN 和 DMZ 都不会共享两个网络的数据流负载。另一个优势是，更容易定义那些专门处理所有的 LAN 或 DMZ 流量而拒绝其他网络的数据流的规则。另外的优势是一个单独的网关主机比两个单独的防火墙设备要更便宜。

这个设置相比第一种的劣势是，网关成为了两个网络的单点故障点。而且，单个主机的防火墙规则也包含了所有与 DMZ 和局域网相关的复杂性。当您手工编写防火墙规则时，这种复杂性可能会令人困惑。

常见的第三选择是添加一个隔离 LAN 和 DMZ 流量的过滤路由。DMZ 服务器运行着它们自己的堡垒防火墙。在路由器和 DMZ 之间可能会有一个普通的防火墙。如图 7.3 所示，网关防火墙独立于路由，用于保护局域网。过滤路由器在 LAN 和 DMZ 上执行一些基本的过滤。网关防火墙不需提供这一基本的过滤功能，它就能像第一种设置中的隔断防火墙那样有效地工作。

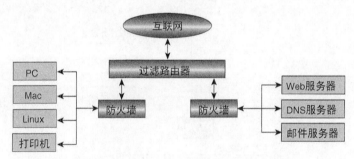

图 7.3　LAN 和 DMZ 防火墙前面的过滤路由器

7.3　局域网安全问题

安全问题很大程度上依赖于局域网的规模、它的架构和用途。服务和架构也会被该站点可寻址的公共 IP 地址所影响。也许比这更基础的是该站点所拥有的互联网连接的类型：拨号、DSL、无线、有线、卫星、ISDN、租用线路或其他任何类型的互联网连接。下面是一些您在为您的站点创建安全策略时应该考虑的问题。

公用 IP 地址是不是通过 DHCP 或 IPCP 动态、临时分配的？该站点是否拥有一个固定分配的公用 IP 地址或地址段？

是否向互联网提供服务？这些服务是托管在防火墙计算机上还是托管在内部的计算机上？例如，您可能会在网关防火墙计算机上提供 email 服务，但在 DMZ 中的一台内部计算机里提供 Web 服务。当服务托管在内部计算机上时，您会希望把这些计算机放在网络防御带中，并且对这些计算机应用完全不同的数据包过滤和访问策略。如果服务由内部计算机提供，这一事实对外界来说是可见的么，还是这些服务被代理或通过 NAT 被透明地转发了，以至于它们看上去由防火墙计算机提供？

您希望公开多少关于您局域网中的计算机的信息呢？您是否愿意托管本地 DNS 服务？本地 DNS 数据库内容对互联网来说是可用的么？

别人可以从互联网登录到您的计算机么？多少和哪些本地计算机对他们来说是可访问的？所有的用户账户都拥有同样的访问权限么？为了加强访问控制是否传入的连接都要经过代理？

是否所有来自本地计算机的用户都拥有对内部计算机相同的访问权限？所有内部计算机对外部服务都有相同的访问权限么？例如，如果您使用了一个屏蔽主机的防火墙架构，用户必须直接登录到防火墙以获得互联网的访问权。根本不存在路由了。

有私有的局域网服务运行在防火墙后面么？例如，是否有内部使用的 NFS、Samba 或网络打印机？您是否需要防止像 SNMP、DHCP 或 ntpd 这样服务泄漏信息或广播数据流到互联网？在辅助的隔断防火墙后维护这样的服务可以确保这些服务与互联网完全隔离。

涉及内部局域网中使用的服务，存在着供内部用户访问的内部服务和由互联网的外部访问服务的问题。您是对内部提供 FTP 服务而不对外部提供该服务呢，还是对内对外提供不同类型的 FTP 服务？是运行一个私有的 Web 服务器呢，还是把服务器配置为对内部用户可用，而对远程用户无效呢？您是否将运行一个本地邮件服务器来发送邮件却又使用不同的方法从互联网接收传入的邮件呢？（即，邮件是将直接投递到您的主机上的用户账号，还是您会从 ISP 处接收邮件？）

7.4 可信家庭局域网的配置选项

您必须考虑两种内部的网络流量。第一种是本地通过内部接口访问网关防火墙，如图 7.4 所示。第二种是通过网关计算机的外部接口访问互联网。

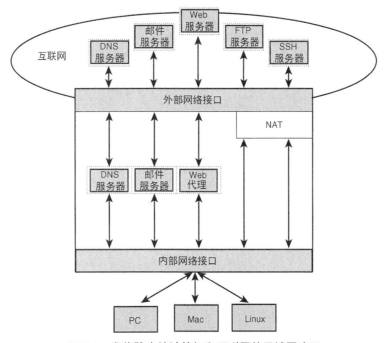

图 7.4 发往防火墙计算机和互联网的局域网流量

可以假定的是，大多数小型系统通常没有理由过滤防火墙和本地网络之间的数据包。然而，因为大多数家用的站点被分配一个 IP 地址，一个例外是 NAT 的使用。大概，您唯一必须实施的内部过滤行为是：通过在内部计算机和互联网之间交换的数据包上应用 NAT，以启用您自己的源地址欺骗检测。大部分的重点都在于过滤防火墙和互联网之间的数据包。

"可信家庭局域网"到底有多可信？

尽管小型商务和住宅站点通常认为它们的网络是"可信"的，但实际上并不是这样。问题并不在于本地用户，而在于这些系统的高入侵率。

7.4.1　对网关防火墙的局域网访问

在家庭环境中，有可能您想要启用局域网计算机和网关防火墙之间无限制的访问（一些家长有理由来反对）。

这一节的假设在于任何公共服务都托管在防火墙上。局域网内的主机是纯粹的客户机。局域网被允许初始化连接到防火墙，但防火墙不允许初始化连接到局域网。这种强制的规则也有例外。例如，您也许会希望防火墙计算机能够访问本地的网络打印机（商务站点永远不会做这种决策，防火墙将会像它保护局域网不受来自互联网的问题的影响一样被保护以至于不会受到来自局域网内部问题的影响）。

以第 5 章构建的防火墙为基础，在防火墙例子中需要额外的常量来处理同局域网相连的内部接口。这个例子将内部网络接口定义为 eth1；LAN 被定义为包含从 192.168.1.0 到 192.168.1.255 范围内的 C 类地址；同时，一个面对外部世界的外部接口被定义为 eth0：

```
LAN_INTERFACE="eth1"
EXTERNAL_INTERFACE="eth0"
LAN_ADDRESSES="192.168.1.0/24"
```

允许接口之间不受限的访问是一种简单的事，默认允许所有的协议和所有的端口即可。请注意局域网可以向远程服务器发起新的连接，但由远程站点发起的新的传入连接却不被接受。下面是 iptables 的规则：

```
$IPT -A FORWARD -i $LAN_INTERFACE -o $EXTERNAL_INTERFACE \
        -p tcp -s $LAN_ADDRESSES --sport $UNPRIVPORTS \
        -m state --state NEW,ESTABLISHED,RELATED -j ACCEPT

$IPT -A FORWARD -i $EXTERNAL_INTERFACE -o $LAN_INTERFACE \
        -m state --state ESTABLISHED,RELATED -j ACCEPT
```

下面是相似的 nftables 规则：

```
$NFT add rule filter forward iif $LAN_INTERFACE oif $EXTERNAL_INTERFACE \
    ip protocol tcp ip saddr $LAN_ADDRESSES tcp sport $UNPRIVPORTS \
    ct state new,established,related accept
```

```
$NFT add rule filter forward iif $EXTERNAL_INTERFACE oif $LAN_INTERFACE ct state
➥established,related accept
```

也请注意，这两个规则转发数据流。它们不影响局域网和防火墙之间的流量。为了访问防火墙主机上的服务，本地的 INPUT 和 OUTPUT 规则也是需要的：

```
$IPT -A INPUT -i $LAN_INTERFACE \
        -p tcp -s $LAN_ADDRESSES --sport $UNPRIVPORTS \
        -m state --state NEW,ESTABLISHED,RELATED -j ACCEPT

$IPT -A OUTPUT -o $LAN_INTERFACE \
        -m state --state ESTABLISHED,RELATED -j ACCEPT
```

nftables 的规则如下：

```
$NFT add rule filter input iif $LAN_INTERFACE \
        ip protocol tcp ip saddr $LAN_ADDRESSES \
        tcp sport $UNPRIVPORTS ct state new,established,related accept
$NFT add rule filter output oif $LAN_INTERFACE ct state established,related accept
```

所有的转发规则和内部接口规则都可以像第 5 章中的外部接口规则那样针对特定的服务。在当今世界，内部接口和转发规则应该是专门的。本节中的规则仅仅奠定了基础，介绍了转发规则本身。

7.4.2 对其他局域网的访问：在多个局域网间转发本地流量

如果在您的局域网或多个局域网上的计算机需要在彼此之间路由的话，您需要在这些计算机间允许访问它们所要求的服务的端口，除非它们有其他可选的内部连接通路。在前一种情况下，任何在局域网之间进行的本地路由将由防火墙完成。

本节假设有一个带有两个网络接口的网关防火墙、一个 DMZ 服务器网络、一个带有两个网络接口的内部隔断防火墙以及 LAN 私有网络。这是前面的图 7.1 给出的设置。在 LAN 和互联网之间的流量穿过隔断防火墙和网关防火墙之间的 DMZ 网络。这种配置在较小的站点中很常见。

本例重新命名网关上的内部网络接口为 DMZ_INTERFACE。防火墙还需要另一个常量。DMZ 被定义为包括从 192.168.3.0 到 192.168.3.255 之间的 C 类私有地址：

```
DMZ_INTERFACE="eth1"
DMZ_ADDRESSES="192.168.3.0/24"
```

下面的前两条规则允许从局域网向网关防火墙主机发起的本地访问。在实际使用中，局域网通常不被允许访问防火墙上的所有端口。接下来的两条规则允许防火墙本身访问在 DMZ 中以服务器形式提供的特定的服务。此外，较大型的设置中通常很少或根本没有理由来访问驻留在 DMZ 中的服务。在大多数情况下，防火墙主机根本不向 DMZ 提供任何服务。在较大型的站点中，防火墙不向局域网提供任何服务也是可能的：

```
$IPT -A INPUT -i $DMZ_INTERFACE -s $LAN_ADDRESSES -d $GATEWAY \
        -m state --state NEW,ESTABLISHED,RELATED -j ACCEPT

$IPT -A OUTPUT -o $DMZ_INTERFACE -s $GATEWAY -d $LAN_ADDRESSES \
        -m state --state ESTABLISHED,RELATED -j ACCEPT

$IPT -A OUTPUT -o $DMZ_INTERFACE -s $GATEWAY -d $DMZ_ADDRESSES \
        -m state --state NEW,ESTABLISHED,RELATED -j ACCEPT

$IPT -A INPUT -i $DMZ_INTERFACE -s $DMZ_ADDRESSES -d $GATEWAY \
        -m state --state ESTABLISHED,RELATED -j ACCEPT
```

相应的 nftables 规则如下：

```
$NFT add rule filter input iif $DMZ_INTERFACE ip saddr $LAN_ADDRESSES ip daddr $GATEWAY
ct state new,established,related accept
$NFT add rule filter output oif $DMZ_INTERFACE ip saddr $GATEWAY ip daddr $LAN_ADDRESSES
ct state established,related accept
$NFT add rule filter output oif $DMZ_INTERFACE ip saddr $GATEWAY ip daddr $DMZ_ADDRESSES
ct state new,established,related accept
$NFT add rule filter input iif $DMZ_INTERFACE ip saddr $DMZ_ADDRESSES ip daddr $GATEWAY
ct state established,related accept
```

　　下一条规则转发内部网络和互联网之间的数据流。DMZ 和 LAN 流量被分别处理。DMZ 流量代表了从互联网传入的连接请求。LAN 流量代表了传出到互联网的连接请求。此外，实际上 DMZ 规则会根据服务器地址和服务类型来确定：

```
$IPT -A FORWARD -i $EXTERNAL_INTERFACE -o $DMZ_INTERFACE \
        -d $DMZ_ADDRESSES \
        -m state --state NEW,ESTABLISHED,RELATED -j ACCEPT

$IPT -A FORWARD -i $DMZ_INTERFACE -o $EXTERNAL_INTERFACE \
        -s $DMZ_ADDRESSES \
        -m state --state ESTABLISHED,RELATED -j ACCEPT

$IPT -A FORWARD -i $DMZ_INTERFACE -o $EXTERNAL_INTERFACE \
        -s $LAN_ADDRESSES \
        -m state --state NEW,ESTABLISHED,RELATED -j ACCEPT

$IPT -A FORWARD -i $EXTERNAL_INTERFACE -o $DMZ_INTERFACE \
        -d $LAN_ADDRESSES \
        -m state --state ESTABLISHED,RELATED -j ACCEPT
```

nftables 规则如下：

```
$NFT add rule filter forward iif $EXTERNAL_INTERFACE oif $DMZ_INTERFACE ip daddr
➥$DMZ_ADDRESSES ct state new,established,related accept
$NFT add rule filter forward iif $DMZ_INTERFACE oif $EXTERNAL_INTERFACE ip saddr
➥$DMZ_ADDRESSES ct state established,related accept
$NFT add rule filter forward iif $DMZ_INTERFACE oif $EXTERNAL_INTERFACE ip saddr
➥$LAN_ADDRESSES ct state new,established,related accept
$NFT add rule filter forward iif $EXTERNAL_INTERFACE oif $DMZ_INTERFACE ip daddr
➥$LAN_ADDRESSES ct state established,related accept
```

请注意前面用于 DMZ 的转发规则并不完整。在 DMZ 中的服务器有时也会发起传出连接，例如来自 Web 代理服务器或邮件网关服务器的连接请求。

在隔断防火墙上，下面的规则转发 LAN 和 DMZ 网络之间的流量。请注意 LAN 可以发起新的连接，但新的来自 DMZ 或从互联网到达 LAN 的传入连接不会被接受。此外，假定网关提供任何服务的情况下，LAN 对 DMZ 和网关防火墙的访问会被给予更加严格的限制：

```
$IPT -A FORWARD -i $LAN_INTERFACE -o $DMZ_INTERFACE \
        -s $LAN_ADDRESSES \
        -m state --state NEW,ESTABLISHED,RELATED -j ACCEPT

$IPT -A FORWARD -i $DMZ_INTERFACE -o $LAN_INTERFACE \
        -m state --state ESTABLISHED,RELATED -j ACCEPT
```

nftables 的规则如下：

```
$NFT  add  rule  filter  forward  iif  $LAN_INTERFACE  oif  $DMZ_INTERFACE  ip saddr
➡$LAN_ADDRESSES ct state new,established,related accept
    $NFT  add  rule  filter  forward  iif  $DMZ_INTERFACE  oif  $LAN_INTERFACE  ct  state
➡established,related accept
```

7.5 较大型或不可信局域网的配置选项

商业机构或组织以及许多家庭站点，会使用更加复杂的、特殊的机制，而不是前两节提出的用于可信家庭式局域网的简单的、普通的转发防火墙规则。在不可信的环境中，防火墙计算机对内部用户的防范和对外部用户的防范相比一样重要。

端口特定的防火墙规则针对内部接口和外部接口。内部规则可能是用于外部接口规则的镜像，或者范围更广。被允许通过隔断防火墙计算机内部网络接口的数据包依赖于 LAN 中运行的系统的类型和 DMZ 中运行的本地服务，以及根据本地安全策略可以访问的互联网服务。

例如，您可能想要阻挡本地广播消息到达网关防火墙。如果并不是所有的用户都是完全可信的，您也许想要像限制从互联网进来的数据包那样限制从内部计算机传入隔断防火墙的数据包。另外，您应该在防火墙计算机上保持最少的用户账户数量。理想情况下，除了一个非特权的管理员账户之外，防火墙不应该拥有其他用户账户。

家庭型的公司也许只有一个 IP 地址，需要使用局域网网络地址转换。然而，一些公司常常租用几个公用注册的 IP 地址或者一个网络地址块。公用地址通常被分配给一个公司的公共服务器。通过公用的 IP 地址，传出连接被转发，传入连接被正常地路由。可以定义一个本地的子网来创建一个本地公用的 DMZ。

7.5.1 划分地址空间来创建多个网络

IP 地址被分为两种：网络地址和该网络中的主机地址。正如第 1 章中所述，A、B 和 C

类地址是人为划分的，但它们仍旧作为简单的地址的示例，因为它们的网络和主机字段落在字节的边界上。A、B 和 C 类的网络地址分别通过它们的前 8、16、24 比特定义。在每种地址类型中，其余的比特定义了 IP 地址中的主机部分。如表 7.1 所示。

表 7.1　　　　　　　　　　　　IP 地址中的网络字段和主机字段

	A 类	B 类	C 类
网络起始位	0	10	110
网络字段	1 字节	2 字节	3 字节
主机字段	3 字节	2 字节	1 字节
网络前缀	/8	/16	/24
地址范围	1～126	128～191	192～223
网络掩码	255.0.0.0	255.255.0.0	255.255.255.0

　　子网划分是对本地 IP 地址中网络地址部分的本地扩展。本地网络掩码被定义为将主机地址最前面的一些比特看作网络地址的一部分。这些额外的网络地址位用于在本地定义出多个网络。远程站点不知道本地子网。它们将这些地址看作普通的 A、B 和 C 类地址。

　　以 C 类的私有地址块 192.168.1.0 为例。例子中的网络地址为 192.168.1.0。网络掩码为 255.255.255.0，它精确地匹配了网络地址 192.168.1.0/24 的前 24 位。

　　这个网络可以通过定义前 25 位而不是前 24 位为地址中的网络部分来将网络划分为两个本地网络。用现在的说法是，这个本地网络有一个 25 位而不是 24 位的前缀长度。主机地址字段最前面的一位比特现在被当作网络地址字段的一部分。主机字段现在包含 7 个比特而不是 8 个比特。网络掩码成为了 255.255.255.128 或 CIDR 记法的/25。两个子网被定义为：主机地址从 1 到 126 的子网 192.168.1.0 和主机地址从 129 到 254 的子网 192.168.1.128。每个子网少了两个主机地址，因为每个子网都使用了最低的主机地址 0 或 128 作为网络地址，并且使用最高的主机地址 127 或 255 作为广播地址。如表 7.2 所示。

表 7.2　　　　　　　　　C 类地址 192.168.1.0 划分为两个子网

子网号	无	0	1
网络地址	192.168.1.0	192.168.1.0	192.168.1.128
网络掩码	255.255.255.0	255.255.255.128	255.255.255.128
第一个主机地址	192.168.1.1	192.168.1.1	192.168.1.129
最后一个主机地址	192.168.1.254	192.168.1.126	192.168.1.254
广播地址	192.168.1.255	192.168.1.127	192.168.1.255
总主机数	254	126	126

　　子网 192.168.1.0 和 192.168.1.128 可以被分配给两个单独的内部网络接口卡。每个子网由两

个独立的网络组成，每个包含 126 个主机。

　　子网划分允许创建多个内部网络，每个都包含不同种类的客户端或服务器，并且每个子网都有它独立的路由。不同的防火墙策略可以分别应用到这些网络中。

　　当然，这个例子展示的网络被分为两个部分。网络实际上可以被分为很多个部分，以创建多个更小的网络。在路由器之间两个区域内的网络使用的子网掩码为 255.255.255.252 或/30 是很常见的。表 7.3 一步步深入地展示了这个过程并将相同的网络分成了 4 个子网。

表 7.3　　　　　　　　　　　　　　　C 类地址 192.168.1.0 划分为四个子网

子网号	0	1	2	3
网络地址	192.168.1.0	192.168.1.64	192.168.1.128	192.168.1.192
网络掩码	255.255.255.192	255.255.255.192	255.255.255.192	255.255.255.192
第一个主机地址	192.168.1.1	192.168.1.65	192.168.1.129	192.168.1.193
最后一个主机地址	192.168.1.62	192.168.1.126	192.168.1.190	192.168.1.254
广播地址	192.168.1.63	192.168.1.127	192.168.1.191	192.168.1.255
总主机数	62	62	62	62

7.5.2　通过主机、地址或端口范围限制内部访问

　　可以选择性地限制通过防火墙内部网络接口的数据流，就像限制通过外部接口的数据流那样。例如，在一个用于小型家庭站点的防火墙上，数据流可以被限制为 DNS、SMTP、POP 和 HTTP，而不是允许所有数据流都通过内部接口的。在这种情况下，可以说一个防火墙计算机为局域网提供了这些服务。本地计算机不被允许访问其他的外部服务。在这种情况下，不会有数据包被转发。

> **值得关注的问题**
>
> 　　在本例中，本地主机被限制为只能访问特定的服务：DNS、SMTP、POP 和 HTTP。因为 POP 在本例中是一个本地的邮件接收服务，并且 DNS、SMTP 和 HTTP 是代理服务，所以局域网客户端不能直接访问互联网。任何情况下本地客户端都是连接到本地服务器的。POP 是一个本地局域网服务。其他三个服务器都可以代表客户端建立远程连接。
>
> 　　本例只用于小型的、更像家庭式的站点。将邮件网关和 POP 服务放在防火墙主机上要求主机有一些用户账号。但是，这些账号不一定非得是登录账号。

内部局域网的配置选项

　　下面描述了一个防火墙内部接口连接到内部局域网的例子。内部接口相关的常量是：

```
LAN_INTERFACE="eth1"                  # Internal interface to the LAN
LAN_GATEWAY="192.168.1.1"             # Firewall machine's internal
                                      # Interface address
LAN_ADDRESSES="192.168.1.0/24"        # Range of addresses used on the LAN
```

局域网主机连接到防火墙内部接口并把它作为名称服务器：

```
# Generic gateway response rule
$IPT -A OUTPUT -o $LAN_INTERFACE \
        -s $LAN_GATEWAY \
        -d $LAN_ADDRESSES --dport $UNPRIVPORTS \
        -m state --state ESTABLISHED,RELATED -j ACCEPT

# Service-specific LAN request rules

$IPT -A INPUT -i $LAN_INTERFACE -p udp \
        -s $LAN_ADDRESSES --sport $UNPRIVPORTS \
        -d $LAN_GATEWAY --dport 53 \
        -m state --state NEW,ESTABLISHED,RELATED -j ACCEPT

$IPT -A INPUT -i $LAN_INTERFACE -p tcp \
        -s $LAN_ADDRESSES --sport $UNPRIVPORTS \
        -d $LAN_GATEWAY --dport 53 \
        -state --state NEW,ESTABLISHED,RELATED -j ACCEPT
```

nftables 的匹配规则如下：

```
$NFT add rule filter output oif $LAN_INTERFACE \
    ip saddr $LAN_GATEWAY ip daddr $LAN_ADDRESSES \
    tcpdport $UNPRIVPORTS ct state established,related accept

$NFT add rule filter input iif $LAN_INTERFACE \
    ip protocol udp ip saddr $LAN_ADDRESSES \
    udp sport $UNPRIVPORTS ip daddr $LAN_GATEWAY \
    udp dport 53 ct state new,established,related accept

$NFT add rule filter input iif $LAN_INTERFACE \
    ip protocol tcp ip saddr $LAN_ADDRESSES \
    tcp sport $UNPRIVPORTS ip daddr $LAN_GATEWAY \
    tcp dport 53 ct state new,established,related accept
```

局域网主机也把防火墙作为 SMTP 和 POP 服务器：

```
# Sending mail - SMTP
$IPT -A INPUT -i $LAN_INTERFACE -p tcp \
        -s $LAN_ADDRESSES --sport $UNPRIVPORTS \
        -d $GATEWAY --dport 25 \
        -state --state NEW,ESTABLISHED,RELATED -j ACCEPT

# Receiving Mail - POP

$IPT -A INPUT -i $LAN_INTERFACE -p tcp \
        -s $LAN_ADDRESSES --sport $UNPRIVPORTS \
        -d $GATEWAY --dport 110 \
        -state --state NEW,ESTABLISHED,RELATED -j ACCEPT
```

最后，一个本地 Web 缓存代理服务器运行在防火墙计算机的端口 8080 上。内部主机指向防火墙上的 Web 服务器，将其作为代理服务器，Web 服务器为它们转发所有传出请求，并缓存从互联网得到的网页。所有到代理服务器的连接都通过端口 8080。对远程站点进行的安全 Web 访问和 FTP 访问都由代理服务器发起：

```
$IPT -A INPUT -i $LAN_INTERFACE -p tcp \
        -s $LAN_ADDRESSES --sport $UNPRIVPORTS \
        -d $GATEWAY --dport 8080 \
        -state --state NEW,ESTABLISHED,RELATED -j ACCEPT
```

下面是 nftables 的规则；请注意目的端口（SMTP、POP 和代理）是如何在规则中被处理的：

```
$NFT add rule filter input iif $LAN_INTERFACE \
    tcpdport { 25,995,8080 } ipsaddr $LAN_ADDRESSES \
    tcp sport $UNPRIVPORTS ipdaddr $GATEWAY \
    ct state new,established,related accept
```

请记住，Web 服务器使用 FTP 被动模式来从远程 FTP 站点取回数据。防火墙的外部接口将需要输入和输出规则来访问远程 FTP、HTTP 和 HTTPS 服务端口。网关主机也必须有使外部接口能用于 email 和发送 DNS 查询到远程主机的规则。

多个局域网的配置选项

在上面的例子中可以更进一步添加第二个内部局域网。下面的例子比前面的例子更加安全。如图 7.5 所示，DNS、SMTP、POP 和 HTTP 服务是由第二个局域网中的计算机而不是防火墙计算机提供的。第二个局域网也许会作为一个公用 DMZ。第二个局域网作为一个为内部服务的局域网并且其服务不提供给互联网同样也是可能的（尽管在这种情况下，根据本地防火墙的配置，防火墙至少要是一个邮件网关）。每种情况下防火墙主机都不能提供服务。在这个例子中，数据流在两个局域网之间通过防火墙计算机上的内部接口被路由。

下面是本例中与局域网、网络接口和服务器主机相关的变量定义：

```
CLIENT_LAN_INTERFACE="eth1"          # Internal interface to the LAN
SERVER_LAN_INTERFACE="eth2"          # Internal interface to the LAN
CLIENT_ADDRESSES="192.168.1.0/24"    # Range of addresses used on the client LAN
SERVER_ADDRESSES="192.168.3.0/24"    # Range of addresses used on the server LAN
DNS_SERVER="192.168.3.2"             # LAN DNS server
```

第一条规则覆盖所有发回到客户局域网中客户端的服务器响应：

```
$IPT -A FORWARD -i $SERVER_LAN_INTERFACE -o $CLIENT_LAN_INTERFACE \
        -s $SERVER_ADDRESSES -d $CLIENT_ADDRESSES \
        -m state --state ESTABLISHED,RELATED -j ACCEPT
```

第二条规则覆盖所有从客户端局域网中的客户端到服务器局域网中的本地服务器的正在进行的连接的数据流：

```
$IPT -A FORWARD -i $CLIENT_LAN_INTERFACE -o $SERVER_LAN_INTERFACE \
```

```
-s $CLIENT_ADDRESSES -d $SERVER_ADDRESSES \
-m state --state ESTABLISHED,RELATED -j ACCEPT
```

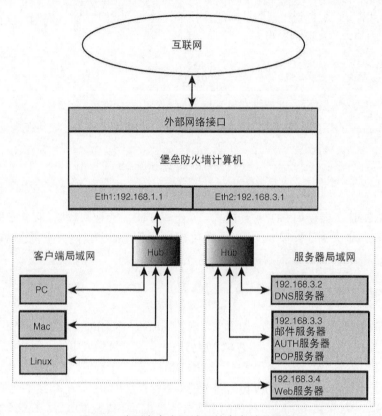

图 7.5　分别在多个局域网的客户端和服务器

第三条规则覆盖所有来自服务器局域网中的本地服务器对客户端请求的远程响应：

```
$IPT -A FORWARD -i $EXTERNAL_INTERFACE -o $SERVER_LAN_INTERFACE \
    -d $SERVER_ADDRESSES \
    -m state --state ESTABLISHED,RELATED -j ACCEPT
```

第四条规则覆盖所有来自互联网上远程主机针对客户端请求的本地服务器响应：

```
$IPT -A FORWARD -i $SERVER_LAN_INTERFACE -o $EXTERNAL_INTERFACE \
    -s $SERVER_ADDRESSES \
    -m state --state ESTABLISHED,RELATED -j ACCEPT
```

这四条规则在 nftables 中的语法如下：

```
$NFT add rule filter forward iif $SERVER_LAN_INTERFACE oif $CLIENT_LAN_INTERFACE \
    ip saddr $SERVER_ADDRESSES ip daddr $CLIENT_ADDRESSES \
    ct state established,related accept
```

```
$NFT add rule filter forward iif $CLIENT_LAN_INTERFACE oif $SERVER_LAN_INTERFACE \
    ip saddr $CLIENT_ADDRESSES ip daddr $SERVER_ADDRESSES \
    ct state established,related accept

$NFT add rule filter forward iif $EXTERNAL_INTERFACE oif $SERVER_LAN_INTERFACE \
    ip daddr $SERVER_ADDRESSES \
    ct state established,related accept

$NFT add rule filter forward iif $SERVER_LAN_INTERFACE oif $EXTERNAL_INTERFACE \
    ip saddr $SERVER_ADDRESSES \
    ct state established,related accept
```

本地计算机使用 SERVER_LAN 中的 DNS 服务器作为它们的名称服务器。正如要定义防火墙内部接口和外部接口的规则一样，也要为客户端局域网接口定义对服务器的访问规则。用于服务器局域网接口上客户端访问的规则定义：

```
$IPT -A FORWARD -i $CLIENT_LAN_INTERFACE -o $SERVER_LAN_INTERFACE -p udp \
        -s $CLIENT_ADDRESSES --sport $UNPRIVPORTS \
        -d $DNS_SERVER --dport 53 \
        -m state --state NEW -j ACCEPT

$IPT -A FORWARD -i $CLIENT_LAN_INTERFACE -o $SERVER_LAN_INTERFACE -p tcp \
        -s $CLIENT_ADDRESSES --sport $UNPRIVPORTS \
        -d $DNS_SERVER --dport 53 \
        -m state --state NEW -j ACCEPT
```

下面是 nftables 的规则：

```
$NFT add rule filter forward iif $CLIENT_LAN_INTERFACE oif $SERVER_LAN_INTERFACE \
    ip saddr $CLIENT_ADDRESSES ip daddr $DNS_SERVER \
    udp dport 53 udp sport $UNPRIVPORTS \
    ct state new accept

$NFT add rule filter forward iif $CLIENT_LAN_INTERFACE oif $SERVER_LAN_INTERFACE \
    ip saddr $CLIENT_ADDRESSES ip daddr $DNS_SERVER \
    tcp dport 53 tcp sport $UNPRIVPORTS \
    ct state new accept
```

第二个局域网上的 DNS 服务器需要从外部的源得到域名信息。如果本地服务器是外部服务器的一个缓存转发服务器，则需要转发未解析的查询到外部服务器，用于内部服务器的局域网接口和外部互联网接口的防火墙的转发规则如下：

```
$IPT -A FORWARD -i $SERVER_LAN_INTERFACE -o $EXTERNAL_INTERFACE -p udp \
        -s $DNS_SERVER --sport 53 \
        -d $NAME_SERVER_1 --dport 53 \
        -m state --state NEW -j ACCEPT

$IPT -A FORWARD -i $SERVER_LAN_INTERFACE -o $EXTERNAL_INTERFACE -p udp \
        -s $DNS_SERVER --sport $UNPRIVPORTS \
        -d $NAME_SERVER_1 --dport 53 \
        -m state --state NEW -j ACCEPT
```

```
$IPT -A FORWARD -i $SERVER_LAN_INTERFACE -o $EXTERNAL_INTERFACE -p tcp \
    -s $DNS_SERVER --sport $UNPRIVPORTS \
    -d $NAME_SERVER_1 --dport 53 \
    -m state --state NEW -j ACCEPT
```

下面是 nftables 的规则，将用于 UDP 的规则压缩到了一条规则中：

```
$NFT add rule filter forward iif $SERVER_LAN_INTERFACE oif $EXTERNAL_INTERFACE \
    udp sport { 53,$UNPRIVPORTS } udp dport 53 \
    ip saddr $DNS_SERVER ip daddr $NAME_SERVER \
    ct state new accept

$NFT add rule filter forward iif $SERVER_LAN_INTERFACE oif $EXTERNAL_INTERFACE \
    tcp sport $UNPRIVPORTS tcp dport 53 \
    ip daddr $NAME_SERVER ip saddr $DNS_SERVER \
    ct state new accept
```

7.6　小结

本章介绍了一些保护局域网时可用的防火墙选项。安全策略是根据站点的安全等级需要、被保护的数据的重要性以及丢弃数据或机密的代价来制定的。从第 5 章构建的堡垒防火墙作为基础开始，以配置复杂度递增的方式，讨论了局域网和防火墙配置选项。

第 8 章

网络地址转换

网络地址转换（NAT）是一种用另一个地址来替代 IP 报头中源地址或目的地址的技术。从传统角度讲，NAT 是一种在两个不同的地址域间进行数据包映射的 IP 地址转换技术。NAT 最常用于在一个专用的、已编址的本地网络和公用的、可寻址的互联网之间对传出的连接进行映射。实际上，这正是最初 NAT 的用途所在，NAT 主要与当时新定义的专用类地址空间结合使用，以缓解 IPv4 地址空间短缺的问题。

本章将介绍 NAT 的概念以及各种类型 NAT 的典型用途。

8.1　NAT 的概念背景

NAT 于 1994 年在 RFC 1631，"The IP Network Address Translator (NAT)"中首次被提出，随后又被 RFC 3022，"Traditional IP Network Address Translator (Traditional NAT)"所替代。NAT 被计划用来短期地、暂时地解决日益暴露的公用 IP 地址短缺问题（直到 IPv6 投入使用）。NAT 也被看作是处理不相邻地址块的路由器日益增长的需求的一个可行的解决方案。人们认为 NAT 可能会减少或消除对 CIDR 的需求，这反过来会促进地址重分配以及软件和网络配置的改变。当地址空间被重新分配或者一个站点更改了服务提供商并被分配了一个新的公用地址块时，NAT 也被看作用于避免由本地网络重编号导致开销的一种手段。

NAT 不仅被视为一个暂时的解决方案，它也被认为会导致比它所能解决的更多的问题。除 FTP 外，大多数有问题的应用协议都被认为是将会逐渐被废弃使用的旧协议。通常假设，在 NAT 面前，网络应用开发者会自然而然地更留心考虑端到端的事项，会更加小心地避免在新的应用程序的数据中嵌入地址信息，并且避免偏离标准的客户端/服务器模型。

但事实正好与此相反。IPv6 目前尚未被部署，给了 NAT 永久的、长期的地位。随着大众对互联网的访问变得越来越便利，可用的 IPv4 地址变得更加稀少，使用 NAT 几乎非常普遍。标准的应用协议和通用标准协议如今仍在使用，包括 DNS、HTTP、SMTP、POP 和 NNTP，这些协议同 NAT 配合工作得很好，而且所有的 NAT 都为 FTP 提供了专门的支持。

NAT 在透明传输中的成功是由于这些通用协议具有的标准的客户端/服务器连接特性。然而，一些被发现的例外并不是由于旧代码或古怪的应用导致的。互联网应用变得越来越具有交互性。新的应用有时候并没有清晰的客户端/服务器关系。有时一个独立的服务器会协调多个用户间的通信，这些用户也可以相互初始化通信，而不依靠服务器。多个服务器可以与运行在多个 NAT 地址域内的分布式服务一起运作，或与由不同类型的服务器提供的服务协同合作。一些老式多媒体和其他多流及双向、多连接会话可以在两个方向上发起连接，每个会话可能同时有多个连接，并可能同时依赖于 TCP 和 UDP。客户端不再是一个固定的、永久可寻址的实体，伴随而来的是以移动设备和远程办公的雇员为例的动态客户端定位。一些服务依赖于端到端的数据包和数据完整性，如 IPSec 加密和认证协议。

这些网络应用不能透明地使用 NAT。为了使 NAT 能够正确地转换这些数据包，需要为每一个应用提供特定的应用层网关（ALG）支持。在加密的情况下，使用加密和认证方式的端到端的传输层安全协议将无法工作。

不考虑 NAT 带来的问题，它的有效性确保了 IPv4 的延续使用。同时，防火墙用户也正期待可用的防火墙来解决新的协议带来的问题，包括 NAT 和数据包过滤本身两方面。

我们需要可替代的防火墙解决方案，因为使用当前技术实现的防火墙本身存在一定的问题。NAT 并不是唯一的问题。多媒体和应用层网关带来的开销正在加重这一问题。当前的防火墙（和 NAT）并不能过滤掉这些协议。

RFC 2663，"IP Network Address Translator (NAT) Terminology and Considerations" 描述了存在的三种类型的 NAT。

- 传统的、单向传出的 NAT 用于使用私有地址空间的网络。可以由私有局域网发起到远程互联网主机的传出会话，但不能由远程主机发起到私有的已编址局域网中的本地主机的传入会话。传统的 NAT 被分为以下两个子类型，尽管这两个子类型在实际使用中会有重叠：
  - 基本的 NAT 仅执行地址转换。它通常用于映射本地私有源地址到一组公共地址中的一个。在由某个特定本地主机初始化所有会话的期间内，特定的公共地址和私有地址对之间存在一个一对一的映射。
  - 网络地址和端口转换（Network Address and Port Translation）执行地址转换，但也会用 NAT 设备的一个源端口来替代本地局域网主机的源端口。它通常用于映射本地私有源地址到一个公用地址（类似 Linux 伪装）。因为 NAT 设备只有一个 IP 地址来映射所有传出的私有局域网连接，私有和共有的源端口对被用于关联一个特定的连接到一个特定的私有主机地址和来自那台主机的特定连接。
- 双向 NAT（Bidirectional NAT）执行双向的地址转换，允许传出和传入的连接。在一个公用地址和一个私有地址之间存在一个一对一的映射。实际上，公用地址对本地主机的私有地址来说是一个公用的别名。这允许远程主机通过与私有主机的相关的公用地址来对它进行寻址。NAT 设备转换传入数据包中的公用目的地址为实际分配给本地主机的私有地址。
  双向 NAT 的一种用法是在 IPv4 地址空间和 IPv6 地址空间之间进行映射。尽管两者的地址在它们的地址空间中都是可路由的，但 IPv6 地址在 IPv4 空间内是不可路由的。IPv4

地址空间内的主机不能直接指向一个 IPv6 地址空间内的主机。同样地，一个 IPv6 地址空间内的主机也不能直接指向一个 IPv4 地址空间内的主机。IPv6 主机的地址需要在两个地址域间被来回转换。

双向 NAT 的另一个用法与 Linux 用户更加相关，当站点从局域网中提供公用服务，但只有一个公共的 IP 地址时，需要在互联网和使用私有地址本地服务器间转发连接。

● 两次 NAT（Twice NAT）执行双向的源和目的地址转换，但源和目的地址在两个方向上都被转换了。两次 NAT 用于源和目的网络的地址空间发生冲突的情况。这可能是因为一个站点错误地使用了已经分配给别人的公用地址。当站点被重新编号或被分配了一个新的公用地址段而站点管理员又不想立即分配这些新地址时，使用两次 NAT 是一种很方便的方法。

NAT 的优点包括以下方面。

● 包含标准应用协议数据的数据包在网络之间被透明地转换。
● 标准的客户端/服务器服务"正好适用于"NAT。
● NAT 通过在整个本地网络中分享一个公用地址或一小块公用地址，减轻了由可用 IP 地址短缺而引发的问题。
● NAT 降低了本地和公用 IP 地址重新编号的需要。
● NAT 降低了在较大的本地网络中部署和管理更加复杂的路由方案的需要。
● 在 NAT 最常见的连接私有 IP 地址的形式中，非期望的传入流量不会进入，因为本地机器是不可寻址的。
● 在 NAT 的其他形式中，它可以用于允许虚拟服务器，一个服务器群中看上去就像一个单独的、可寻址的服务器，以此来进行负载均衡。

NAT 的缺点包括以下几个方面。

● NAT 在网络中维护其自身的临界状态时，在网络中引入了单点故障点。
● 在 NAT 设备中维护临界状态打破了互联网的惯例，导致数据包将不能被失效的 NAT 路由器自动重路由。
● NAT 在路由上修改数据包的内容打破了互联网端到端透明传输的惯例。
● 由于修改了地址信息，任何在应用负载中嵌入了本地地址或端口的应用程序都需要应用相关的 NAT 支持。
● 由于需要为在应用载荷中嵌入本地地址或端口的应用修改数据包的地址信息，发送到 NAT 主机的传入数据包在转发之前必须被重组。
● NAT 增加了对 NAT 设备的资源和性能要求，否则设备将疲于应付快速的数据报转发。NAT 不仅担负了重组数据包、检测数据包和修改数据包的任务，同时还必须执行状态维护、状态超时和状态垃圾收集的任务。
● 由于在网络中的维护状态和相关资源的需求，NAT 设备不能无限地扩展。另外，如没有复杂的共享技术，主机不能使用多个同等的 NAT 设备，这将造成网络中出现单点故障。
● 双向多流协议需要特定应用的 NAT 支持来转发传入的二级流到适当的本地主机（注意，这些协议通常也要求防火墙具有 ALG 支持)。

- NAT 会打破运行多个同样的本地网络客户端应用实例以连接到一个远程服务器的能力。这一问题多发生于网络游戏和 IRC 中，在它们中的会话与传入的流密切相关。
- 因为下面这些原因，NAT 不能和传输模式 IPSec 一起用于端到端的安全。
  - 端到端的传输层安全技术是不可用的，因为该技术依赖于用于认证的数据包报头内容的端到端完整性。
  - 端到端的传输层安全技术是不可用的，因为该技术依赖于数据包中数据有效载荷的端到端完整性。数据包中数据有效载荷同样依赖于数据包报头的完整性。
  - 端到端的传输层安全技术是不可用的，因为数据加密使得数据包的内容无法被检测。NAT 的修改无法改变嵌入的地址和端口信息。
  - 安全信任关系必须从端点主机被扩展到网络，甚至到本地站点外面的某个点。IPSec 和大多数 VPN 技术必须被扩展到 NAT 设备 (即 IPSec 隧道模式)。NAT 设备再一次成为单点故障点，因为 NAT 设备必须终止 VPN 并作为代理服务器建立一个到目的地址的新的连接。

8.2 iptables 和 nftables 中的 NAT 语义

iptables 和 nftables 都支持完整的 NAT 功能，包括源地址 (SNAT) 和目的地址 (DNAT) 映射。术语全 NAT(full NAT) 并不是一个正式的术语；我用它来表示能够执行源和目的地址 NAT、指定一个或一个范围的转换地址、执行端口转换以及端口重映射的能力。

NAPT 的部分实现，即 Linux 用户所熟知的"伪装"，在早期 Linux 发行版中被提供。它被用来映射所有本地的私有地址到站点的单个公共网络接口的 IP 地址。

NAT 和转发常被认为是同一事物的两个不同的部分，因为伪装被指定为 FORWARD 规则语义的一部分。混淆这两个概念对它们的功能并没有影响。但现在记住它们的区别是很重要的。转发和 NAT 是两个不同的功能和技术。

转发是在网络之间路由数据流。转发照原来的样子在网络接口间路由数据流。连接可以在任一方向上被转发。

伪装在转发之上是一个单独的内核服务。数据流可以在两个方向上被伪装，但却不是对称的。伪装是单向的，只有传出连接可以被初始化。当本地计算机的数据流通过防火墙到一个远程目的时，内部计算机的 IP 地址和源端口被替换为防火墙计算机外部网络接口的地址和该接口上一个空闲的源端口。处理传入的响应数据流的过程正好相反。在数据包被转发到内部计算机之前，防火墙的目的 IP 地址和端口会被替换为参与该连接的内部计算机的真实 IP 地址和端口。防火墙计算机的端口决定所有送到防火墙计算机的传入数据流，是送到防火墙计算机本身的还是某个本地主机的。

iptables 中的转发和 NAT 语义是独立的。转发数据包的功能由 filter 表中的 FORWARD 规则链完成。应用 NAT 到数据包的功能在 nat 表中完成，使用了 nat 表的 POSTROUTING、

PREROUTING 或 OUTPUT 规则链：

- 转发是一个路由功能。FORWARD 规则链是 filter 表的一部分。
- NAT 是在 nat 表中定义的一个转换功能。NAT 在路由功能的前后都会发生。nat 表的 POSTROUTING、PREROUTING 和 OUTPUT 规则链都是 nat 表的一部分。源地址 NAT 在数据包通过路由功能后应用于 POSTROUTING 规则链。对于本地生成的传出数据包来说，源地址 NAT 也应用于 OUTPUT 规则链。（filter 表的 OUTPUT 规则链和 nat 表的 OUTPUT 规则链是两个相互独立的、不相关的规则链。）目的地址 NAT 在数据包被转到路由功能前应用于 PREROUTING 规则链。

哪种目的地址将会在哪里被看到？

目的地址 NAT 在路由决定做出之前，应用于 nat 表的 PREROUTING 规则链。在 PREROUTING 规则链中的规则必须匹配数据包报头中的原始目的地址。在 filter 表的 INPUT 和 FORWARD 规则链中的规则必须匹配同一数据包报头中修改过的、由网络地址转换规则转换后的地址。同样的，如果这个数据包在路由决定做出后应用了源地址 NAT，并且重要的是如果目的地址匹配了，nat 表的 POSTROUTING 规则链中的规则将匹配修改后的目的地址。

源地址 NAT 在路由决定做出后应用于 nat 表的 POSTROUTING 规则链。任何规则链上的规则都会匹配原始的源地址。源地址会在数据包被发送到下一条或下一个目的主机的前一刻被修改。修改后的源地址不会在应用了源地址 NAT 的主机上出现。

转发和 NAT 之间的这些差别在 ipfwadm 和 ipchains 中都不明显。转发规则对在伪装中不是必须的。双向的转发和 NAT 由一条规则完成。传入的本地接口由源地址指出。转换后的源地址来自公共的传出接口规范。对响应数据包的反向转换被隐含实现，不需要显式的规则。

使用 NAT 语法时不要走极端

本章的其余部分介绍 nat 表的语法。在查看完整的 NAT 语法时需要多多注意。下面几节描述了 NAT 使用中更简单的、更通用的语法，这也是最常用到的语法。一般的站点不会使用 nat 表中可用的那些特殊的特性。

SNAT 和 DNAT 规则都可以指定协议、源地址和目的地址、源端口和目的端口、状态标志以及转换后的地址和端口。当做完这些后，nat 表的规则看上去和 filter 表规则很相似。NAT 的规则很容易与防火墙的规则混淆，尤其是对那些习惯了 ipchains 语法的人。实际的过滤在 FORWARD 规则链中完成。

您可以对照 FORWARD 规则和 NAT 规则的匹配字段；它们两个的规则集看上去很相像。对于大型规则集来说，这很快就会变得容易出错，成为管理员的噩梦，并且几乎完成不了什么任务。

记住，iptables 的转发和 NAT 是两个完全独立的功能。实际的防火墙过滤由 filter 表中的规则完成。对于大多数人来说，最好让 nat 表的规则简单一些。

8.2.1   源地址 NAT

在 iptables 的 nat 表中，存在着两种形式的源地址 NAT：SNAT 和 MASQUERADE，它们被定义为两个不同的目标。SNAT 是标准的源地址转换。MASQUERADE 是一种特殊的形式的 SNAT，用于任意动态分配 IP 地址的、临时的、基于连接的环境中。在撰写本文时，nftables 也提供了对 MASQUERADE 的支持。

这两个目标都被用于 iptables 的 nat 表中的 POSTROUTING 规则链。源地址修改应用于做出路由决定之后，以选择适合的传出接口。因此，SNAT 的规则与传出接口而不是传入接口相关。

由于 nftables 并不包含任何默认的表，因此 nat 表必须在本章的所有示例之前被配置，以保证正常工作。要做到这一点，您可以添加 nat 表到前面的章节中编写的 setup-tables 规则文件中。最后的结果如下：

```
table filter {
        chain input {
                type filter hook input priority 0;
        }
        chain output {
                type filter hook output priority 0;
        }
        chain forward {
                type filter hook forward priority 0;
        }
}
table nat {
        chain prerouting {
                type nat hook prerouting priority 0;
        }
        chain postrouting {
                type nat hook postrouting priority 0;
        }
        chain output {
                type nat hook output priority 0;
        }
}
```

这个文件应保存为 setup-tables，它可以用命令 nft -f setup-tables 进行加载。

标准的 SNAT

下面是一般的 SNAT 语法：

```
iptables -t nat -A POSTROUTING -o <outgoing interface> ... \
        -j SNAT --to-source <address>[-<address>][:port-port]
```

nftables 的一般语法为：

```
add rule nat postrouting oif<outgoing interface> \
    snat <address>[:port-port]
```

这个地址用于替代数据包中最初的源地址，其多为传出接口的地址。源地址 NAT 是传统的 NAT 用法，用以允许传出连接。指定单个转换地址来执行 NAPT，允许所有本地、私有地址的主机共享您站点的单个公用 IP 地址。

另外，您可以指定一个源地址范围。拥有一个公用地址块的站点可以使用这个范围。从本地主机传出的连接会被分配一个可用的地址，一个公用地址会与一个特别的本地主机的 IP 地址相关联。

MASQUERADE 源地址 NAT

iptables 中一般的 MASQUERADE 语法如下：

```
iptables -t nat -A POSTROUTING -o <outgoing interface> ... \
        -j MASQUERADE [--to-ports <port>[-port]]
```

MASQUERADE 没有用于指定在 NAT 设备上使用特定源地址的选项。使用的源地址是传出接口的地址。

可选的端口规范是 NAT 设备的传出接口上的一个源端口或一组源端口范围。

同 SNAT 一样，省略号代表了指定的任何其他数据包选择符。例如，MASQUERADE 只可以被应用在一个选定的本地主机上。

8.2.2 目的地址 NAT

在 iptables 的 nat 表中存在两种形式的目的地址 NAT：DNAT 和 REDIRECT，它们被定义为两个不同的目标。DNAT 是标准的目的地址转换。REDIRECT 是一种特殊形式的 DNAT，它重定向数据包到 NAT 设备的输入接口或回环接口。nftables 没有重定向这个目标。

这两个 iptables 目标可以被用于 iptables 的 nat 表中的 PREROUTING 和 OUTPUT 规则链。目的地址的修改应用于路由决定做出之前，以选择合适的接口。因此，在 PREROUTING 规则链上，DNAT 和 REDIRECT 规则与通过传入接口转发数据包的接口或寻址到主机的数据包的传入接口相关联。在 OUTPUT 规则链上，DNAT 和 REDIRECT 规则用于引用本地产生的，从 NAT 主机自身传出的数据包。

标准的 DNAT

一般的 DNAT 语法如下：

```
iptables -t nat -A PREROUTING -i<incoming interface> ... \
        -j DNAT --to-destination <address>[-<address>][:port-port]
```

和

```
iptables -t nat -A OUTPUT -o <outgoing interface> ... \
        -j DNAT --to-destination <address>[-<address>][:port-port]
```

nftables 的语法为

```
nft add rule nat prerouting iif<incoming interface> \
    dnat<destination address>[:port-port]
```

和

```
nft add rule nat output oif<outgoing interface> \
    dnat<destination address>[:port-port]
```

这个地址用于替换数据包中最初的目的地址，其多为本地服务器的地址。

另外，也可以指定一个目的地址的范围。拥有一组公用的、对等服务器的站点会用到这个地址范围。从远程站点传入的连接将被分配给这些服务器中的一个。这些地址可以是分配给内部计算机的公用地址。例如，一组对等的服务器在远程主机看来就像一个单独的服务器一样。此外，这些地址可以是私有地址，服务器从 Internet 看来是不直接可见或不可寻址的。对于后者，站点可能没有为服务器分配公用地址。远程主机尝试连接到 NAT 主机上的服务。NAT 主机则透明地转发连接到使用私有地址的内部服务器。

最后的端口规格是另一个可选项。端口指定目标主机传入接口上数据包应该被发送到的目的地端口或端口范围。

省略号代表指定的任何其他数据包选择符。例如，**DNAT** 可以用于重定向来自指定远程主机的传入连接到一台本地内部主机。另一项使用是重定向传入连接到一个本地网络中实际运行特定服务的服务器端口。

REDIRECT 目的地址 NAT

一般的 **REDIRECT** 语法如下：

```
iptables -t nat -A PREROUTING -i<incoming interface> ... \
        -j REDIRECT [--to-ports <port[-port]>]
```

和

```
iptables -t nat -A OUTPUT -o <outgoing interface> ... \
        -j REDIRECT [--to-ports <port[-port]>]
```

请记住，**REDIRECT** 重定向数据包到执行 **REDIRECT** 操作的那台主机。

到达传入接口的数据包大多是发往其他的本地主机的。另一种情况可能为数据包是发往一个特定的本地服务端口的，并且数据包被透明地重定向到主机上的另一个端口。

本地产生的、发往其他主机的数据包将被重定向回到这台主机的回环接口。去往特定远程服务的数据包也可能被重定向回本地计算机，例如一个缓存代理。

此外，可以指定一个不同的目的地址端口或端口范围。如果没有指定端口，数据包会被送到发送方定义在数据包中的目的端口。

省略号代表任何指定的其他数据包选择器。例如，REDIRECT 可以用于重定向传入连接到一个特定的服务器的服务、日志记录器、认证装置或其他本地主机上的监测软件。在执行完一些监测功能后，数据包会继续从这台计算机处进行传送。另一项使用是把到一个特定服务的传出连接重定向回一台服务器或此主机上的中间服务。

8.3　SNAT 和私有局域网的例子

源地址 NAT 到现在为止仍是最常见的 NAT 形式。NAT 使得使用私有地址的本地主机可以访问互联网，这是创建 NAT 的初衷。下面的部分提供了一些使用 nat 表的 MASQUERADE 和 SNAT 目标的简单、真实的例子。

8.3.1　伪装发往互联网的局域网流量

MASQUERADE 版本的源地址 NAT 是为那些使用拨号账户,每次拨号连接都会被分配一个不同的 IP 地址的人们而创建的。它也被那些长期在线,但其 ISP 定期为他们分配一个不同的 IP 地址的人所使用。这个版本只适用于 iptables。

最简单的例子是 PPP 连接。这些站点通常使用单个规则来伪装所有从局域网传出的连接：

```
iptables -t nat -A POSTROUTING -o ppp0 -j MASQUERADE
```

伪装和普通的 NAT 随着第一个数据包而建立。使用伪装的话，一条 nat 规则就足够了。NAT和连接状态跟踪会处理传入的数据包。但 FORWARD 规则对是必需的，如下面的例子所示：

```
iptables -A FORWARD -o ppp0 \
        -m state --state NEW,ESTABLISHED,RELATED -j ACCEPT

iptables -A FORWARD -o <LAN interface> \
        -m state --state ESTABLISHED,RELATED -j ACCEPT
```

在这个简单的设置中，不需要指定传入接口。FORWARD 规则引用穿过接口间的流量。如果主机有一个网络接口和一个 PPP 接口，那么从一个接口转发出的任何数据包都必须来自其他接口。任何在路由器间被 filter 表的 FORWARD 规则所接受的数据包必须被 nat 表的POSTROUTING 规则伪装。

即便是短期的电话连接，允许传出的状态为 NEW 的连接的单个 FORWARD 规则应该被分为针对特定服务的多个规则。根据局域网中联网的设备和它们的运转方式，您可能希望限制哪些局域网流量被转发。

下面是一个 FORWARD 规则对的例子：

```
iptables -A FORWARD -i<LAN interface> -o ppp0 \
        -m state --state NEW,ESTABLISHED,RELATED -j ACCEPT

iptables -A FORWARD -i -ppp0 -o <LAN interface> \
```

```
        -m state --state ESTABLISHED,RELATED -j ACCEPT
```

在这个例子中，FORWARD 规则对被分为多个更具体的规则，只允许 DNS 查询和标准的 Web 访问。其他的局域网流量不被转发，这些命令如下：

```
iptables -A FORWARD -i -ppp0 -o <LAN interface> \
        -m state --state ESTABLISHED,RELATED -j ACCEPT
iptables -A FORWARD -o ppp0 \
        -m state --state RELATED,ESTABLISHED -j ACCEPT

iptables -A FORWARD -o ppp0 -p udp \
        --sport 1024:65535 -d <name server> --dport 53 \
        -m state --state NEW -j ACCEPT

iptables -A FORWARD -o ppp0 -p tcp \
        --sport 1024:65535 -d <name server> --dport 53 \
        -m state --state NEW -j ACCEPT

iptables -A FORWARD -o ppp0 -p tcp \
        -s <local host> --sport 1024:65535 --dport 80 \
        -m state --state NEW -j ACCEPT
```

nat 表的 POSTROUTING 规则链上的 MASQUERADE 规则仍旧没有改变。所有转发的流量都被伪装。（从 ppp0 接口传出的、由本地产生的流量没有被伪装，因为依据定义，数据流根据接口的 IP 地址来识别。）filter 表中的 FORWARD 规则限制哪些数据流被转发，因此也限制了可以在 POSTROUTING 规则链中出现的数据流。

8.3.2   对发往互联网的局域网流量应用标准的 NAT

假设还是那个站点，有一个动态分配但非永久使用的 IP 地址或者有一个固定的 IP 地址，使用源地址 NAT 更常见的 SNAT 版本。和上面的那个伪装的例子一样，小型家庭站点通常会转发并 NAT 所有传出的局域网流量：

```
iptables -t nat -A POSTROUTING -o <external interface> \
 -j SNAT \
        --to-source <external address>
```

对于 nftables 来说，只有这一条规则是必需的：

```
nft add rule nat postroutingipsaddr<source addresses> \
    oif <external interface>snat<external address>
```

与伪装一样，一条 SNAT 规则就足够了，NAT 和连接状态追踪会处理传入数据包。然而，对于 iptables 来说，FORWARD 规则对是必需的，如下例所示：

```
iptables -A FORWARD -o <external interface>\
        -m state --state NEW,ESTABLISHED,RELATED -j ACCEPT

iptables -A FORWARD -o <LAN interface> \
        -m state --state ESTABLISHED,RELATED -j ACCEPT
```

对 24×7 小时连接的小型站点来说，有选择地转发数据流特别重要。对于允许传出的状态为 NEW 的数据包来说，仅仅一条 FORWARD 规则是不够的。特洛伊和病毒非常常见。较新的网络设备对它们在网络中所做的工作趋向于有些杂乱。很可能像网络打印机这样的微软的 Windows 机器和设备会产生让您知道的多得多的数据流。而且，许多的本地流量都是被广播的。避免转发广播流量所带来的风险是个好主意。路由器不再默认转发直接广播流量，但许多的设备仍在这样做（如果没有中继代理来复制数据包并继续传送数据包，受限广播是不会穿过网络边界的）。最后的原因是为了将工作用的笔记本连接到家庭网络。许多雇主不希望雇员的笔记本电脑在没有 VPN 或公司防火墙和防病毒软件保护的情况下访问互联网。

8.4 DNAT、局域网和代理的例子

对家庭和小型商业站点来说，当日的地址 NAT 被添加到 iptables 的时候，它大概是最受欢迎的对 Linux NAT 的补充。

8.4.1 主机转发

到目前为止，DNAT 提供了只能通过第三方解决方案才能实现的主机转发的功能。对于拥有一个公用 IP 地址的小型站点来说，DNAT 允许到本地服务的传入连接被透明地转发到运行在 DMZ 中的服务器。公共服务器不需要运行在防火墙计算机上。

使用单个 IP 地址的远程站点发送客户端请求到防火墙计算机。防火墙是互联网唯一可见的本地主机。服务（例如一个 Web 或邮件服务器）本身驻留在私有网络内部。对于到达服务端口的数据包来说，防火墙修改目的地址为本地服务器的网络接口的地址并且转发数据包到私有的计算机。服务器响应过程正好相反。对于来自服务器的数据包来说，防火墙修改源地址为其自身外部接口的地址并转发数据包到远程客户端。

最常见的例子是转发传入的 HTTP 连接到本地的 Web 服务器：

```
iptables -t nat -A PREROUTING -i <public interface> -p tcp \
        --sport 1024:65535 -d <public address> --dport 80 \
        -j DNAT --to-destination <local web server>
```

nftables 的规则如下：

```
nft add rule nat prerouting iif<public interface> \
    tcp sport 1024-65535 ip daddr<public address> \
    tcp dport 80 dnat<local web server>
```

棘手的部分在于每个规则链将看到什么类型的地址。目的地址 NAT 在数据包到达 FORWARD 规则链之前被应用。因此在 FORWARD 规则链上的规则必须引用内部服务器的私有 IP 地址而不是防火墙的公用地址：

```
iptables -A FORWARD -i <public interface> -o <DMZ interface> -p tcp \
```

```
        --sport 1024:65535 -d <local web server> --dport 80 \
        -m state --state NEW -j ACCEPT
```

nftables 的规则如下:

```
nft add rule filter forward iif <public interface> \
    oif <DMZ interface>tcp sport 1024-65535 \
    tcp dport 80 ip daddr<local web server> \
    ct state new accept
```

连接追踪和 NAT 会自动地翻转来自服务器的数据包的转换。因为初始连接请求被接受了,所以一般的 FORWARD 规则足够转发从本地服务器到互联网的返回数据流:

```
iptables -A FORWARD -i <DMZ interface> -o <public interface> \
        -m state --state ESTABLISHED,RELATED -j ACCEPT
```

nftables 的规则如下:

```
nft add rule filter forward iif <DMZ interface> \
    oif <public interface> \
    ct state established,related accept
```

当然,别忘了来自客户端的正在进行的数据流也必须被转发,因为本书使用的约定一直将指定状态为 NEW 的服务规则同所有用于 ESTABLISHED 或 RELATED 状态的数据流的规则分开来:

```
iptables -A FORWARD -i <public interface> -o <DMZ interface> \
        -m state --state ESTABLISHED,RELATED -j ACCEPT
```

nftables 的规则如下:

```
nft add rule filter forward iif <public interface> \
    oif <DMZ interface> \
    ct state established,related accept
```

8.5　小结

本章介绍了网络地址转换。开头介绍了三种基本的 NAT 类型。讨论了创建 NAT 最开始的目的,如今仍在被使用的技术,以及它的优缺点。

在 iptables 中,NAT 的各种特性是通过 nat 表及该表中的规则链来访问的,而不是通过 filter 表和 FORWARD 规则链来访问的。同时也讨论了通过操作系统的数据包流的内在规律以及 FORWARD 规则链和 nat 规则链中的规则将匹配的地址之间的差别。

iptables 实现了源地址 NAT 和目的地址 NAT。源地址 NAT 被分为两个子类:SNAT 和 MASQUERADE。SNAT 是普通的源地址转换。MASQUERADE 是源地址 NAT 的一种特殊形式。当一个连接被丢弃时,它会立即删除任何与其有关的 NAT 表状态。

目的地址 NAT 也被分为两个子类:DNAT 和 REDIRECT。DNAT 是普通的目的地址转换。REDIRECT 是目的地址转换的一种特殊形式。它重定向数据包到本地主机,而不管数据包的原始目的地址是什么。

最后,给出了一系列真实的、实用的 NAT 的示例。

第 9 章

调试防火墙规则

假设现在已经设置、安装并激活了防火墙。但它却没有起作用！而您被锁在了防火墙外。谁知道到底发生了什么？现在该怎么办呢？您会从哪里开始呢？

众所周知，防火墙规则很难正确无误。如果您正在手动构建防火墙，那么肯定会不断地出现错误。即使您使用自动防火墙生成工具创建防火墙脚本，最终还是要对防火墙脚本进行定制调整。

本章介绍了 iptables、nftables 和其他系统工具中附加的报告的特性。这些报告信息对调试防火墙非常有价值。本章将解释这些信息是如何告诉您防火墙的情况的。

9.1 常用防火墙开发技巧

追踪防火墙存在的问题是一件非常细致和辛苦的事情。当有地方出现问题时，进行规则的调试是没有捷径的。一般来讲，下面的技巧可以使调试过程变得稍微容易些。

- 正如我在本书中已经介绍过的如何构建的例子那样，每次都从完整的测试脚本执行规则。首先，请确保该脚本清除了所有预先存在的规则，移除了已有的用户自定义规则链，并重置了默认策略。否则，您将无法确定哪条规则起了作用，也无法确定规则执行的顺序。
- 不要从命令行执行新规则。尤其是不要从命令行执行默认的规则。如果您使用 X Windows 或从其他系统（包括局域网中的系统）远程登录的话，您的连接会被马上切断。
- 如果可以的话，请从控制台执行测试脚本。在 X Windows 下，使用控制台可能会更方便些，但是同样也存在丢失本地 X Windows 访问的危险。为了重新获得控制权，请准备好切换到另一个虚拟控制台。如果您必须使用远程计算机来测试防火墙脚本，最好设置 cron 作业来定时关闭防火墙，以防您被锁在外面。但是，在真正开始使用防火墙前，请确保移除了 cron 作业。
- 请记住清除规则链并不会影响已生效的默认策略。
- 如果使用了默认拒绝一切的策略，就应该立即启用回环接口。
- 如果可以，每次只解决一种服务。每次只添加一条规则，或者如果您没有使用状态模块的话，每次添加一个输入或输出规则对，并随时进行测试。这有利于立刻隔离出有问题的区域。在防火墙脚本中使用 echo 命令可以帮助您缩小查找规则的范围，定位出脚本中存在问题的位置。

● 以最先匹配的规则为准。顺序非常重要。当您想了解规则的顺序时，请使用列表命令。在列表中可以追踪一个虚拟的数据包。

● 如果脚本看上去卡住了，很有可能是由于规则在 DNS 规则被启用前引用了一个符号化的主机名而不是一个 IP 地址。任何使用主机名而不是地址的规则必须在 DNS 规则之后，除非该主机名在/etc/hosts 文件中有相应的项。

● 对 iptables 来说，filter 表是默认的，但对 nftables 来说不是这样。

● 大多数匹配模块需要您在指定模块的功能语法之前使用-m 选项引用模块名，如-m state --state NEW。

● 当某个服务不工作时，记录所有丢弃的数据包，两个方向上都要记录，所有相关的被接受的数据包也应记录下来。当您再次尝试该服务时，/var/log/messages 或 /var/log/kern.log 中的条目有没有任何被丢弃的数据包的信息呢？如果有，您可以调整您的防火墙规则以允许这些数据包。如果没有，那么问题可能出现在别的地方。

● 如果您可以从防火墙计算机访问互联网，但不能从局域网计算机访问互联网，请运行 cat /proc/sys/net/ ipv4/ip_forward 再次检查 IP 转发是否已启用。此命令的结果应该为 1。 IP 转发可以在/etc/sysctl.conf 中手动进行永久的配置，或者在防火墙脚本中进行配置。第一种配置方法在网络重新启动后才能生效。如果 IP 转发没有被启用，您可以以 root 身份键入下面的命令执行，或者将其包含在防火墙脚本中，然后重新执行防火墙脚本，来立即启用 IP 转发：echo "1" > /proc/sys/net/ipv4/ip_forward。

● 如果一个服务在局域网内部可用，但在外部却不可用，请打开日志记录功能，记录内部接口上接受的数据包。然后简单地使用一下这项服务，观察两个方向上有哪些端口、地址、标志正在使用。您不会想要记录下任何时间段内被接受的数据包，因为这样在 /var/log/messages 中就会有成百上千条记录了。

● 如果服务根本无法使用，可以暂时在防火墙脚本的开头加入输入和输出规则，对来自两个方向的任何内容都予以接受，并记录所有的数据流。现在看看该服务是否可用？如果可以的话，检查/var/log/messages 中的记录，看看使用了哪些端口。

9.2   列出防火墙规则

列出您定义的规则是一个好主意，再次检查它们是否被安装，并且是否是按您所希望的顺序排列的。-L 命令用于列出存在于内部内核表中指定规则链的规则。规则将按它们与数据包匹配的顺序被列出。

iptables 列表命令的基本格式如下（以 root 权限运行）：

```
iptables [-v -n] -L [chain]
```
或
```
iptables [-t <table>] [-v -n] -L [chain]
```

第一种格式用于默认的 filter 表。如果没有指定一个特定的规则链，命令将列出 filter 表的三个内置规则链以及用户自定义规则链中的所有规则。

第二种格式用于列出 nat 或 mangle 表中的规则。

添加-v 选项可以查看规则应用到的接口。如果防火墙规则应用了远程地址或非法地址，添加-n选项可以避免解析这些地址名称所花费的大量时间。请记住如果指定了规则链，规则链必须跟在-L命令后面。还需要注意，-L 是一个命令，而-v 和-n 只是选项。它们不能进行组合，如-Lvn。

不同于使用 iptables 来定义实际的规则，可以通过命令行使用 iptables 列出存在的规则。命令的输出会显示在终端中，或者定向到一个文件中。

nftables 的语法如下：

```
nft list [chain|table] <tablename> [chain] <name> [-a -n -n]
```

在任何列表命令中，表的名称是必须的，但当请求一个规则链列表时，您不需要使用表这个关键字。精明的读者会意识到，nftables 没有默认的表名。list tables 命令将显示所有的表：

```
nft list tables
```

-a 选项为列表添加序号，这在插入或删除规则时很有用。第一个-n 选项避免了 IP 到 DNS 名称的转换。添加第二个-n 选项则避免了端口到服务名的查询。

9.2.1　iptables 中列出表的例子

iptables 中用于列出 filter 表中所有规则链中的所有规则的命令的基本的形式如下：

```
iptables -vn -L INPUT
iptables -vn -L OUTPUT
iptables -vn -L FORWARD
```

或

```
iptables -vn -L
```

请注意前面的列表命令只显示了 filter 表的规则链中的规则。

下面的三个小节使用了输入规则链上的 7 个示例规则，来介绍 filter 表为您提供的不同的列表格式选项之间的区别，也解释了各个输出字段的意义。使用不同的列表格式选项，同样的 7 个示例规则的列出在细节和可读性上有所不同。列表格式选项和各字段的意义对于 INPUT、OUTPUT 和 FORWARD 规则链是相同的。

iptables -L INPUT

下面是来自 INPUT 规则链中 7 条规则的简略列表，使用的是默认的列表选项：

```
>iptables -L INPUT

1    INPUT (policy DROP)
2    target    prot opt source              destination
3    ACCEPT    all -- anywhere              anywhere
4    LOG       icmp -f anywhere             anywhere           \
     LOG level warning prefix 'Fragmented ICMP: '
5    DROP      tcp -- anywhere              anywhere           \
     tcp flags:FIN,SYN,RST,PSH,ACK,URG/NONE
6    ACCEPT    all -- anywhere              anywhere           \
     state RELATED,ESTABLISHED
7    ACCEPT    udp -- 192.168.1.0/25        my.host.domain     \
     udp spts:1024:65535 dpt:domain state NEW
8    REJECT    tcp -- anywhere              my.host.domain2    \
     tcp dpt:auth reject-with icmp-port-unreachable
9    ACCEPT    tcp -- 192.168.1.0/25        my.host.domain     \
     multiport dports http,https tcp spts:1024:65535         \
     flags:SYN,RST,ACK/SYN state NEW
```

> ## 列表中的行号
>
> 本章中列表的行号并不是输出的一部分,只是为了引用简单而添加的。实际上可以通过在命令中加入——line-numbers 选项生成行号。生成的行号就是规则在规则链中的位置。

第 1 行表明此列表是针对 INPUT 规则链的。INPUT 规则链的默认策略是 DROP。

第 2 行包括以下的列标。

- target 指对匹配规则的数据包的处置:ACCEPT、DROP、LOG 或 REJECT。
- prot 是协议(protocol)的缩写,可以是 all、tcp、udp 或 icmp,也可以用/etc/protocols 中的值。
- opt 代表分片选项(fragmentation options),它可以设为-f 或!-f。"!-f"用于指示只能匹配没有分片的数据包或者是被分片的数据包的第一个分片。"-f"用来指示匹配一个被分片的数据包的第二片和其后的分片。
- source 是 IP 数据包报头中的源地址。
- destination 是 IP 数据包报头中的目的地址。

第 3 行展示没有其他限定参数的简单的-L 列表命令是如何漏掉重要细节的。这条规则看起来好像是接受了所有的传入数据包:来自任何地方的 tcp、udp 和 icmp 数据包。此时被漏掉的细节是 lo 接口。但这条规则实际上用于接受回环接口上的所有输入。

第 4 行记录所有(第二个及之后)分片的 ICMP 数据包。syslog 默认的日志级别是 warn。LOG 规则有一个相关的--log-prefix 前缀字符串的定义。

第 5 行丢弃不带任何状态标志集的 TCP 数据包。

第 6 行规则接受 ESTABLISHED 状态的连接中所有的传入数据包,或是与之有关的处于 RELATED 状态的连接中的数据包(即一个相关的 ICMP 错误或 FTP 数据连接)。

第 7 行规则接受从本地网络 192.168.1.0/25 中的主机传入的 UDP DNS 请求。请注意，网络被分为两个子网，因此主机的范围是 192.168.1.1 到 192.168.1.126。

第 8 行规则拒绝传入的 TCP auth 请求或对本地 identd 服务器的查询。返回的 ICMP 类型 3 错误消息包含默认的端口不可达（port-unreachable）代码。列表没有表明此计算机拥有两个网络接口。从外部网络 domain2 到来的请求将被拒绝。

第 9 行接受来自本地局域网的传入请求，连接请求可以是标准的 HTTP Web 连接或 HTTPS Web 连接。可以使用 multiport 匹配选项定义目的端口列表。

iptables -n -L INPUT

使用-n 选项会使得所有字段以数值形式而不是符号形式输出。如果您的规则使用了大量的 IP 地址，这个选项可以大大节省时间，否则在列出这些地址之前还将进行 DNS 查询。另外，如果端口范围以 23:79 的方式列出，相比 telnet:finger 将能提供更多的信息。

下面用了来自 INPUT 规则链的 7 个同样的示例规则，列出了使用-n 数值化选项的输出列表：

```
>iptables -n -L INPUT

1    INPUT (policy DROP)
2    target   prot opt    source          destination
3    ACCEPT   all --      0.0.0.0/0       0.0.0.0/0
4    LOG      icmp -f     0.0.0.0/0       0.0.0.0/0          \
     LOG flags 0 level 4 prefix 'Fragmented ICMP: '
5    DROP     tcp --      0.0.0.0/0       0.0.0.0/0          \
     tcp flags:0x023F/0x020
6    ACCEPT   all --      0.0.0.0/0       0.0.0.0/0          \
     state RELATED,ESTABLISHED
7    ACCEPT   udp --      192.168.1.0/25  192.168.1.2        \
     udp spts:1024:65535 dpt:53 state NEW
8    REJECT   tcp --      0.0.0.0/0       192.168.1.254      \
     tcp dpt:113 reject-with icmp-port-unreachable
9    ACCEPT   tcp --      192.168.1.0/25  192.168.1.2        \
     multiport dports 80,443 tcp spts:1024:65535 flags:0x0216/0x022 state NEW
```

iptables -v -L INPUT

-v 选项会产生更多冗余的输出，包括接口名称。当计算机有多于一个的网络接口时，报告接口名是非常有用的。

下面用了来自 INPUT 规则链的 7 个同样的示例，列出了使用-v 冗余选项的输出列表：

```
>iptables -v -L INPUT

1    INPUT (policy DROP 0 packets, 0 bytes)
2    pkts bytes target    prot opt in      out     source            \
     destination
3    32 3416 ACCEPT       all -- lo        any     anywhere          \
     anywhere
4    0    0 LOG           icmp -f any      any     anywhere          \
     anywhere               LOG level warning prefix 'Fragmented ICMP: '
5    0    0 DROP          tcp -- any       any     anywhere          \
```

```
                    anywhere tcp flags:FIN,SYN,RST,PSH,ACK,URG/NONE
6   94  6586 ACCEPT      all -- any       any       anywhere      \
    anywhere             state RELATED,ESTABLISHED
7   1   65 ACCEPT        udp -- eth0      any       192.168.1.0/25 \
    my.host.domain       udp spts:1024:65535 dpt:domain state NEW
8   0    0 REJECT        tcp -- eth1      any       anywhere       \
    my.host.domain2      tcp dpt:auth reject-with icmp-port-unreachable
9   1   48 ACCEPT        tcp -- eth0      any       192.168.1.0/25 \
    my.host.domain       multiport dports http,https tcp spts:1024:65535 \
    flags:SYN,RST,ACK/SYN state NE
```

9.2.2 nftables 中列出表的例子

当要列出 nftables 的 filter 表中的规则时，我最常用的基本形式是 nft list table filter –a。

它假定 filter 表已经被定义。如果 filter 表不是您希望列出的表的名称，您可以使用 list tables 命令来查看所有的表。例如，下面是 filter 表的 INPUT 规则链的一份缩减的列表：

```
1  table ip filter {
2      chain input {
3          type filter hook input priority 0;
4          iifname "lo" accept # handle 5
5          ct state established,related accept # handle 8
6          ct state invalid log prefix "INVALID input: " limit rate 3/second drop
           # handle 11
7          iif eth0 ipsaddr 255.255.255.255 drop # handle 18
8          log # handle 19
9          drop # handle 20
10     }
11 }
```

第 1 行显示了表的名称。

第 2 行显示了规则链的名称。

第 3 行显示了表的类型、钩子以及它的优先级。

第 4 行显示了一条对 localhost 接口（lo）执行了接受（accept）处置的规则。在#后面的部分指明了用于直接访问本规则的处理编号（本例中为 5）。

第 5 行显示了一条连接状态规则，匹配已建立或相关的数据包，并接受数据包，处理编号为 8。

第 6 行显示了一条用于连接状态 invalid 的规则，它将以前缀"INVALID input:"被记录。记录将被限制为 3 个/每秒，并且数据包最终会被丢弃。这条规则的处理编号为 11。

第 7 行表示一条规则，用于匹配到达 eth0 接口并且源地址是 255.255.255.255 的数据包，该数据包将被丢弃。此规则的处理编号为 18。

第 8 行显示了一条用于记录所有至今仍未被之前的规则过滤或处理的数据包的规则。此规则的处理编号为 19。

第 9 行显示了对仍未遇到匹配规则的数据包的最终的处置。它们的命运是被丢弃。此规则的处理编号为 20。

第 10 行和第 11 行显示了规则定义中的闭括号。

如您所见，您可以拷贝这个输出或重定向输出到一个文件并立即重新创建已存在的规则。

9.3 解释系统日志

syslogd 和它的兄弟 rsyslogd 是记录系统事件的服务守护进程。在典型的系统中，主要的系统日志文件是/var/log/messages。许多程序使用 syslog 的标准日志服务。其他的程序例如 Apache Web 服务器，维护其单独的日志文件。

9.3.1 syslog 配置

并不是所有的日志信息都同等地重要，我们对有些日志是根本不感兴趣的。这时就需要用到 syslogd 的配置文件/etc/syslog.conf。这个配置文件使得您可以裁剪日志输出以符合您的需要。

消息根据产生它们的子系统加以分类。在 man 手册中，这些分类被称为设施（facility），如表 9.1 所示）。

表 9.1   syslog 日志设施分类

设施	消息分类
auth 或 security	安全/授权
authpriv	私人安全/授权
cron	cron 守护进程消息
daemon	系统守护进程产生的消息
ftp	FTP 服务器消息
kern	内核消息
lpr	打印机子系统
mail	邮件子系统
news	网络新子系统
syslog	syslogd 产生的消息
user	用户程序产生的消息
uucp	UUCP 子系统

就上面给出的设施分类，日志消息还以优先级进行划分。优先级以重要性递增的顺序，在

表 9.2 中列出。

优先级	消息类型
	表 9.2　　　　　　　　　　syslog 日志消息优先级
debug	调试消息
info	信息状态消息
notice	普通但重要的情况
warning 或 warn	警告消息
err 或 error	错误消息
crit	重要的情况
alert	需要立即处理
emerg 或 panic	系统不可用

　　syslog.conf 中的每一项都指定了日志设施、优先级以及消息写入的位置。还要说明的是，优先级是可向上包含的。它代表了所有在此优先级或更高优先级的消息。例如，如果您指定了 error 优先级的消息，所有在优先级 error 和更高优先级的消息均被包括，如 crit、alert 和 emerg。

　　日志可以被写入到设备，例如控制台，也可以被写入到文件和远程计算机。

> **/var/log 中日志文件的技巧**
>
> 　　syslogd 并不生成文件。它只能向已存在的文件写入。如果一个日志文件不存在，您可以使用 touch 命令创建它，并且要保证它由 root 用户所有。因为安全的问题，日志文件一般不允许普通用户读取。特别是安全日志文件/var/log/secure 只能允许 root 权限读取。

　　下面的两项将所有的内核消息写入控制台和/var/log/messages。消息可以被复制到多个目的地：

```
kern.*                  /dev/console
kern.*                  /var/log/messages
```

　　这一项将 panic 消息写入到所有的默认位置，包括/var/log/messages、控制台和所有用户的终端会话：

```
*.emerg                 *
```

　　下面的两项将与 root 权限相关的认证信息和连接写入/var/log/secure，并且将用户认证信息写入/var/log/auth。由于它将优先级定为了 info 级别，所以 debug 消息不会被记录：

```
authpriv.info           /var/log/secure
auth.info               /var/log/auth
```

　　下面的两项将普通的守护进程信息写入/var/log/daemon，并将邮件数据流信息写入/var/log/maillog：

```
daemon.notice              /var/log/daemon
mail.info                  /var/log/maillog
```

debug 和 info 优先级的守护进程消息和 debug 优先级的邮件消息不会被记录（作者的偏好）。named、crond 和系统的邮件检查会定期地产生我们不感兴趣的信息。

最后的一项记录除 auth、authpriv、daemon 和 mail 之外并且在 info 或 info 优先级之上的所有类别的消息到/var/log/messages。在这种情况下，上面提到的四种消息设施分别被设置为 none，因为它们的消息直接被定向到各自专门的日志文件中：

```
*.info;auth,authpriv,daemon,mail.none      /var/log/messages
```

> **更多关于 syslog 配置的信息**
>
> 　　要查阅更多更完整的 syslog 配置选项和配置实例，请参考 man 手册 syslog.conf(5) 和 sysklogd(8)。

syslogd 可以被配置为将系统日志写入到远程计算机中。在第 7 章中有一个例子，站点是由 DMZ 区中的内部服务器来提供服务的，和它类似，如果一个站点使用联网的服务器配置，就可能想保留一份远程系统日志的远程拷贝。维护一份远程的拷贝有两个好处：第一，日志文件被存储在一台计算机上，使得系统管理员更容易监控管理日志。第二，如果服务器中的一台计算机受到威胁，日志信息也可以得到保护。

第 11 章中会介绍到，如果系统受到威胁，系统日志对于系统的恢复将是多么重要。攻击者入侵计算机成功获得 root 权限后最先要做的事情之一，就是擦除日志相关的记录或者安装能使攻击者的行为不被记录的木马程序。在您最需要它们的时候，系统日志文件可能丢失或者变得不可信。维护日志的一份远程拷贝可以保护信息，至少可以在攻击者替换掉写日志的后台进程之前提供保护。

为了远程记录日志信息，本地日志配置和远程日志配置都要做一些修改。

在收集系统日志的远程计算机上，为 syslogd 的调用添加-r 选项。-r 选项告诉 syslogd 在 UDP 端口 514 上监听从远程系统传入的日志信息。

在生成系统日志的本地计算机上，编辑 syslogd 的配置文件/etc/syslog.conf，加入一些命令行以指明您希望将哪些日志设施和优先级被写入远程主机。例如，下面的命令将所有的日志信息拷贝到 hostname：

```
*.*                @hostname
```

syslogd 的输出是通过 UDP 发送的。源端口和目的端口都是 514。客户端防火墙规则也应进行如下设置：

```
iptables -A OUTPUT -o <out-interface> -p udp \
        -s <this host> --sport 514 \
        -d <log host> --dport 514 -j ACCEPT
```

9.3.2   防火墙日志消息：它们意味着什么

要生成防火墙日志，必须在编译内核时启用防火墙的日志功能。默认情况下，经过匹配的数据包会记录为 kern.warn（优先级 4）消息。当一个数据包匹配了一个 LOG 目标的规则时，大多数 IP 数据包报头字段都会被记录下来。防火墙日志消息默认被写入到/var/log/messages 中。下面的分析同时适用于 nftables 和 iptables。

您可以复制防火墙日志消息到一个不同的文件，先要创建一个新的日志文件，然后在/etc/syslog.conf 中加入下面的命令行：

```
kern.warn                           /var/log/fwlog
```

作为一个 TCP 的例子，下面这条规则禁止对 portmap/sunrpc 的 TCP 端口 111 的访问，它会在/var/log/messages 文件中产生下面的消息：

```
iptables -A INPUT -i $EXTERNAL_INTERFACE -p tcp \
        --dport 111 -j LOG --log-prefix "DROP portmap: "

iptables -A INPUT -i $EXTERNAL_INTERFACE -p tcp \
        --dport 111 -j DROP

nft add rule filter input iif $EXTERNAL_INTERFACE tcp dport 111 log prefix "DROP portmap: " drop

   (1)      (2)      (3)       (4)        (5)           (6)       (7)
Jun 19 15:24:16 firewall kernel: DROP portmap: IN=eth0 OUT=
                          (8)
MAC=00:a0:cc:40:9b:a8:00:a0:cc:d4:a7:81:08:00

     (9)              (10)           (11)
SRC=192.168.1.4 DST=192.168.1.2 LEN=60

  (12)        (13)         (14)      (15)     (16)
TOS=0x00 PREC=0x00 TTL=64 ID=57743 DF

    (17)        (18)          (19)        (20)
PROTO=TCP SPT=33926 DPT=111 WINDOW=5840

    (21)       (22)   (23)
RES=0x00 SYN URGP=0
```

为了讨论方便，给上面日志消息的各个字段都加上了编号：

- 字段 1 是日期，Jun 19。
- 字段 2 是写入日志的时间，15:24:16。
- 字段 3 是计算机的主机名，firewall。
- 字段 4 是产生该消息的日志设施分类，kernel。
- 字段 5 是在 LOG 规则中定义的 log-prefix 字符串。

- 字段 6 是与输入规则相关联的传入网络接口，eth0。
- 字段 7 是传出网络接口，它在 INPUT 规则链中没有定义。
- 字段 8 是数据包到达的接口的 MAC 地址，后面是 8 对没有什么用的十六进制数字。
- 字段 9 是数据包的源地址，192.168.1.4。
- 字段 10 是数据包的目的地址，192.168.1.2。
- 字段 11 是 IP 数据包的总字节数，LEN=60，包括数据包报头和数据。
- 字段 12 是服务类型（TOS）的 3 个服务标志位和 1 位保留的跟踪位 TOS=0x00。
- 字段 13 是 TOS 字段的 3 位优先位（precedence bits），PREC=0x00。
- 字段 14 是数据包的生存期（TTL）字段，TTL=64。生存期是数据包过期前所能经过的最大跳数（访问的路由器数）。
- 字段 15 是数据包的数据报 ID，ID=57743。数据报 ID 是数据包的 ID，或者是 TCP 分片所属的报文 ID。
- 字段 16 是分片标志字段，表明无需分片（Don't Fragment，DF）位被设置。
- 字段 17 是包含在数据包中的消息协议类型，PROTO=TCP。字段值可以是 6（TCP）、17（UDP）、1（ICMP/<code>）以及其他协议类型，表示为 PROTO=<number>。
- 字段 18 是数据包的源端口，33926。
- 字段 19 是数据包的目的端口，111。
- 字段 20 是发送方的窗口大小，WINDOW=5840，这表明现在想要从此主机接收并缓存的数据量。
- 字段 21 报告 TCP 报头中的保留字段，4 位必须全为 0。
- 字段 22 是 TCP 状态字段。本例中，SYN 被置位。
- 字段 23 是紧急指针域，它表明数据为紧急数据。该字段为 0，因为 URG 标志没有被设置。

当解释日志消息时，其中最感兴趣的字段是以下这些：

```
Jun 19 15:24:16 DROP portmap: IN=eth0 SRC=192.168.1.4 DST=192.168.1.2
PROTO=TCP SPT=33926 DPT=111 SYN
```

它告诉我们：丢弃的数据包是一个 TCP 数据包，它是从 192.168.1.4 上的一个非特权端口进入 eth0 接口的。这是一个目标为本机（192.168.1.2），端口为 111（sunrpc/portmap 端口）的 TCP 连接请求（这可能是一个常用消息，因为 portmap 从来都是最常被作为目标的服务之一）。

作为一个 UDP 的例子，这条禁止对 portmap/sunrpc 的 UDP 端口 111 的访问的规则会产生下面的日志消息，日志消息将被写入/var/log/messages：

```
iptables -A INPUT -i $EXTERNAL_INTERFACE -p udp \
        --dport 111 -j LOG --log-prefix "DROP portmap: "

iptables -A INPUT -i $EXTERNAL_INTERFACE -p udp \
        --dport 111 -j DROP

nft add rule filter input iif $EXTERNAL_INTERFACE udp dport 111 log prefix "DROP portmap:
```

" drop

```
       (1)      (2)      (3)      (4)        (5)        (6)     (7)
    Jun 19 15:24:16 firewall kernel: DROP portmap: IN=eth0 OUT=

                          (8)
    MAC=00:a0:cc:40:9b:a8:00:a0:cc:d4:a7:81:08:00

         (9)            (10)         (11)
    SRC=192.168.1.4 DST=192.168.1.2 LEN=28

     (12)        (13)      (14)      (15)
    TOS=0x00 PREC=0x00 TTL=40 ID=50655

      (16)        (17)        (18)     (19)
    PROTO=UDP SPT=33926 DPT=111 LEN=8
```

为讨论方便，给上面日志消息的各个字段都加上编号。

● 字段 1 是日期，Jun 19。
● 字段 2 是写入日志的时间，15:24:16。
● 字段 3 是计算机的主机名，firewall。
● 字段 4 是生成消息的日志设施分类，kernel。
● 字段 5 是 LOG 规则中定义的 log-prefix 字符串。
● 字段 6 与输入规则相关联的传入网络接口，eth0。
● 字段 7 是传出网络接口，在 INPUT 规则链中没有意义。
● 字段 8 是数据包到达的接口的 MAC 地址，后面是 8 对没有什么用的十六进制数字。
● 字段 9 是数据包的源地址，192.168.1.4。
● 字段 10 是数据包的目的地址，192.168.1.2。
● 字段 11 是 IP 数据包的总字节数，LEN=28，包括数据包报头和数据。
● 字段 12 是服务类型（TOS）的 3 个服务标志位和 1 位保留的跟踪位，TOS=0x00。
● 字段 13 是 TOS 字段的 3 位优先位（precedence bits），PREC=0x00。
● 字段 14 是数据包的生存期（TTL）字段，TTL=40。生存期是数据包过期前所能经过的最大跳数（访问的路由器数）。
● 字段 15 是数据包的数据报 ID，ID=50655。
● 字段 16 包含在数据包中的消息协议类型，PROTO=UDP。字段值可以是 6（TCP）、17（UDP）、1（ICMP/<code>）以及其他协议类型，表示为 PROTO=<number>。
● 字段 17 是数据包的源端口 33926。
● 字段 18 是数据包的目的端口 111。
● 字段 19 是 UDP 数据包的长度，包括报头和数据，LEN=8。

当解释日志消息时，其中最感兴趣的是以下字段：

```
Jun 19 15:24:16 DROP portmap: IN=eth0 SRC=192.168.1.4 DST=192.168.1.2
```

```
PROTO=UDP SPT=33926 DPT=111
```

它的意思是：被丢弃的数据包是一个 UDP 数据包，它是从 192.168.1.4 上的一个非特权端口进入 eth0 接口的。这是一个目标为主机 192.168.1.2 上端口 111（sunrpc/portmap 端口）的 UDP 交换。（这可能是一个常用消息，因为 portmap 从来都是最常被作为目标的服务之一。）

9.4　检查开放端口

用 iptables -L 列出您的防火墙规则是用于检测开放端口的主要可用工具。开放端口是由 ACCEPT 规则定义开放的。除了 iptables -L 命令之外，其他工具（如 netstat）对找出防火墙上正在监听的端口也是非常有用的。

netstat 有几种用处。在下一节，我们将用它来检查活动的端口，以便能仔细确认正在使用的 TCP 和 UDP 端口是正式防火墙中定义的端口。

正因为 netstat 报告状态为监听或打开的端口并不代表它是可以通过防火墙规则进行访问的。下面还会介绍另外的第三方端口扫描工具，Nmap。应该从外部的某一位置使用这些工具，来检测防火墙上正在监听着的那些端口。netstat 是一个计算机上运行的服务的很好的指示器。请记住，如果某些服务并不是真的那么需要，您最好禁用它并考虑将它完全地移除，这对防火墙尤其重要。防火墙就是防火墙，它们不应该运行多余的服务。

9.4.1　netstat -a [-n -p -A inet]

netstat 会报告许多网络状态信息。在文档中记录相当多的命令行选项，可以选择需要 netstat 提供的信息。下面的几个选项非常有用，可以识别开放的端口，报告它们是否正在被使用，被谁使用，报告哪个程序或者是哪个特定的进程在监听该端口。

- -a 可以列出那些正在被使用，或是被本地服务监听着的所有端口。
- -n 以数值形式列出主机名和端口标识符。不使用-n 选项的话，主机名和端口标识符都会以符号形式显示，每个符号在 80 字符之内。使用-n 避免了在查询远程主机名时可能发生的长时间的等待。不使用-n 选项生成的列表报告具有更好的可读性。
- -p 列出监听套接字（socket）的程序名。必须以 root 身份登录才能使用-p 选项。
- -A inet 指定了要报告的地址族。列出的内容包括与网络接口卡相关的正在使用的端口。本地地址族套接字的连接不会进行报告，包括正在由程序（例如，可能正在运行的所有 X Window 程序）使用的本地基于网络的连接。

套接字的类型——TCP/IP 和 Linux

　　套接字于 1986 年的 BSD4.3 UNIX 引入，并且其概念已经被 Linux 广泛地采用。两种主要的套接字类型为互联网域的 AF_INET 和 UNIX 域的 AF_UNIX。AF_INET 是网络中使

> 用的 TCP/IP 套接字。AF_UNIX 是内核的本地套接字类型。UNIX 域套接字类型用于同一台计算机的内部通信；对本地套接字来说，它比使用 TCP/IP 更加高效。不会有什么内容外传到网络上。

下面列出的 netstat 的输出仅限于 INET 域套接字。列表报告了所有被网络服务监听的端口，包括监听程序的程序名和特定的进程号：

```
>netstat -a -p -A inet

1    Active Internet connections (servers and established)
2    Proto Recv-Q Send-Q Local Address  Foreign Address State PID/
     Program name
3    tcp      0    143 internal:ssh netserver:62360 ESTABLISHED
     15392/sshd
4    tcp      0      0 *:smtp            *:*        LISTEN
     3674/sendmail: acce
5    tcp      0      0 my.host.domain:www *:*       LISTEN     638/httpd
6    tcp      0      0 internal:domain   *:*        LISTEN     588/named
7    tcp      0      0 localhost:domain  *:*        LISTEN     588/named
8    tcp      0      0 *:pop-3           *:*        LISTEN     574/xinetd
9    udp      0      0 *:domain          *:*                   588/named
10   udp      0      0 internal:domain   *:*                   588/named
11   udp      0      0 localhost:domain  *:*                   588/named
```

第 1 行表明此列表包括了本地服务器和正在进行的互联网连接。上面选择的列表方式是因为对 netstat 使用了 -A inet。

第 2 行包含了这些列标。

- Proto 指服务运行所用的传输协议，即 TCP 或 UDP。
- Recv-Q 是已从远程主机接收到但尚未发送给本地程序的数据字节数。
- Send-Q 是已从本地程序发送但并未由远程主机确认的数据字节数。
- Local Address 是本地套接字、网络接口和服务端口对。
- Foreign Address 是远程套接字、远程网络接口和服务端口对。
- State 是使用 TCP 协议的本地套接字的连接状态：ESTABLISHED 状态或 LISTEN 状态（已建立的连接或正在监听连接请求），以及许多处于连接建立或关闭的中间状态。
- PID/Program name 是拥有本地套接字的进程 ID（PID）和程序名。

第 3 行表明 netserver 服务器在内部局域网网络接口上建立了一个 SSH 连接。netstat 命令是从这个连接上键入的。

第 4 行表明 sendmail 正在监听所有接口的 SMTP 端口上的传入邮件，网络接口包括与互联网相连的外部接口、内部局域网接口和本地回环接口。

第 5 行表明本地 Web 服务器正在监听在外部接口上的连接到互联网的连接。

第 6 行表明名称服务器正在监听内部局域网接口，看是否有来自本地计算机的 TCP 上的 DNS 查询连接请求。

第 7 行表明名称服务器正在监听回环接口，看是否有来自本地计算机的使用 TCP 协议的客户端发起的 DNS 查询连接请求。

第 8 行表明 xinetd 正在为 popd 程序监听所有接口的 POP 端口上的连接（xinetd 监听所有的接口，看是否有传入的 POP 连接，如果一个连接请求到达，xinetd 就会启动 popd 服务器来处理该请求。）防火墙以及在 tcp_wrappers 级和 popd 配置级的高级别安全机制都限制对局域网内计算机的传入连接。

第 9 行表明名称服务器正在监听所有接口，看是否有 DNS 服务器-服务器式的通信，并接受 UDP 上的本地查询请求。

第 10 行表明名称服务器正在监听内部局域网接口，看是否有 DNS 服务器-服务器式的通信以及 UDP 上的查询请求。

第 11 行表明名称服务器正在监听回环接口，看是否有来自本机的使用 UDP 的客户端发起的 DNS 查询。

---

netstat 报告输出的惯例

在 netstat 的输出中，本地和外部（即远程的）地址是以<address:port>的形式列出的。在 Local Address 的那一列中，地址为某一网络接口卡的名称或 IP 地址。当地址显示为 "*" 时，意味着服务器正在监听所有的网络接口，而不是其中的一个。端口可以表示为服务器正在使用的符号化或数值化的服务端口标识符。在 Foreign Address 的那一列中，地址为当前正在参与连接的远程客户端的名称或 IP 地址。当端口空闲或针对默认的后台进程时，可以输出 "*.*"。此端口是远程客户端的端口。

监听 TCP 协议的空闲服务器会被报告为正在监听一个连接请求。监听 UDP 协议的空闲服务器的报告为空。UDP 没有状态，netstat 的输出对面向连接的 TCP 与无连接的 UDP 简单地区别对待。

9.4.2　使用 fuser 检查一个绑定在特定端口的进程

fuser 命令用于识别正在使用某一指定文件、文件系统或网络接口的进程。如果端口在 /etc/services 中没有对应项，netstat -a -A inet 将报告一个端口号而不是一个服务名。fuser 可以用于决定哪一个程序被绑定到该端口。

要想知道是什么程序绑定于某给定的端口，一般的 fuser 命令格式如下：

```
fuser -n tcp|udp -v <port number>[,<remote address>][,<remote port>]
```

例如，

```
>fuser -n tcp -v 515
```

将会有如下的输出：

```
                USER            PID ACCESS      COMMAND
515/tcp         root            718 f....       lpd
```

-v 选项会产生 USER、ACCESS 和 COMMAND 字段。没有-v 选项的话，报告只会给出端口/协议和 PID 字段。您需要使用 ps 命令来找出被分配了该 PID 的程序。

访问字段的代码指的是被进程访问的文件或文件系统使用的权限类型。f 的意思是目标已打开。

下一节会介绍 Nmap。

9.4.3　Nmap

Nmap 是一个更为强大的网络安全审计工具，它包含许多当今正在使用的新的隐蔽扫描技术。您应该用 Nmap 检查您的系统安全性，其他人也会这么做。从 http://www.insecure.org/nmap/ 处可以获得 Nmap。您应该在您的防火墙外的一台计算机上使用 Nmap 来检查防火墙是否监听了不该监听的端口。

下面是 Nmap 的示例输出，报告了所有 TCP 和 UDP 端口的状态。因为 verbose 选项没有被使用，Nmap 只会报告打开的端口和有服务监听的端口。Nmap 的输出包括被扫描的主机名、IP 地址、端口、打开或关闭的状态、该端口使用的传输层协议、以及来自/etc/services 的符号式的服务端口名。因为 choke 是一台内部主机，另外还需打开 ssh 和 ftp 端口用于 LAN 访问：

```
>nmap -sT router

Starting nmap V. 2.54BETA7 ( www.insecure.org/nmap/ )
Interesting ports on choke.private.lan (192.168.1.2):
(The 3100 ports scanned but not shown below are in state: filtered)
Port       State      Service
21/tcp     open       ftp
22/tcp     open       ssh
53/tcp     open       domain
80/tcp     open       http
443/tcp    open       https

Nmap run completed -- 1 IP address (1 host up) scanned in 236 seconds
```

9.5　小结

本章介绍了 iptables 列出规则的机制，利用 netstat 可以获得 Linux 端口和网络守护进程信息。还介绍了一些第三方可用工具，用它们可以验证防火墙规则是否确实是按您所期望的方式安装并工作的。

本章强调了防火墙规则及其所保护端口。第 10 章的重点将从防火墙转到与网络和系统安全有关的更广泛的话题中。

第10章

虚拟专用网络

由 Carl B. Constantine 写作

使 用虚拟专用网络（或 VPN）正迅速地成为家庭用户和商务用户访问远程私有网络首选的方式。本章将介绍 VPN，包括 VPN 的背景知识以及如何使用 Linux 实现一个 VPN。

10.1　虚拟专用网络概述

VPN 系统被设计用于在公共网络中（例如互联网）安全地连接两个或多个设备或网络。VPN 之所以这样命名是因为它是虚拟的，使用已经存在的基础设施；它还是私有的，使用安全协议封装了数据；它也是一个网络，因为它将两个或多个设备或网络连接在一起。VPN 在当今很流行，因为相比在两地间建立一个单独的租用连接，VPN 能提供更好的价值主张，尤其对于经常出差或其他短期的连接来说。VPN 还可以提供无缝的操作。在初始的配置完成后，连接到 VPN 的网络操作起来就像它们是同一个网络一样。

10.2　VPN 协议

大多数 VPN 系统使用以下三种主要协议中的一种：点对点隧道协议（Point-to-Point Tunneling Protocol，PPTP），第二层隧道协议（Layer 2 Tunneling Protocol，L2TP）或 IP 安全协议（IP Security，IPSec）。本节将介绍这三种协议。

10.2.1　PPTP 和 L2TP

点对点隧道协议最初由一个公司联盟设计和开发，使用通用路由封装（Generic Routing Encapsulation，GRE）的方式封装非 TCP/IP 协议（例如 IPX）以通过互联网。该协议中的安全特性在后来被加入。第二层隧道协议在很多情况下被认为是 PPTP 的继任者。

> **通用路由封装**
>
> 　　许多目前使用的协议被设计为封装或隐藏一个协议到另一个普通的 IP 协议中。GRE 被设计为比其他协议更加通用（因此得名）。然而，同样地，它可能不适合封装协议 X 到协议 Y 中的需要；因此，它被设计为一个简单的、通用的封装协议，可以减少提供封装的开销。RFC 2784，"Generic Routing Encapsulation (GRE)"详细地介绍了 GRE。

　　PPTP 和 L2TP 在很多公司环境中非常受欢迎，尤其是那些以 Windows 系统为中心的公司。PPTP 和 L2TP 的客户端也都支持 Windows、Linux、OS X 和主要的移动平台。

10.2.2　IPSec

　　IPSec 在设计时便考虑到了安全性，并且被认为是通过公共网络（例如互联网）的安全私有通信事实上的标准。如之前提到的那样，IPSec 已经被 IPv6 包括在内，并且也被当今的 IPv4 标准所使用。

　　IPSec 提供数据完整性、认证和保密性。所有 IPSec 服务都在 IP 层并为 IP 层或 IP 层之上的协议提供保护。这些服务由两个流量安全协议提供：鉴别首部（Authentication Header，AH）和封装安全载荷（Encapsulating Security Payload，ESP）。IPSec 使用的密钥管理系统包括：互联网密钥交换（Internet Key Exchange，IKE）协议和一个安全关联（Security Association，SA）连接系统。

　　与其他安全网络访问方法相比，IPSec 有许多优点。其中最大的一个优点就是 IPSec 可以在后台工作，用户甚至不知道发生了什么事。

鉴别首部

　　普通的 IP 数据包由一个报头和一个载荷组成。报头包含用于路由的源和目的地址。载荷由信息组成，该信息可能是保密的。通过使用中间人（man-in-the-middle）攻击，报头可能会被修改或变成欺诈的。实际上，AH 对数据包进行了数字化的签名，以验证源和目的地址的一致性以及载荷数据的完整性。

　　AH 只提供认证，不提供加密，并且可以被配置为下列两种方式中的一种：传输模式或隧道模式。传输模式真的只适用于主机实现、为上层协议提供保护以及选择 IP 报头字段。使用传输模式时，AH 会被插入到 IP 报头之后更高层的协议（TCP、UDP、ICMP 等）之前，或者在其他已被插入的 IPSec 报头之前。

　　隧道模式下的 AH 会保护整个 IP 数据包，包括整个内部的 IP 报头在内。在传输模式中，AH 会被插入到数据包的外部 IP 报头之后。

　　AH 被插入到 IP 报头之后。在 IPv4 的实现中，IP 报头包含协议号 51（AH）。如图 10.1 所示。

```
        0           1           2           3
        0 1 2 3 4 5 6 7 8 9 0 1 2 3 4 5 6 7 8 9 0 1 2 3 4 5 6 7 8 9 0 1
```

下个报头	载荷长度	保留字段
安全参数索引（SPI）		
序号字段		
认证数据（变量）		

图 10.1　AH 报头格式

　　AH 格式中的所有字段必须总是存在并且在完整性校验值（Integrity Check Value，ICV）计算时被包括进来。

封装安全载荷

　　使用封装安全载荷（Encapsulating Security Payload，ESP）可以保证原始消息中数据的完整性和保密性，这是通过对原始载荷或原始数据包的载荷和报头的安全加密实现的。

　　ESP 可以用于传输模式或隧道模式，像 AH 一样，提供加密和认证。传输模式只适用于主机实现。它提供对更高层协议的保护，但不提供对 IP 报头的保护。对于隧道模式，ESP 被插入在 IP 报头的之后，任何更高层协议（例如 TCP 和 UDP）或任何其他已被插入的 IPSec 报头之前。在 TCP/IP 当前的 IPv4 实现中，ESP 被放置在 IP 报头之后，但在更高层的协议之前。这使得 ESP 与非 IPSec 的硬件相兼容。

　　ESP 的隧道模式可以用于主机或安全网关。如果您部署了一个安全网关，您必须使用隧道模式下的 ESP。在隧道模式中，内部的 IP 报头携带着合适的源和目的地址，而外部的 IP 报头则包含着截然不同的 IP 地址，例如安全网关的地址。在隧道模式中，ESP 保护整个数据包，包括内部的 IP 报头。ESP 数据包的位置类似于传输模式中的位置。

　　ESP 可以为安全服务使用各种各样的加密算法。

> ### 传输模式和隧道模式
>
> 　　在传输模式中，IPSec 网关是受保护的数据包的目的地，即一个作为自己的网关的计算机。在隧道模式中，IPSec 网关对来自和发往其他系统的数据包提供保护。

　　ESP 被插入在 IP 报头之后。在 IPv4 的实现中，IP 报头包含协议编号 50（ESP）。ESP 的例子如图 10.2 所示。

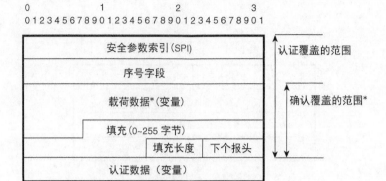

图 10.2　ESP 格式

*如果包含在载荷字段中，密码同步数据（例如，一个初始化向量）
通常未被加密，尽管它通常被称为密文的一部分

互联网密钥交换

互联网密钥交换，即 IKE，是 IPSec VPN 中的一个重要部分。IKE 本身是一个混合协议，并且在受保护的方式中允许协商和认证安全关联的参数。

安全关联

要获得安全的数据流，必须要有两个安全关联（Security Associations，SA）——每个方向一个。安全关联本质上是一个由高层 IPsec 系统协商并由低层使用的单向通道。

一个安全关联由以下三个东西定义：

- 目的 IP 地址；
- 协议（AH 或 ESP）；
- 安全参数索引（SPI）。

安全关联可以用在传输模式或隧道模式中。传输模式的 SA 是在两台主机之间的安全关联。隧道模式的 SA 是应用于一个 IP 隧道的安全关联。如果任一方的 SA 是一个安全网关，该 SA 便是隧道模式的安全关联。在两个安全网关之间的安全关联必然是隧道模式的安全关联，就像主机和安全网关之间的安全关联那样。

10.3　Linux 和 VPN 产品

Linux 有很多稳健的 VPN 解决方案，从 Linux 2.6 内核开始便提供了 IPSec 的支持。本节介绍一些 Linux 下的 VPN 软件。

10.3.1 Openswan/Libreswan

Openswan 和它的分支 Libreswan 是 VPN 的开源实现，它在 Linux 下工作得很好。Openswan 和/或 Libreswan 包含在很多的 Linux 发行版中，包括 Fedora、Debian、Ubuntu 和 Red Hat 在内。Openswan/Libreswan 是 VPN 软件的 Linux 实现中最容易安装的。更多的信息可以在 http://www.openswan.org/ 和 https://libreswan.org 中找到。

10.3.2 OpenVPN

OpenVPN 是一个在 Linux 上很流行的 VPN 实现，它还可以运行在 Windows 和 OS X 上。OpenVPN 使用静态密钥和 TLS 认证，并且有很多用于运行服务器和客户端到客户端 VPN 场景的选项。

10.3.3 PPTP

PPTP 的支持典型地由 PPTP 守护进程 pptpd 提供。pptpd 的配置相当直截了当，但与其他 Linux VPN 服务器解决方案（例如 OpenVPN）相比缺少一些功能。

10.4 VPN 和防火墙

VPN 可以放在防火墙之前，放在防火墙之后或者成为防火墙实现的一部分。将 VPN 放在防火墙之前并不是很常见。更常见的是使用防火墙/VPN 组合或将 VPN 放在防火墙之后。

将 VPN 系统和防火墙系统结合在一起是最灵活的解决方案之一。它需要很少的硬件，但也会造成单点失效点。一个更加稳健的解决方案是将 VPN 放在防火墙之后或让 VPN 成为 DMZ 配置的一部分。

如果您的防火墙执行 NAT，您或许会在进行 VPN 配置时遇到一些问题。尤其是您的防火墙必须被设置为基于协议（GRE、AH、ESP）路由数据包而不是仅基于端口。

NAT/防火墙典型地与 AH 协议不相兼容，不论使用的模式（传输模式或隧道模式）。IPSec VPN 使用 AH 数字化地对传出数据包进行签名，包括数据载荷和报头，哈希值将会被附加到数据包之后。AH 不会加密数据包的内容（数据载荷）。如果 NAT/防火墙处在 IPSec 的端点之间，它会重写源地址或目的地址为它自己的地址（依据 NAT 设置）。接收一端的 VPN 会尝试通过计算它的哈希值来验证传入数据包的完整性，并在该哈希值与附加在数据包后的哈希值不符时提出抱怨。VPN 不知道在中间的 NAT/防火墙，会认为该数据包已经被更改。

您可以使用将在隧道模式下的 ESP 和认证联合在一起的 IPSec。隧道模式下的 ESP 会将整个原始数据包（包括报头）封装到一个新的 IP 数据包中。新的数据包的源地址是发送 VPN 的网关的传出地址，它的目的地址是接受 VPN 一端的传入地址。当和认证一起使用隧道模式下的

ESP 时数据包的内容也被加密。加密的内容（原始数据包）不包括新的报头，加密的内容会通过哈希值附加在数据包末尾的方式进行签名。

完整性检查在原始报头和原始载荷的基础上执行。如果您使用隧道模式下的 ESP 与认证，这些不会由 NAT/防火墙更改。

如果 NAT/防火墙阻止了 VPN 网关成功地协商安全关联(使用 X.509 证书的 ISAKMP/IKE)，则它可能会干扰 IPsec（AH 和 ESP）。如果两个 VPN 网关交换了绑定每个网关的身份到 IP 地址的签名的证书，NAT 的地址重写将会导致 IKE 协商的失败。

正是由于这样的原因，VPN 和防火墙的联合配置变得非常流行。建立和维护管理这种状况的规则很容易。

10.5   小结

由于能够利用已存在的基础设施向终端用户提供无缝的网络体验，虚拟专用网变得非常流行。可用的 VPN 实现有很多，它们利用不同的协议来创建 VPN。如您所期望的那样，Linux 有很多的可用选项：Openswan、OpenVPN 等。

当通过启用 NAT 的防火墙时，连接 VPN 存在一些问题。这是由于 IPSec 会基于 IP 报头创建一个电子签名，它会在 NAT 过程中被修改。

第 3 部分

iptables 和 nftables 之外的事

第 11 章

入侵检测和响应

现在，您已经使用 iptables 或 nftables 在 Linux 下构建了一个防火墙了。分层安全策略包括了基于网络的安全和基于主机的安全两个方面。该防火墙为网络和主机提供了安全性，如同网络中的主机一样，防火墙计算机本身也需要采取一些必要步骤。这些步骤包括文件系统完整性检查、病毒扫描或监控网络上的可疑行为等方式，它们能够帮助您确保您的数据安全。

本章的内容是关于主机和网络安全以及入侵检测的。本章的目的是对这些概念提供一个较高层面的综述，以便您可以对某些感兴趣的领域进行更深入的研究。本章扩展了对防火墙计算机介绍的范围，包括了网络的安全性，并且对网络中的主机提出了一些建议。

11.1 检测入侵

您如何知道您已经被成功地攻击了？管理员和入侵检测员很早前就提出了这个问题。在过去，检测成功攻击的办法更多偏重于技巧而不是科学。幸运的是，如今有了很多工具使得检测成功的入侵更加科学而不仅仅依赖于技巧。

正如被提及的那样，早期的入侵检测工具仍需人工从一堆原始数据源中提取数据，并且根据这些数据的意义，智能地、训练有素地做出决策。现在的工具更加精密复杂并且能够执行一些相关的任务，但是一个入侵分析员真正的价值体现在其评估情况以及提出可能的原因和影响的能力。

很多时候，当一个服务故障被报告时也就意味着一个攻击被检测到了。这时，使用一个类似 Nagios 的软件包来主动地监控您的服务就尤其重要。通过尽可能主动地监控您的服务，您可以快速地发现异常，以便进一步进行调查。

如果您运行了一台 Web 服务器，您要监控的不仅仅是服务器是否在监听（通常为 TCP 的 80 端口），而是监控一个或多个网页上的特定文本。如果您只监控服务器的状态以及它是否在监听，您将无法捕获网站是否被篡改。本质上，您应该监控特定服务的行为，以保证这些服务如预期那样运行而不是仅仅保证其在运行。

对诸如磁盘空间、内存使用以及平均负载等资源的监控也很重要。监控这些资源能够显示出一个进程是否失控以及其是否消耗了过量的资源（不规范的使用也有可能造成这种情况）。此外，监控磁盘空间用量也是另一个很有用的方法。如果您通常只使用了 25%的磁盘，但突然间磁盘使用量猛增到 85%，您就该调查看看是否有攻击者把您的服务器作为文件的落点。

尽可能多地、尽可能经常地监控基本服务，将帮助您尽可能早地获得异常的警告。撇开安全方面的考虑，监控服务还能帮助您提升服务的可靠性。然而，监控不应该替代诸如 Snort 或 Suricata 这样的入侵检测工具，也不应该替代一个通过深入研究实现得好的安全策略。

当注意到一个异常之后，不论该异常是通过常规服务监控还是通过其他的方法监测到的，都要由您来分析调查该异常。您的调查应当与您实施的安全策略一致。发现异常时，第一反应可能是确认是否真地发生了一个入侵。导致平均负载达到峰值或磁盘用量增加的原因有很多，所以您不应该仅仅因为故障报警就判定已经发生了攻击。

确定导致一个服务故障的根本原因是一件很困难的任务，通常都会以重启服务或使用一些类似的常规程序去清除这些故障而告终。然而，找出导致这些故障的潜在原因是非常重要的，这样才能确保攻击并没有正在进行或攻击根本就没有发生。在分析事件相互的关联性时，人的作用是最必要的。例如，磁盘分区快要被用尽了，到底是因为一个攻击者在使用这些空间，还是因为日志文件填满了该分区？

11.2　系统可能遭受入侵时的症状

通常，成功的入侵者会尝试隐藏自己的行踪，因此简单的服务监控是没有办法察觉入侵的。攻击者掩盖自己行迹的技术水平可能远远比您追踪系统异常状态的技术高得多。

Linux 系统太多样、可任意定制，因此很难定义一个牢不可破的、包罗万象的清单来列出表明系统已遭受入侵的确切症状。就像其他任何种类的检测和诊断工作一样，您必须尽可能地系统地查找线索。RFC 2196，"Site Security Handbook" 提供了一份症状列表以供对照检查。CERT 的 "Steps for Recovering from a UNIX or NT System Compromise" 提供了另一份用于检查的异常状态列表，尽管没有被维护，但该列表可以在 http://www.cert.org/historical/tech_tips/ win-unix-system_compromise.cfm 找到。

下面的几节结合了以上两份列表，包含了其中的几乎全部要点。系统异常已经被粗略地分为几类：与系统日志有关的迹象；对系统配置的修改；与文件系统、文件内容、文件访问权限和文件大小相关的改变；对用户账户、密码以及用户访问的改变；在安全审计报告中指出的问题；非预期的系统性能的降低。这些类别的异常迹象之间常常会出现互相交叉的情形。

11.2.1　体现在系统日志中的迹象

体现在系统日志中的迹象包括日志中不常见的错误和状态消息，被截断的日志文件，被删除的日志文件以及邮件状态报告。

● **系统日志文件**：系统文件中有原因不明的条目、日志文件有所缩减、日志文件的丢弃都表示有问题存在。例如，在大多数 Linux 系统中，/var/log/messages 包含了主要的系统日志信息。如果这个日志文件大小为零或丢失了很大一部分的话，就需要额外的调查。

- **系统守护进程状态报告**：有些守护进程，例如 crond，这些进程不向日志文件中记录日志而是以邮件的形式发送状态报告（或是在记录日志文件的同时也发送状态报告邮件）。异常报告或丢失报告都表示情形不对。

- **异常控制台和终端消息**：无法解释的消息可能意味着有黑客的存在，登录会话期间有这样的消息显然是可疑的。

- **反复的访问尝试**：通过 FTP 或 Web 服务器持续不断进行登录尝试或非法的文件访问尝试，尤其是破坏 Web 应用程序的尝试，即使这些尝试都以重复的失败告终，在它们持续进行的时候，它们都是可疑的。

11.2.2 体现在系统配置中的迹象

体现在系统配置中的迹象包括配置文件和系统脚本被修改、未调用的进程莫名其妙地运行、非预期的端口使用和分配以及网络设备操作状态的改变。

- **cron 任务**：检查 cron 配置脚本和可执行程序是否有被修改。

- **系统配置文件被修改**：进行如 14 章描述的手动或使用工具进行的文件系统完整性检查后，将发现/etc 目录中被修改过的配置文件。这些文件对系统的正常运行是至关重要的。任何对文件（例如在/etc 目录下的/etc/passwd、/etc/group 和与之类似的文件）的改变都是应该被重点检查的。

- **用 ps 命令显示的无法解释的服务和进程**：无法解释的进程是个不好的信号。应警惕地意识到这是一种攻击，ps 命令本身也可能被替代了。后面将对其进行更多的介绍。

- **用 netstate 或 tcpdump 命令列出的非预期的连接和端口使用**：非预期的网络流量也是一个不好的信号。

- **系统崩溃和丢失的进程**：系统崩溃以及非预期的服务器崩溃也很可疑。系统崩溃可能意味着攻击者在重新启动系统，因为原系统程序用一个特洛伊木马程序取代后，需要重新启动，这样特定的关键系统进程才能生效。

- **设备配置的改变**：网络接口被重新配置为混杂模式或调试模式往往表明系统被安装了一个数据包嗅探器。

11.2.3 体现在文件系统中的迹象

体现在文件系统中的迹象包括新的文件和目录、丢失的文件和目录、被修改了内容的文件、md5sum 或 sha1sum 签名不匹配、出现了新的 setuid 程序以及文件系统急速增大或溢出。

- **新的文件和目录**：除了突然发现文件签名不匹配之外，您可能还会发现一些新的文件和目录。尤其可疑的是以一个或多个点号开头的文件名，以及当看似合法的文件名出现在不可能的地方的情况。

- **setuid 和 setgid 程序**：新的 setuid 文件以及新的 setgid 文件，都是查找问题的良好开端。
- **丢失文件**：丢失文件，尤其是日志文件，表明有问题存在。
- **用 df 命令显示的文件系统大小快速地改变**：如果计算机被攻破了，快速增长的文件系统大小意味着黑客所用的监控程序产生了大量的日志文件。
- **公共文件档案被修改**：检查 Web 或 FTP 的内容，找出新的或被修改过的文件。

11.2.4 体现在用户账户中的迹象

体现在用户账户中的迹象包括新的用户账户、passwd 文件被修改、用户程序账户报告中出现不寻常行为、丢失进程账户报告、用户文件被修改（尤其是对环境文件的修改）以及账户访问权的丢失。

- **新的用户账户或用户账户被修改**：/etc/passwd 文件中出现的新的账户，以及用过 ps 命令显示的在新的或非预期的用户 ID 下运行的进程都表明出现了新的账号。突然丢失密码的账号意味着该账号已被攻破。
- **用户账户记录**：异常的用户账户报告，无法解释的登录行为、日志文件（例如 /var/log/lastlog、/var/log/pacct 或 /var/log/usracct）丢失或被修改、不合规的用户行为都表明碰到麻烦了。
- **root 用户或用户账户被改变**：如果一个用户的登录环境被修改或者被破坏到无法访问该账户的程度的话，这是一个很严重的信号。应该特别注意用户的 PATH 环境变量的和 sshauthorized_keys 的更改。
- **账户访问权丢失**：与用户登录环境被类似，有意图的访问拒绝由以下情况导致：用户口令被改变；账户被清除；或对普通用户而言，运行级别被改为了单一用户模式。

11.2.5 体现在安全审计工具中的迹象

体现在安全审计工具中的迹象包括文件系统完整性不匹配、文件大小发生改变、文件权限模式位被修改、新的 setuid 和 setgid 程序、snort 等入侵检测程序发出的警告以及服务监控程序的数据。

数字签名（hash signatures）不匹配的文件可能是新文件，文件的大小、创建或修改日期被改变，以及文件的访问模式被改变。最应该关注的是新安装的特洛伊木马程序。常常被木马程序替换的目标包括由 inetd 或 xinetd 管理的程序、inetd 和 xinetd 本身、ls、ps、netstat、ifconfig、telnet、login、su、ftp、syslogd、du、df、sync、以及 libc 函数库。

11.2.6 体现在系统性能方面的迹象

体现在系统性能方面的迹象包括不常见的高平均负载和频繁的磁盘访问。

无法解释的、低效的系统性能可能由不常见的进程活动、异常的高平均负载、过量的网络数据流或对文件系统的频繁访问所引起。

如果有迹象显示您的系统已被入侵，不要惊慌。切记不要重新启动系统，那样可能会丢失重要的信息。您首先要采取的措施是在物理上断开与互联网的连接。

11.3　系统被入侵后应采取的措施

不论检测到什么样的异常情况，入侵检测员都必须在执行调查时提高警惕。如果攻击者注意到了同一个系统中有侦查者正在巡视，这时攻击者很可能会把系统中相关的信息删除或销毁。如果攻击者认为他或她正在被跟踪或监视，攻击者可能会开始删除所有他们能触及到的东西，从而造成系统的实际毁坏。当攻击者发现自己被调查时，本来会导致网站被替换的攻击可能很快会演变成对整个分区的删除。

在确定系统已被攻击或正在被攻击时，一系列的反应将会发生。当然，这些反应都是根据您的安全策略进行的。

如果有足够的存储空间可用，可将整个系统的当前状态生成快照以供以后分析使用。如果这种做法不适合您的情况，那也至少应该对/var/log 目录下的系统日志和/etc 目录下的系统配置生成快照。

坚持日志记录，将所有的事都记录下来。把自己所做的事情和所发现的情况以文档的形式记录下来，这不仅仅是为了把事件报告给应对小组（response team）、您的 ISP 或律师，而且这样能帮助您记录自己已经检查了哪些内容、还有哪些事情要做。

如果已经发生了一个攻击或者攻击正在进行，通常首先要做的就是阻止该攻击以防止进一步损害的发生。一定要记住，如果攻击者一旦发现在同一个系统中有一个侦查者往往会导致间接的损害，所以当发现攻击时将系统和网络断开通常是推荐的措施。如果网络电缆被断开，攻击者一般不能造成更多的损害。同样也有这种可能：攻击者将使用工具去监测网络端口，并且在接口的状态改变时自动掩盖自己的行踪。

寻找系统中细微的改变是该阶段的任务。如果攻击者的程序停止了，很可能攻击者已经创建了一个 cron 任务去重新启动这个守护进程。此外，攻击者很有可能用他们自己的版本取代如 ls 和 ps 这样的通用 Linux 使用程序，以便隐藏他们的进程和文件。考虑到这点，像 Chkrootkit 这样的程序对于检测基于主机的入侵行为很有效。

攻击的类型决定了您要使用什么工具来减轻损害。例如，一个对路由器发起的拒绝访问攻击将需要采取不同的步骤来减轻攻击。判断系统是否被入侵的步骤与分析被入侵系统采用的步骤是一样的。

1. 检查系统日志，并且使用 netstat 和 lsof 来检查哪些进程在运行、哪些端口被绑定。检查系统配置文件的内容。通过检查数字签名的方法验证所有文件和目录的内容及访问权限模式。检查有无新的 setuid 程序。将配置文件与原来干净的备份进行比较。黑客可能已经安装了特洛伊木马程序，替换了您用来分析系统的那些系统工具。

2. 注意观察任何不断变化的信息，例如哪个进程正在运行、哪些端口正被使用。

3. 用启动软盘或备份系统启动。从未受影响的系统上找些干净的工具来检查系统。同时也可以选择另一种方法，将损坏的磁盘作为一个未被入侵的系统的第二驱动器，把该磁盘作为数据盘来检查。

4. 判断攻击者是如何成功进入系统的，以及他对您的系统做了哪些手脚。

5. 如果可能的话，从原来的 Linux 发行版媒介上完全重新安装系统。

6. 采用如下方式纠正系统的弱点：更加谨慎地选择运行的服务、重新配置更安全的服务器、在 xinetd 或 tcp_wrappers 级别和在单独服务器级别定义访问权限列表、安装数据包过滤防火墙或者安装应用程序代理服务器。

7. 安装和配置每一个系统完整性检查软件包。

8. 启用全部日志功能。

9. 恢复那些已知未受感染的用户文件和特定的配置文件。

10. 为系统的二进制和静态配置文件创建 MD5 或 SHA 校验和。

11. 将系统联网并从您的 Linux 发行商那里获得最新的安全升级。

12. 对新安装的二进制程序创建 MD5 或 SHA 校验和，并将校验和数据库保存在 USB 驱动、CD/DVD 或其他系统中。

13. 监控系统，观察黑客是否再次进行非法的访问尝试。

11.4   事故报告

"事故"可以是各种事情；这需要您自己去定义。例如，事故可以被定义为一个尝试获得或提升权限的异常访问企图或是对一个或多个系统的机密、完整性、可用性进行损害。

把监控系统的日志文件、系统完整性报告和系统账户报告作为一种习惯是一个良好的做法。

即使您只启用了极小部分的日志功能，但迟早您会发现某些您的安全策略描述的事情重要到需要加以报告。要是启用了全部的日志功能，那么日志功能会多到让您每天 24 小时都考虑不完。

有些访问企图会比其他的访问企图更加严重。而有些访问企图与其他的相比会对您个人造成更大损害。下面的几节首先讨论为什么您要对某一事故进行报告以及报告哪些事故类型的考虑。这些都是由个人来决定的。剩余的几节聚焦于各种可用的报告小组和如果您需要报告时应向他们提供的信息。

11.4.1   为什么要报告事故

也许即使黑客的企图并未得逞，您还是想要报告这一事故。原因可能是以下几点。

- **为了终止那些刺探行为**：您的防火墙确保了大多数刺探行为都是无害的。但是如果那些刺探行为反复发生，即使无害还是会对您的系统造成伤害。持续不断的扫描会充斥您的日志文件。根据您在运行的日志监控软件中定义的通知触发器，反复不断的刺探行为可能会导致您不断收到邮件通知，让您不厌其烦。然而，现如今源于未知宽带用户的自动程序（bot）的无休止的刺探，对很多人来说（尤其是在美国的人）太耗时以至于不可能对每一个刺探都进行报告。

- **为了有助于保护其他站点**：自动的刺探和扫描通常都是为了建立一个数据库，存储很大IP 地址范围内所有存在弱点的主机。当其中的某些主机被刺探到有潜在的弱点时，这些主机将成为选择性攻击的目标。如今精细的分析和破解攻击可以在数秒之内攻破系统并隐藏自己的行迹。将事故报告出来，有可能在其他站点受到伤害之前制止这些扫描行为。

- **为了通知系统管理员或网络管理员**：发出攻击的站点往往是系统被入侵、或其站点内的某个用户账户被入侵、软件配置有误、地址欺骗、或者是有个制造麻烦的用户在该站点中。系统管理员通常会对事故报告做出回应。ISP 也倾向于能够在其他用户抱怨说自己的地址不能访问远程站点、无法与朋友和家人互发邮件之前就停止对制造麻烦的客户提供服务。

- **为了得到攻击的证实**：有时您也许只是想证实一下自己在日志中所见到的是否确实是一个问题。有时候您可能想证实是否是因为某个远程站点配置错误而无意中造成了数据包的泄漏。这个远程站点通常也会很高兴能弄明白为什么自己的网络没有按自己预想的那样运转。

- **为了让有关方面提高警觉并加强监控**：如果您将事故向发出攻击的站点报告，该站点将会有意识地、更谨慎地监控其配置以及用户的行为。如果您将事故报告给滥用中心（abuse center），该中心的工作人员与那个远程站点进行联系比个人联系更加有效，同时中心将关注该站点的后续行动，他们能为受到侵害的客户提供更好的帮助。如果您将事故报告给安全新闻小组，这样其他的人就能更清楚地知道应当注意哪些问题。

11.4.2 报告哪些类型的事故

您将报告哪些事故取决于您的容忍度、您认为不同的刺探允许达到的严重程度以及您愿意付出多少时间来对付这帮全球性的、呈指数增长的骚扰。这些都归结于您如何定义"事故"这个词。在不同人的眼中事故的含义各不相同，事故的含义可以从简单的端口扫描到尝试访问您的私有文件或系统资源，到拒绝服务攻击，再到搞垮您的服务器或者您的整个系统，获得您的系统的 root 登录访问权等。

- **拒绝服务攻击**：任何类型的拒绝服务攻击显然都是恶意的。亲自处理这样的攻击是很困难的。这些攻击其实就是电子形式的恶意破坏行为、阻碍行为、骚扰行为和盗窃服务行为。由于某些拒绝服务攻击可能利用了网络设备的固有属性实现，所以对这种形式的攻击，除了报告事件并封锁攻击者的整个地址段外，别无他法。

- **企图重新配置您的系统**：没有您计算机上的 root 登录账户的话，攻击者无法重新配置您的服务器，但他或她会想办法修改您位于内存中、与网络相关的表，或者至少他们会试图去修改。应考虑的攻击有：
  - 通过 TCP 在您的计算机和非授权的 DNS 服务器之间进行区域传送；
  - 修改您内存中的路由表；
  - 通过刺探 UDP 端口 161 或 snmpd，尝试重新配置您的网络接口或路由表。
- **尝试获得账户登录访问权**：刺探 ssh 的 TCP 端口 22 是最常见的做法。较少见的是刺探与已知存在漏洞的服务器相关联的端口。利用缓存溢出漏洞通常是意图执行命令并获得 shell 访问权。mountd 漏洞就是这样一个例子。
- **尝试访问非公共文件**：尝试访问私有文件，例如/etc/passwd 文件、配置文件或私人文件等私有文件，这些访问都将记录在您的 FTP 日志文件（/var/log/xferlog 或/var/log/messages）和 Web 服务器访问日志文件（/var/log/httpd/error_log）中。
- **尝试使用私有服务**：在定义上，任何您未向互联网提供的服务都是私有的。这些私有服务可能通过您的公共服务器间接的可用，例如尝试通过您的邮件服务器转发邮件。如果有人试图使用您的计算机而不是他们的计算机或他们 ISP 的计算机，他们很可能居心不良。邮件转发尝试都将记录在您的邮件日志文件（/var/log/maillog）中。
- **尝试在您的磁盘上存储文件**：如果您托管的匿名 FTP 站点配置不当，其他人就可能在您的计算机上建立一个盗窃软件或媒体的仓库。如果 ftpd 被配置为记录文件上传的话，上传文件的尝试都记录在您的 FTP 日志文件（/var/log/xferlog）中。
- **尝试破坏您的系统或独立的服务器**：针对可以通过您的网站访问的应用的缓存溢出尝试可能是在 Web 服务器的日志文件中最容易鉴别的错误消息。其他错误数据的报告将记录在通用系统日志文件（/var/log/messages）、您的通用守护进程日志文件（/var/log/daemon）、您的邮件日志文件（/var/log/maillog）、您的 FTP 日志文件（/var/log/xferlog）或您的安全访问日志文件（/var/log/secure）。
- **尝试利用特定的、已知的、当前可被利用的漏洞进行攻击**：攻击者使用新的软件版本（同时也使用旧的版本）来寻找新的漏洞。

11.4.3 向谁报告事故

至于您应当向谁报告事故，有很多种选择。

- **报告给发出进攻站点的 root 用户、邮件管理员（postmaster）或滥用管理员（abuse）**：最直接的方法是向发出攻击的站点的管理员提出抱怨。通知系统管理员常常是您在解决问题时唯一需要做的。但这有时并不一直有效，因为很多刺探来自欺骗的、不存在的 IP 地址。

- **报告给网络协调员**：如果 IP 地址没有一个 DNS 条目相对应，与该网络地址块的网络协调员联系通常有所帮助。网络协调员能够联系该站点或让您与该系统的管理员直接取得联系。如果该 IP 地址无法通过 host 或 dig 命令解析，您总是可以通过将该地址在 whois 数据库中查询的方式找到协调员。whois 命令已经被集成到了 ARIN 数据库。三个主要的数据库都可在 Web 上找到。
  - ARIN：The American Registry for Internet Numbers（美洲互联网号码注册管理机构）维护西半球和美洲的 IP 地址数据库，其主页为：http:// whois.arin.net/ui。
  - APNIC：The Asia Pacific Network Information Centre（亚太网络信息中心）维护亚洲的 IP 地址数据库。其主页为 http://www.apnic.net/apnic-bin/whois.pl。
  - RIPE：The Réseaux IP Européens（欧洲 IP 资源网络协调中心）维护欧洲的 IP 地址数据库。RIPE 的主页为 https://apps.db.ripe.net/search/query.html。
- **报告给您的 ISP 滥用中心**：如果扫描行为来自于您的 ISP 地址空间内，您应该联系您的滥用中心。您的 ISP 也能够通过联系攻击您的站点的方式，在扫描来自别处时帮助您。您的计算机很可能不是 ISP 网络中唯一一台被刺探的计算机。
- **报告给您的 Linux 发行商**：如果您的系统因为发行版中的软件漏洞被攻破了，您的发行商将希望知道这些，以便开发和发布安全升级版本。

11.4.4　报告事故时应提供哪些信息

一份事故报告必须包含足够的信息，帮助事故响应团队追踪问题所在。当联系发出攻击的站点时，请记住您联系的人可能是有意发起这次攻击的那个人。您在下面的列表中提供的内容依赖于您正在联系的人是谁、包含的信息是否会对您造成不便，隐私和其他问题也是需要考虑的。

- 您的 Email 地址。
- 您的电话号码，如果合适的话。
- 您的 IP 地址、主机名、和域名。
- 如果可以获得的话，攻击中的 IP 地址和主机名。
- 要报告事故发生的日期和时间（包括您相对于 GMT 的时区）。
- 对攻击的描述：
  - 您如何检测到该攻击；
  - 能说明该事故的有代表性的日志文件条目；
  - 对日志文件格式的描述；
  - 您所参考的描述该攻击性质和特征的建议和安全通知；
  - 您希望联系的人做什么（修复问题、证实该问题、解释该事故、监控该攻击或了解情况）。

11.5 小结

本章集中阐述了系统完整性监控和入侵检测。如果您怀疑您的系统已被入侵，您可以参考本章列举的潜在的问题迹象。如果您发现了一些迹象并确定系统已经被入侵，您可以参考本章前面所介绍的恢复步骤。最后，我们讨论了事故报告需要考虑的事项，另外介绍了您应向谁报告该事故。

第 12 章将通过介绍入侵检测和系统测试的工具，讲解您在本章学习到的一些东西的实现。

第 12 章

入侵检测工具

在上一章中您了解到了入侵检测和入侵响应的概念。上一章还提到了，尽管攻击所利用的技术都是常用的方法集，并导致了许多相同的症状，但几乎没有两个攻击是完全相同的。正是由于这些常用的方法和症状，入侵检测工具才可以协助入侵分析员进行入侵的分析。

在选择软件工具协助进行相关问题的诊断和解析时，入侵分析员有很多选择可用。本章集中于介绍检测入侵的软件工具以及工具包中对管理员来说有所帮助的工具。本章首先介绍网络嗅探器，接着依次介绍 rootkits 检查工具、文件系统检查工具及日志文件监视工具。

12.1 入侵检测工具包：网络工具

网络安全管理员使用的主要工具中有一些是网络分析工具，这些工具包括网络嗅探器、入侵检测软件和网络分析仪。

网络嗅探器是被动地监听某个网络接口接收和发送数据流的软件。TCPDump 对新手来说足够简单，可以很快地上手但却功能强大，它提供了在多种情况下处理多种协议的必要功能。使用 TCPDump，您可以通过包括 ASCII 在内的多种格式来查看数据流，并且可以使用表达式进行微调以观测特定的数据流。

TCPDump 是一个手动的、原始的入侵检测工具。如果您知道您在寻找什么，TCPDump 可以帮助您找到通过网络的异常流量。TCPDump 自身并不知道怎样去寻找一个攻击，这些工作都需要入侵分析员或是其他软件去做。然而，TCPDump 几乎总是调查攻击活动的必要工具，因为它允许分析员实时地观察攻击。

TCPDump 会在第 13 章中进行深入的介绍。本章将介绍常见的协议活动，以及一些通过 TCPDump 观察到的攻击行径。

当提到监听网络并对数据流执行一些分析的工具时，Snort 是一个绝佳的选择。Snort 既可以作为个人级又可以作为企业级的入侵检测工具，它已经被广泛地部署和成熟地使用了。Snort 通过检测入侵特征码来工作。其依据的理论是很多攻击在网络层都是沿用相同或相似的模式进行攻击。

考虑这样一个例子：假设数据包在一个特定的端口被接收，并且其报头标志位被设置成了特定的形式。当这一切发生时，它很可能是一次攻击或尝试利用漏洞的前奏。因此，可以说这种特定的攻击有一个特征码，表明它是恶意流量。这个特征码对这个利用漏洞的行为来说是唯一的，因此可以被 Snort 这样的软件检测是否存在一个尝试利用该漏洞的行为。接下来，Snort 可以基于这种检测执行一定的动作（或什么也不做）。

ntop 是一个网络分析软件，与嗅探器基于协议、流、主机和其他参数生成报告不同。推荐将 ntop 安装在网络的关键节点上，以在网络中建立一个正常数据流的基线（baseline）。

我选择在这里介绍 ntop 是因为它很容易掌握。但是，我还推荐其他分析网络数据流的软件。在其他分析软件中，MRTG 是另一个绝佳的选择，RRDtool 和 Scrutinizer 也是如此。

创建数据流基线报告并保持其更新，不仅仅能够发现像流量非预期的增长和减少这样的异常，还可以追踪何时有新的带宽可用。正是这种对安全异常和带宽使用的双重监控，使得流量分析非常重要。

要使用 Snort 和 TCPDump 在大型的网络中建立数据流基线并有效地监控网络中的入侵行为，需要将这些工具放置在网络中的关键位置。很多大型网络（甚至中型和小型的网络）都是用交换机来传递数据流的。理解交换机和集线器的区别对于考虑在哪里放置网络工具来说十分重要。

12.1.1　交换机和集线器以及您为什么应该关心它

在交换机网络中，任何网络接口将只接收到发往它的数据流和广播数据流。在集线器环境下，网络接口将收到所有的流量，不论该流量是发往它还是其他设备的。这便是为什么交换机网络比集线器网络更快——非必要的数据流不会被发送到交换机的所有端口。

如果在一个交换机环境中，配置交换机将数据流镜像发往一个特定的端口，那么就可以实现一个网络接口不仅仅能够接收到目的地址是其自身的数据流，还可以接收所有的或一个更大的子网的数据流。但是在这样做的同时，有可能导致交换机性能降低，因为这时它需要拷贝所有流量到两个端口而不是一个。您可以参阅您的交换机文档以获得更多的信息。

不管数据流来自何方，只要其到达了运行了嗅探器的接口，它都会被捕获。关键是在网络层，要将嗅探器和与入侵检测相关的软件放在正确的位置。如果只是嗅探基于主机的数据流的话，嗅探器放置的位置就十分明显了，安装在主机上即可。

12.1.2　ARPWatch

另一个将在第 13 章中讨论的是 ARPWatch。ARPWatch 是监听网络中新设备的软件。ARPWatch 对于审计网络中的设备十分有用，尤其对无线网络来说。

12.2　Rootkit 检测器

rootkit 是单个或一组软件，它利用一个或多个漏洞以提高攻击者的权限或对目标进行其他类型的攻击。通常情况下，rootkit 都是技术不熟练的攻击者在使用，他们使用别的攻击者开发的软件，而不了解底层的漏洞；他们仅仅对结果感兴趣。

很多 rootkit 不仅仅是发起攻击，让攻击者获得 root 权限，同时还试图隐藏和清除攻击发起的行为。它们通过删除日志文件或日志文件中特定的条目、植入特洛伊木马程序或其他办法来掩盖攻击。同时攻击者还可能将各种 rootkit 集成起来在更多层面上进行欺骗和攻击。

就像以网络为中心的攻击一样，rootkit 也常常具有特征码或者会留下蛛丝马迹。这些踪迹和特征码可能是前面提到的被移除的日志文件、一个或多个进程的出现或其他只有该 rootkit 软件或攻击才会对系统造成的修改。

与以网络为中心的攻击一样，也有专门的软件用于对 rootkit 的踪迹和特征码进行查找。如 Chkrootkit。

12.2.1　运行 Chkrootkit

在您运行 Chkrootkit 之前，您需要先获得它。Chkrootkit 可以从 http://www.chkrootkit.org/处下载，这里包括许多 Linux 版本对应的软件包。下载后，需要对 Chkrootkit 解归档（unarchived）和编译：

```
tar -zxvf chkrootkit.tar.gz
cd chkrootkit-<NNNN>
make sense
```

您没看错，上面的例子中是 make sense。尽管 Chkrootkit 是一个 shell 脚本，但是需要编译代码才能获得更多的功能。编译并不是必须的，由于编译很快，而且能够添加一些额外检测，所以我推荐这样做。具体地，编译 Chkrootkit 将启用这些额外的检查，虽然从某些操作系统获得的标准的数据包也可能包含它们：ifpromisc、chklastlog、chkwtmp、check_wtmpx、chkproc、chkdirs 和 strings。

本书所介绍的所有工具中，Chkrootkit 可能是最容易使用的。要在 Chkrootkit 的源目录下运行 Chkrootkit，您只需键入如下命令：

```
./chkrootkit | less
```

您不必使用管道将输出重定向至 less，但它的输出有很多。因此，如果您想要阅读输出的话，您可能需要用管道将其重定向到其他地方，当然，除非您有一个很长的滚动条。

因为运行 Chkrootkit 会产生许多的输出，根据您的偏好，将输出用管道重定向到 more 或 less

是很明智的。另外，您还可以重定向输出到一个文件：

```
./chkrootkit > output.txt
```

在输出检查的最终状态时，Chkrootkit 将输出许多行的通知，告诉您目前正在检查什么。输出示例如下：

```
Checking 'amd'... not found
Checking 'basename'... not infected
Checking 'biff'... not infected
Checking 'chfn'... not infected
Checking 'chsh'... not infected
Searching for ShitC Worm... nothing found
Searching for Omega Worm... nothing found
Searching for Sadmind/IIS Worm... nothing found
Searching for MonKit... nothing found
Searching for Showtee... nothing found
```

从输出示例中您可以看到，并没有检测到特洛伊文件或 rootkit。一个被感染的文件或 rootkit 被检测到的情况显示如下：

```
Checking 'bindshell'...INFECTED (PORTS:1524 31337)
```

虽然 Chkrootkit 的输出似乎表明计算机被 bindshell 所感染，但 Chkrootkit 有时会产生误报的情况。然而，如果您从 Chkrootkit 的输出中看到了 INFECTED 输出，为了您的利益，您最好假定 Chkrootkit 的报告是正确的，并采取步骤减轻损害。

当工具检测到并报告了一个问题，但实际上该问题并不存在的时候，这种情况被称为误报。误报内在的原因与各软件对发生事故的报告机制有关。误报比漏报（未报告真的事故）要好。当一个问题实际上发生了，但是工具却没有对其进行报告，这时就产生了漏报。

误报和漏报所造成的结果是截然不同的。打个比方，一个人去看医生，并且进行了超声波扫描。基于扫描的结果，医生认为病人患了癌症。然而，在更进一步的检查中发现开始的报告有误。这个例子就是一种误报。尽管后来基于误报执行的额外的测试都是不必要的，但它仍比漏报要好，那样的话癌症病人将被忽视而得不到治疗。

由于 Chkrootkit 的报告使用计算机上的工具，它可能会产生漏报。针对这个问题，稍后会在下一节中进一步地描述。

12.2.2　当 Chkrootkit 报告计算机已被感染时应如何处理

如果 Chkrootkit 告诉您计算机已经被感染，您应当做的第一件事就是告诉您自己保持冷静。尽管有可能是 Chkrootkit 的误报，您仍应假定确实被感染了。如果 Chkrootkit 报告了一个感染，您应该立刻采取步骤以减轻进一步的损害。

本书前一章节介绍了事故响应。因此本章就不花篇幅重复介绍了。然而，由于工具的特性，误报是不可避免的。您最好严肃地看待这件事，但首先判断 Chkrootkit 是否误报了也是明智的。

　　Chkrootkit 会使用许多方法来查找 rootkit。许多时候 Chkrootkit 基于已知的特洛伊文件的版本在文件中查找特定的特征码。同时，Chkrootkit 还会寻找已知的由于 rootkit 或其他攻击而打开的端口。这些都是导致报告感染的原因。当 Chkrootkit 发现 1524 和 31337 这两个端口被打开后，它会认为计算机感染了 bingshell rootkit。实际上，这些端口可能是由于其他安全工具 PortSentry 所打开的，它们会监听这些端口以期捕获其他被感染主机。我使用 lsof 加上 -i 选项来确定监听这些端口的确切的程序。

　　当 Chkrootkit 报告了很多个 rookits 时，您可能很难确定某个特定的 rootkit 感染的后果。如果只是运行一个 rootkit 将很好处理，但是如果多个 rootkit 同时运行，这将很难清理。在开始对损害进行控制的过程中，您可以在互联网上搜索每个 rootkit 以了解它运行时的动作。然而，请记住，从定义上来说，在 rootkit 已经成功的运行之后，攻击者便拥有了计算机的 root 权限，因而可能（或正在）对系统做出更加巨大的伤害！

　　不论 Chkrootkit 何时报告了一个感染，您都应该严肃对待并做最坏的打算。谨慎起见，您应该立刻将您的计算机从网络上断开，同时采取措施清除 rootkit。尽管实际上这并不容易。

12.2.3　Chkrootkit 和同类工具的局限性

　　Chkrootkit 是一款功能强大、极其有帮助的工具，但并不是说它没有局限。这些局限不是 Chkrootkit 所特有的，而是这类尝试执行复杂检查的工具所共有的。其中的一个局限性就是前面提到的误报。另一个 Chkrootkit 和其他类似工具的局限性在于它们默认依赖于 Linux 计算机自身的一些程序，这些程序有可能已经被入侵或被修改以防止被 Chkrootkit 和相关的检测程序探查。

　　下面是 Chkrootkit 使用的部分程序的列表，请记住这些程序本身依赖的库或 Linux 计算机上的程序有可能已经被入侵：awk、cut、echo、egrep、find、head、id、ls、netstat、ps、sed、strings 和 uname。

　　另一个 Chkrootkit 和类似工具都有的局限性在于它们都只能检测到已经被报告过的和已被配置的 rootkit。但是总有人会不幸地在他的计算机上遇到一个运行着的未知的 rootkit。如果您是这个不幸的人的话，Chkrootkit 将不起任何作用。然而，很有可能在这台计算机上运行着多个 rootkit，这会使得检测更加容易些。我想这也算是一个小小的安慰吧。

12.2.4　安全地使用 Chkrootkit

　　当使用如 Chkrootkit 这样的工具时，使用正确的系统二进制程序集是一个很好的方法。许多 rootkit 会替换关键的系统二进制文件为自己的版本，例如/bin/ps。因此，如果您尝试使用 ps 来找到未知的进程，您可能不会看到它们，因为特洛伊木马版本的 ps 隐藏了它们。

　　Chkrootkit 提供了两种方法来解决这一问题。第一种方法就是从 CD-ROM 中加载正确的二进制程序集；第二种方法就是物理地将怀疑被入侵的磁盘安装到别的计算机上，然后在这台计算机上运行检测。相对于调查一个可能的攻击，第二种方法更适合于在已知被成功入侵的情况下进行检测而不是调查可能的攻击。

从 CD-ROM 中加载正确的二进制程序集进行检测，这是使用 Chkrootkit 进行全面彻底的检测最安全和简单的方法。使用该方法的前提是拥有一个 CD-ROM，同时还有一张正确的二进制程序光盘。运行 Chkrootkit 使用 CD-ROM 拷贝的二进制程序的第一件事就是挂载 CD。这通常由 mount 命令实现，尽管有时它会自动地被挂载。在大多数目前的 Linux 发行版中通常使用下列命令挂载 CD-ROM 驱动：

```
mount -t iso9660 /dev/cdrom /mnt/cdrom
```

Chkrootkit 使用-p 选项来定义它应该使用的二进制文件的位置。因此，如果 CD-ROM 被挂载至/mnt/cdrom，您应这样运行 Chkrootkit：

```
./chkrootkit -p /mnt/cdrom
```

另一种运行 Chkrootkit 的方法就是物理地挂载可能被入侵的硬盘到另一台计算机，并针对该硬盘驱动器运行 Chkrootkit。这可以通过为 Chkrootkit 指定一个 root 目录完成。下面的命令假设第二驱动器被挂载至/mnt/drive2：

```
./chkrootkit -r /mnt/drive2
```

12.2.5　什么时候需要运行 Chkrootkit

Chkrootkit 应该在任何您需要的时候运行，并没有指定运行它的时间表。我个人偏好为了好玩无规律地运行它，但只因我是这样的人。您绝对应该在您观察到任何可疑的活动的时候运行 Chkrootkit，不论这一可疑的活动发生在您的电脑上还是在任何同一网络中其他可能与您的电脑交互的电脑上。当您运行 Chkrootkit 时，您最好访问 http://www.chkrootkit.org/以检查是否有最新版本的工具可用。因为新的 rootkit 特征码及新增的功能都已经被添加到了最新的版本中。

您也可以通过 cron 任务每晚运行 Chkrootkit。虽然那时生成的报告不一定完全准确，但是它可以对您要注意的异常提供早期预警。从 cron 运行 Chkrootkit 可以通过如下命令：

```
0 4 * * * /path/to/chkrootkit
```

cron 条目显示将在每天 4:00 a.m.时运行 Chkrootkit，并且 root 用户（cron 作业输出的收件人）将在每天早上收到一份报告详细描述 Chkrootkit 的运行。

12.3　文件系统完整性

经常与像 Chkrootkit 这样的 rootkit 检测工具一起使用的是文件系统完整性软件。文件系统完整性软件监测计算机上的文件并基于这些文件的更改生成报告。管理员便可以针对报告，检查值得怀疑的文件的非预期改变。例如，如果文件/etc/resolv.conf 或/etc/shadow 毫无原因地发生了改变，管理员便可以采取行动。

一些流行的文件完整性检查工具分别是 OSSEC、Samhain 和 AIDE。在第 14 章"文件系统完整性"中会详细介绍 AIDE，并呈现关于如何进行文件系统完整性的一个更全面的描述。

12.4 日志监控

监控日志文件的目的是对出现的异常现象进行监视，这些异常很可能意味着一次攻击。尽管使用这种方法很有效，但是它会导致生成大量的数据，这在大型网络中处理起来很麻烦。

日志监控可以和其他工具结合使用。例如，在少数关键系统上使用日志监控能够减少接收数据的数量。然而，该方法和其他类似的方法只是权宜之计，因为其对保证系统安全的作用很小。

有很多用来监控日志文件的软件包。Swatch 便是其中之一。我将在这里简要地介绍 Swatch，让您了解这种类型工具的功能。

12.4.1 Swatch

很多 Linux 发行版都把 Swatch 作为附加的软件包，同时它也可以从 http://swatch.sourceforge.net/下载。Swatch 是高度可配置的，并且可以基于匹配执行许多动作。

Swatch 可以工作在多种模式下，其中一种模式为单一通过（single-pass）模式，该模式下每次只处理一个日志文件，查找匹配并基于匹配执行动作。另一种模式通过对日志文件运行 tail（tail -f）以查找匹配。默认情况下，Swatch 会监控/var/log/messages，但它也可以被配置为监控任何文件甚至一个套接字。

因为 Swatch 如此强大，我不可能在一本关于 Linux 防火墙的书中对其全面地介绍，所以我推荐您阅读更多关于 Swatch 的资料。下面，我将给出使用 Swatch 监控一个日志文件给出的输出。另一个这样的输出将在第 13 章中关于 Snort 的一节"使用 Snort 进行自动化的入侵监控"中展示。

使用 Swatch 监控 SSH 登录失败

有很多针对 SSH 的强力攻击尝试。除了让人恼火外，它们通常不会导致更多的危害。然而，监控日志文件对这种和其他针对服务器的强力攻击很有帮助。Swatch 可以被配置为当记录到这样的尝试时发送邮件（或采取其他措施）。本节展示如何在记录到了一个失败的用户认证时发送一个 email 警报。

如果试图登录但是登录失败，这时系统的日志会记录类似下面的一行内容：

```
Jun 7 17:09:10 ord sshd[3434]: error:\
    PAM:Authentication failure for root from 192.168.1.10
```

这一行中有很多条目，但在这儿我选择查找"Authentication failure"字样，因为这才是我想要报警的内容。Swatch 的语法简单但功能强大，这是因为 Swatch 使用了正则表达式的语法用于匹配。这种情况下的匹配相当简单。只需简单地使用 watchfor 关键字告诉 Swatch 要监视的内容，接着配置当发现匹配成功后采取的一个或多个动作，这些对于配置 Swatch 来说都是必需的。例如，如果想要查找"Authentication failure"字样，并在发现时发送一封 email，则 Swatch 应如下进行配置：

```
watchfor /Authentication failure/
    mail
```

上面两行被存储在～/.swatchrc 文件中。由于在上面的例子中，Swatch 需要对怀疑的日志文件有读权限，所以要求 Swatch 运行在 root 账户下。

下一步，启动 Swatch 的同时指定其应监控的文件。默认情况下 Swatch 将监控文件/var/log/messages。但是我是在 Debian 系统中演示该例子的，而该系统默认记录失败的用户认证的文件是/var/log/auth.log。因此，我需要让 Swatch 指向正确的配置文件，并启动它：

```
swatch-tail-file=/var/log/auth.log
```

这时 Swatch 将监控日志文件并寻找字样"Authentication failure"，如果找到符合的文字，Swatch 将发送一封 email 给 root 用户。

如前面所说，Swatch 有许多选项可用于报警，包括执行其他程序。这些程序可以是 shell 脚本或别的东西，因此可能性几乎是无限的。

12.5 如何防止入侵

实际上没有任何办法能够阻止一个攻击者利用大量的资源和时间来进行攻击。不论是 DoS 攻击还是利用 rootkit 来进行物理攻击，如果一个人想要破坏您的数据，他就会不顾一切地攻击您。尽管如此，您也可以采取很多办法来降低您暴露在大多数危险中的几率。

本章及本书介绍的工具都不能对所有的物理攻击进行处理。如果攻击者在内部并且可以随意访问包含数据的计算机或硬盘驱动，那么任何防火墙都不起作用。如果攻击者对存储数据的计算机或设备拥有物理访问权的话，攻击者便可以自己盗取数据或者可能植入他或她的恶意特洛伊软件。

本节中给出了一些保证系统安全的通用建议，但是这些建议绝不是包罗万象的，仅仅是我自己提出的帮助确保系统完整性的几点建议。

12.5.1 勤安防

保证计算环境的安全性是一项需要持续进行的工作。在您保证系统和网络的安全过程中，将会不断有新的弱点被发现，同时也会有新的软件被开发出来。在保证计算机环境安全这件事上，没有可以一劳永逸的魔弹。本书的内容主要是关于使用基于 Linux 构建的防火墙来保障网络和系统的安全性。本章将针对进一步保证安全性的其他方面进行介绍。

您可以使用本章中已经介绍的工具来保障计算机及其所在网络的安全。当然您也可以采取进一步的措施来增强环境的安全性。

Bastille Linux

Bastille Linux 是一款帮助实现系统安全自动化并报告系统安全性的程序。您可以阅读大量资料和不计其数网站找到用 Bastille Linux 实现的许多最佳安全实践。所有的这些最佳实践都是通过向导接口（命令行或 GUI）来进行的，向导过程包含的许多信息中不仅有那些您被问到的内容，而且还有它为什么重要的信息。

Bastille Linux 会针对确定的特性提供建议。这与许多工具试图提供建议不同，Bastille 将针对更改推导其结果，并解释该更改的原因以及如果您选择这样做的话会有什么隐含的结果。

最后，Bastille 还提供了一个取消（undo）进程，您可以通过该进程快速地取消任何可能引起问题的更改。Bastille 受到了有经验的 Linux 管理员和 Linux 新手的欢迎。一些 Linux 发行版将 Bastille 作为软件包包含在其中。如果想了解更多关于 Bastille Linux 的信息，请访问 http://bastille-linux.sourceforge.net。

12.5.2   勤更新

尽管保持计算机系统经常更新是本书中提到的保证系统安全性的方法中最容易实现的，但是这项工作经常被忽视。计算机最容易被攻破的情况就是让其运行但从不对其进行更新。

Linux 和开源软件最强大的就是它们的安全性。有些人试图用开源软件之所以安全是因为其很少被使用这一论点来反驳开源软件的安全性。但是这完全地忽略了市场份额的统计，例如 Netcraft 的 Web 服务器调查显示 Apache 保持了近 40%的 Web 服务器市场，如果您排除了那些使用 Microsoft IIS 的不活跃的站点的话，这个份额还会更高。

这份安全性的力量来自于开源社区可以在问题被揭露数小时内就提供修复方案的能力。在问题发现的同一天就完成修复这种情况是很常见的，甚至是很多从未被公开揭露的安全问题也都被解决了。对于可能会花些时间的修复，开源社区会专门提供一个工作区用来减轻或完全修复该弱点。

快速的修复和便捷的工作区这两个特性，都将使您更好地维护系统的安全性。然而，不管使用上述的哪种方法，您都需要通过监视邮件列表和安全网站追踪它们的可用性。大多数 Linux 发行商都提供了通知安全邮件的列表，当一个问题被揭露时，订阅者们都将收到一封 Email。

保持软件更新是系统安全性的重要方面。我推荐尽可能经常地更新，并且关注被更新的软件以保证更新不会打断正在运行的系统。

12.5.3 勤测试

只是勤安防和勤更新是不够的，虽然这两项工作确实能使环境的安全性在很大程度上得到增强。另一个提高系统安全性的基本策略就是勤测试。测试可以加强安全策略，同时能够确保这些安全策略被成功地实现。

渗透测试（Penetration testing）是系统安全的另一个重要方面。渗透测试，有时也叫做pen-testing，该测试通过一系列的攻击使系统以非预期的方式运行来测试系统的安全性。渗透测试的定义是有些含糊的，它不是专门使用某一个或某一类攻击。

渗透测试既可以是正式的，也可以是非正式的。非正式的渗透测试通常被安全管理员或开发人员使用，他们利用一切方法，从手动的方法侵入一个应用程序到使用许多自动化的攻击工具。一个正式的渗透测试大都由第三方完成，他们使用手动和自动化的攻击来测试系统。您可以根据您的安全策略来决定进行渗透测试的类型和频率。

当然，当您在测试时，同时测试作为普通攻击者和内部攻击者两种情形很重要。作为普通攻击者进行测试意味着您需要在不知道任何有关被测试应用程序和系统的其他信息的情况下，使用能从外部系统搜集到的信息对其进行测试。换句话说，如果您在测试的是一个 Web 应用程序，需通过查看网页的源代码来分析网页使用的参数格式。很多时候，当作为一个普通的攻击者进行测试也意味着您需要从外部网络进行测试。这对防火墙规则集的测试来说尤为重要。

本节将介绍用于测试网络和计算机系统的几种工具。与其他在本章中介绍的工具一样，它们并不是包罗万象的、全面的。这里介绍的工具为您构建自己关于安全的知识、渗透测试的概念和工具提供了良好的开端。

Nmap

Nmap，即 Network Mapper，是用于扫描开放端口和探测网络中可用设备的程序。Nmap 常被入侵检测员用于确定指定的主机的哪些端口被打开并监听。在介绍防火墙的时候，Nmap 可以用于从网络的外部测试防火墙的规则，以确保没有非预期的开放端口。

Nmap 在很多流行的 Linux 发行版中都作为自带的软件包。如果 Nmap 在您的发行版上不可用，您可以从 http://www.nmap.org/下载到。

Nmap 包括许多用于刺探主机和整个网络的选项。这些选项太多，所以不可能在这里逐一介绍。实际上，当进行前面提及的端口扫描时，下面的语法特别有用，它可以用来查看 TCP 端口：

```
nmap -sS -v <host>
```

例如，可以使用下面的语法扫描主机 192.168.1.10 的开放 TCP 端口：

```
nmap -sS -v 192.168.1.10
```

请注意使用-v 选项启用了额外的冗余信息。尽管这个选项并不是必需的，但我推荐这么做，您还可以再添加一个-v 选项查看更多的信息。

Nmap 提供了多种 TCP 扫描。我选择 SYN 扫描，因为它是 TCP 扫描中最可信的一种。

当 Nmap 开始扫描后，它会发送初始 ping 消息或 ICMP Echo 请求到目标主机。有时目标主机并不会响应 ICMP Echo 请求。这种情况下，您可以通过使用-P0 选项禁止 Nmap 发送初始的 ICMP Echo 请求。

如前面所说，Nmap 有许多选项可用。您可以在命令行中输入 nmap 来查看包含选项相关的使用说明。

hping3

hping3 是另一个网络工具，它可以用来测试开放端口并且测试网络应用程序和设备的行为。hping3 使得用户可以设置网络数据包的很多属性，同时还允许手工制作数据包。在手工制作数据包后，您便可以观察网络应用程序或设备的行为。

第 13 章中将运用 hping3 制造特定的数据包攻击，并用 TCPDump 进行观察。

Nikto

Nikto 根据已知的弱点来测试 Web 服务器及测试 Web 服务器提供的信息。Nikto 可以在 http://www.cirt.net/Nikto2 这里下载到。

由于 Nikto 是专门用于测试 Web 服务器的，这里就不全面地对其进行介绍了。但是如果您运行了一台 Web 服务器的话，我强烈建议您使用 Nikto 来测试服务器的弱点。

12.6　小结

本章对入侵检测工具和一些基本的安全原理进行了介绍。从工具 TCPDump 到嗅探器的放置，再到文件系统完整性，本章为您展示了入侵检测周边的各种内容。

只有定期对这些入侵检测工具进行更新、加强安全策略和进行渗透测试，才能使这些工具工作在最佳状态下，从而保证系统的安全性达到您的期望。

下一章将更多地通过介绍 TCPDump（管理员工具箱中的一个关键工具），对网络安全进行更深入的介绍。

第13章

网络监控和攻击检测

本章用到了全书尤其是前两章中的知识，向您展示怎样使用工具来进行日常网络监控以及进行分析研究。

本章首先介绍网络监控和嗅探。开始的内容都是以本书前两章的知识为基础的，而后以网络安全分析员工具包中的一个关键工具——TCPDump 作为对这两章知识的拓展。本章的最后，还介绍了两个很有用的软件包：Snort 和 ARPWatch。

13.1 监听以太网

通过在前两章中对核心协议的基础知识的了解，您已经可以开始监听网络了。至于开始监控网络后，在监控的过程中具体能够看到什么样的信息，依赖于很多因素，不仅仅是网络的拓扑本身。

现代的以太网由一系列端点设备构成，例如拥有网络接口的计算机通过集线器或交换机相互连接起来。弄清集线器和交换机的区别，对于保障网络性能和安全来说都十分重要。在集线器环境中，每个以太网帧都被拷贝到集线器的每一个端口上，因此被发送到每一个连接到集线器的设备。与集线器环境相对的是交换机环境。在交换机环境中，交换机会发送数据帧到与指定设备相连的特定端口。换句话说，使用交换机，数据流只会发往应该接收它的设备。如果一个入侵者可以在集线器环境中监控网络，他将可以看到发往连接到该集线器的所有设备的所有帧。而在交换机环境中，入侵者将只能看到发往特定主机的数据流或被拷贝到所有端口的广播数据流。

大多数可管理的交换机允许管理员配置一个特定的端口，该端口可以接收到所有的数据流。Cisco 将该端口叫做 span 端口，其余的则将该端口叫做镜像（mirror）端口。实际上，通过拷贝所有的数据流到交换机上的一个端口，管理员可以监控该交换机上的所有流量，观察可能的入侵或异常。当然，这样做也是有危险的。如果一个攻击者在端口获得了设备的控制权，他便可以监听所有数据！而且，在繁重的数据流环境中，如果您尝试监控所有端口的话，还可能出现性能的下降。因此，选择在哪里监控您的网络很重要。

如果您没有这样一个可管理的交换机或者没有一台能够使您拷贝所有数据流到一个端口的交换机，则您需要找到别的方法来监听数据流。我不推荐用集线器替代交换机的做法。然而，您可以采取这样的办法：先将集线器连接到防火墙，然后将您的入侵检测或监控计算机连接到那台集线器，最后再将集线器连接到主交换机。通过这种方式，您可以在不降低性能和不降低交换机所能提供的安全性的情况下，监控防火墙内部的数据流。

当我写到关于交换机安全性的内容时，我想起了很多类型的攻击能够使攻击者监听交换机上的其他流量，尽管这些数据并不是发往攻击者所在的那个端口。这些攻击主要是 ARP 欺骗，还包括对正常 ARP 处理的干扰。论文 "An Introduction to Arp Spoofing" 是一篇很好的关于 ARP 欺骗的入门读物，您可以从 http:// packetstormsecurity.org/papers/protocols/intro_to_arp_spoofing. pdf 处在线获得。

在一个网络中选择监控点的技巧性多于科学性，当然这一说法也是很有争议的。有的人认为只有在网络内部监控才是最重要的，因为防火墙将保证内部数据流的安全性。有人认为应该监控外部，这样您就能看到网络上存在哪些企图了。还有一些人（包括我在内）认为内部和外部都应该被监控。监控内部网络是很重要的，原因显而易见。您可以查看异常流量并且监控异常的情况和性能。然而，我相信监控外部网络也很重要。我切断了我的计算机的安全保障型措施，该措施由互联网提供商提供，而一切关于外部网络的重要的东西都在这里。因此，我感觉到了对外网的监控是多么有价值，它保证了计算机免受攻击的侵害。

您需要决定您的环境如何工作。在防火墙的外部部署一台计算机专门用来做入侵检测对您来说可能没有什么意义。所有的安全措施都是在需要保护的资产和可以用来保护这些资产的有限资源之间的平衡。

13.1.1　三个实用工具

目前有越来越多的工具可以用于监控网络数据流。这些工具中有些是自由且免费的（价格免费、言论自由），有些则要花些钱了。我用过昂贵的工具和免费的工具，并且可以自信地告诉大家，免费的工具更好。那些昂贵的工具界面很漂亮，但功能却不尽人意。许多产品都提供一个很好的"外观和体验"，但是其中的很多都不是很稳定。一般来说，开源工具不易于安装和使用，但它们功能强大，只需要一些工作就能生成和昂贵的工具提供的一样的美观的图标和图片。鉴于价格因素的考虑，我更倾向于在调查一个潜在攻击时使用能快速地、简单地运用的入侵检测工具。若要使用繁杂的、不直观的 GUI 的话，就只能采用商用入侵检测工具。

本节将对 3 个监控工具做简要的介绍，在后面的章节中再对其进行更细致的描述。

TCPDump

入侵检测员工具包中最重要的工具应该是 TCPDump 了。TCPDump 将网络接口设置为混杂模式以捕获到达的每一个数据包。当然，这意味着 TCPDump 需要运行在可能遭受入侵的计算机上，或者在交换机环境中，需要运行在作为 "spanned" 镜像端口接收端的计算机上。TCPDump

将在下一节中进行更详细的介绍。

Snort

Snort 是可以免费获得的最优秀的入侵检测系统之一。Snort 捕获网络流量的方式与 TCPDump 基本相同。然而，Snort 使用一个众所周知的特征码数据库来提供检测的功能。TCPDump 更倾向于手工监控，而 Snort 则更加自动化，分析员不需要手动地检查每一个数据包。您可以在 http://www.snort.org/获得更多关于 Snort 的信息。

ARPWatch

ARPWatch 是用于在网络中监控 ARP 流量的工具。该工具可以帮助管理员发现可能的 ARP 欺骗和进入网络的未知设备。ARPWatch 可以从 http://ee.lbl.gov/下载到。与其他工具一样，如果没有对应您的系统的软件包，则需要在使用之前进行编译。ARPWatch 会在本章的"使用 ARPWatch 进行监控"一节中进行介绍。

13.2 TCPDump：简单介绍

回忆一下您在前面章节中所读到的内容。您已经了解了 IP 地址分配、子网划分和一些核心协议的报头结构。本章中将讲解 TCPDump 工具的使用，您将亲身近距离地接触一些协议。当掌握了在这个层次上怎样监控网络后，您便可以自信地解决更大范围的问题，而不仅仅与计算机安全有关。

TCPDump 是入侵分析人员工具包中的一个重要工具。在基础层面上，TCPDump 是一个实时的数据包捕获和分析软件。这意味着 TCPDump 可以被用于在数据通过网络时窃听网络通信。然而，如同已经提到的那样，一个人可以窃听到的数据流的数量取决于网络的拓扑。如果运行着 TCPDump 的计算机被连接到一个交换机网络，TCPDump 将只能看到发往该主机的流量或广播/组播流量。在交换机网络中，一个好的方法是使用"span"端口，将通过交换机的所有数据流都拷贝到该端口。当然，所有这一切对于集线器网络来说都不是问题，因为所有的数据流都会被拷贝到集线器的所有端口。

TCPDump 将网络接口设置为混杂模式。在您过度激动之前，请注意在很繁忙的网络接口上，大量的数据流将闪过屏幕，这可能会轻微地导致数据流速度的降低。任何情况下，人的处理速度都是跟不上大量的数据流的速度的，因此您可以将捕获的内容输出到一个文件、用管道输出到一个文本浏览器，或者过滤数据流以查看特定的数据流。通过 TCPDump 表达式对数据进行过滤是目前最好的选择，但这些选项绝不是互相排斥的。我通常使用过滤器和一个文本浏览器，以免有用数据流太快闪过屏幕导致无法看清。

TCPDump 可以通过任何您能想到的规则来过滤数据流。对于入侵分析员来说，可以通过协议、主机、端口号或这些的组合来查看数据流。在进一步介绍之前，我推荐大家阅读或至少参考 TCPDump(1)手册页面（通过键入 man tcpdump 来阅读它）。手册页面提供了全面的文档，不仅仅包括语法，还包括了使用的示例，以及一些协议的图解。如果您在使用 TCPDump 的时候卡住了，而您又没有一本工作手册在手边，也许您应该买一本，或者使用 TCPDump 的参考页面也可以。

13.2.1　获得并安装 TCPDump

TCPDump 可以从 http://www.tcpdump.org/ 下载到。TCPDump 需要 PCap 库 libpcap，因此在您下载 TCPDump 的时候，您也应该下载 libpcap。大多数流行的 Linux 发行版都将 TCPDump 作为自带软件包包含在其中了。例如，如果您使用的是 Debian，只需要键入下面的命令就可以了：

```
apt-get install tcpdump
```

软件包维护系统将安装 TCPDump 和 TCPDump 的依赖。对于使用其他系统的人来说，您可以搜索您发行版的仓库找到该软件或下载源代码编译。在没有安装 libpcap 的情况下尝试编译 TCPDump，您会在运行配置 TCPDump 的脚本时看到类似下面的错误：

```
checking for main in -lpcap... no
configure: error: see the INSTALL doc for more info
```

安装 libpcap 和 TCPDump 就像编译软件一样简单。将源代码解归档、运行配置脚本、编译然后运行。大体上是这样：

```
tar -zxvf libpcap-<version>.tar.gz
cd libpcap-<version>
./configure
make
make install
```

用同样的方式安装 TCPDump：

```
tar -zxvf tcpdump-<version>.tar.gz
cd tcpdump-<version>
./configure
make
make install
```

13.2.2　TCPDump 的选项

TCPDump 可以通过很多不同的命令行选项来修改它的行为、捕获数据的数目、捕获数据的方式。这么多的选项意味着您拥有明显地更改程序如何运行的能力。在使用 TCPDump 的过程中，您将发现对于大部分数据活动的捕获只需使用一个常用的选项集，而不需要用到其他的全部选项。

表 13.1 列出了一些最常用的选项。

对这些选项进行分析研究，是初步实现捕获和分析数据包的必要步骤。并不是所有的选项对于使用 TCPDump 捕获数据流来说都是必要的（实际上，可以根本不使用这些选项）。您只需要简单地在命令行中键入 tcpdump 命令就可以开始捕获数据流了。然而，实际上为了对数据流进行更适当地分析，为了获得特定的细节等级，这些选项中的许多都是需要的。

表 13.1   TCPDump 的一些常用选项

选项	描述
-i \<interface\>	指定使用的接口
-v	以冗余模式生成输出
-vv	以极冗余模式生成输出
-x	使得 TCPDump 以十六进制格式打印数据包本身
-X	使得 TCPDump 同时以 ASCII 格式打印输出
-n	通知 TCPDump 在捕获期间不对 IP 地址进行 DNS 查询
-F \<file\>	从\<file\>文件处读取表达式
-D	打印所有可用的接口
-s \<length\>	设置每个捕获的数据包的长度为\<length\>

　　-i \<interface\>选项修改了 TCPDump 监听以捕获数据包的默认接口。默认来说，TCPDump 将监听第一个接口，eth0。然而，对于多宿主（multihomed）计算机来说，需要使用该选项来保证捕获到正确的数据流。例如，在防火墙计算机上，eth0 接口可能被连接到内部网络，而 eth1 接口被连接到互联网。您可能对攻击您外部接口（eth1）的数据流感兴趣，这样的话，您就需要在 TCPDump 中使用-i \<interface\>选项。

　　TCPDump 在报文信息显示程度上有三种模式选项，-v、-vv 和-vvv（未包括在表 13.1 中）。这三种模式使得 TCPDump 可以打印收到的数据包的详细（更加详细、非常详细）的信息。使用-v 选项，将显示数据包中的 TTL、数据包 ID、长度和选项。通过在数据包的捕获过程中对这些选项进行试验，您将选择到适合您需要的选项。不同的协议可能并没有更多额外的信息可显示，因此使用这些开关增加冗余性可能没有用处。

　　-x 选项使得 TCPDump 也可以用十六进制的方式打印每个数据包。对我来说，这个选项并不是特别有用，因为我不擅长阅读十六进制格式的数据。然而，当通过大写-X 选项利用 ASCII 码来转储数据包时需要使用小写-x 选项。因此，我很少单独使用-x 选项，而是将-x 与-X 同时使用。虽然只使用-X 选项已可以显示数据包中的很多信息，但同时使用两个选项将更加有用。

　　一个不怎么常用但是有时很有用的选项是-s \<length\>选项。使用这一选项对于打印数据包的内容本身而不只是默认的那 68 个字节来说很有用。如果您仅仅对数据包的报头感兴趣，那么这一选项可能不是太有用。然而，如果您想要查看数据包内部的内容，这一选项将很有用，它能保证您捕获的数据包不被截断。

　　在使用 TCPDump 的过程中，您会觉得-F \<file\>选项越来越有用。这一选项通知 TCPDump 读取\<file\>文件的内容，作为过滤的表达式，而不是从命令行读取过滤表达式。这一选项对于长度很长、使用很频繁的表达式，甚至是不经常使用的表达式都提供了便利。在使用 TCPDump 一段时间后，您会对周复一周地为捕获相同的数据包，而在命令行键入同样的旧的表达式感到厌倦。存储表达式到文件中，然后在使用 TCPDump 的时候从文件中读取表达式可以极大地节省时间。

当开始使用 TCPDump 后，您将发现-D 选项是一个很有帮助的选项。-D 选项通知 TCPDump 打印可供您执行数据包捕获的接口的列表。因为数据包捕获是基于接口的，了解使用哪一个网络接口是您要选择的很重要的一件事。在 Linux 系统中，选择正确的网络接口是一件很容易的事，因为网络接口的命名通常很简单，比如说用 eth0 命名第一块以太网网卡。然而，在 Windows 系统中，使用-D 选项就变得格外重要，因为接口的名字可能很难记住。

最后一个值得记住的选项是-n 选项。使用-n 选项通知 TCPDump 在捕获数据包的过程中，不要对看到的主机执行反向 DNS 查询。频繁地反向查询将降低捕获数据包的速度，同时也会增加额外的流量。因此，添加-n 选项可以加快捕获的速度，同时也能减少信噪比。当我忘记使用-n 选项时，有时我会发出这样的疑问：“为什么这台计算机在执行 DNS 查询呢？”，这时我才意识到忘了设置-n 选项。

13.2.3　TCPDump 表达式

现在到了有趣的地方了。默认情况下，TCPDump 将捕获并输出每个到达接口的数据包。有些时候这种默认方式对于快速监听一个较为安静的接口上的数据流来说是很有用的。但是，大多数的捕捉行为都会在 TCPDump 中使用表达式。TCPDump 的表达式是您希望通过 TCPDump 观测到的网络数据流的一组标准。表达式由一个或多个限定词和可能的原语组成，这两者都会在后面的小节中介绍到。这个表达式可以被用于仅捕获从某个特定主机发出的数据流或者发送到某个特定主机的数据流。表达式和表达式的组合为您提供了准确观察需要的数据包的能力，您可以据此评定给定网络的状态。

表达式最强大的功能之一便是否定的能力。例如，如果您想要监听除了端口 80（通常为 HTTP 的流量）之外的所有数据流，您可以令 TCPDump 捕获所有除了 80 端口之外的发送和接收的流量。TCPDump 也可以使用逻辑运算符，例如 AND（与）、OR（或）以及已经提到的否定关键字 NOT（非）。

TCPDump 表达式要用单引号（'）引起来，并且当需要将一个给定表达式的多个部分组合在一起时可以用圆括号将其括起来。这意味着您可以使用多个表达式的组合，只去捕获感兴趣的数据流。组合表达式的关键就是逻辑运算符 AND、OR 和 NOT 的使用。TCPDump 有三种限定词，在随后的内容中将依次对其进行介绍。第一种限定词是类型限定词。

TCPDump 的类型限定词

正如 TCPDump 有三种限定词，类型限定词本身也包含一些变量：host、port、portrange 和 net。host 限定词用于指定感兴趣的主机或目的地址。port 类型限定词顾名思义就是用来指明在哪个端口上捕获数据流，portrange 可以用来指定一系列的端口，例如 5060-5080。net 类型限定词被用于指定要捕获的数据流的子网。您可以在表达式中使用 net 限定词来监听整个地址范围内的流量。当然，也有您不想要监听整个地址范围流量的时候。TCPDump 也接受修饰词 mask，它与 net 限定词一起用于指定子网掩码。您还可以使用 CIDR 记法来指定掩码位。

在进一步介绍之前，这儿有一个使用 TCPDump 表达式捕获端口 80 上的数据流的例子：

```
tcpdump 'port 80'
```

由于这个表达式只是用了一个规则（端口 80），因此不需要使用圆括号将其括起来。然而，当要指定捕获的 80 端口的源地址或目的地址为一个或多个特定主机，例如 192.168.1.10 和 192.168.1.11 时，就需要圆括号了，示例如下：

```
tcpdump 'port 80 and (host 192.168.1.10 or host 192.168.1.11)'
```

只有使用逻辑运算组合时才需要圆括号。实际上，使用它们没有什么坏处，老实来说，我经常习惯性地使用圆括号。当我写前面端口 80 的例子时，我开始包含了圆括号，但当我想到我正在做什么时，我又返回去把圆括号去掉了。改掉一个老习惯实在不易。说到不必要的关键词，例子中的关键词 host 也可以不写，将在后面对这些进行更详细地介绍。

这有几个使用 net 类型限定词去监听双向数据流的例子：

```
tcpdump 'net 192.168.1'
```

下面使用 CIDR 记法来实现上一例子功能：

```
tcpdump 'net 192.168.1.0/24'
```

最后，用 mask 修饰词实现上述例子：

```
tcpdump 'net 192.168.1.0 mask 255.255.255.0'
```

如果您试图在 TCPDump 表达式中指定类型修饰符（host、net、port、portrange）但却失败了，可能是由于 host 类型是预设的。因此，如果您尝试的是如下的表达式，那么收到解析错误消息时不要觉得奇怪：

```
tcpdump '80'
```

事实上，您可能想要用 TCPDump 监听端口 80 上的数据流，正确的表达式如下：

```
tcpdump 'port 80'
```

TCPDump 的传输方向限定词

TCPDump 表达式的另一个限定词就是传输方向限定词。前面的例子可能需要对数据流的方向进行限定，是进入 80 端口的还是传出 80 端口的。例如，如果需要捕获发往运行在地址 192.168.1.10 的 Web 服务器的数据流，但是同时网络中还有离开 192.168.1.10 这台计算机的数据流和其他发往别的服务器端口 80 的数据流，这时传输方向限定词就很有用了。您可以使用传输方向限定词设定捕获数据流的方向。TCPDump 中使用关键词 src 来指定源，用关键词 dst 指定目的。在前面例子的表达式域中添加目的地址关键词，以捕获发往地址 192.169.1.10 或 192.168.1.11 端口 80 上的数据流：

```
tcpdump 'port 80 and (src 192.168.1.10 or src 192.168.1.11)'
```

传输方向限定词不仅限于查找特定地址的数据流。它还可以用来查找特定目的或源端口号的数据流，在下面的例子中需要捕获目的端口为 25（通常情况下为 SMTP 端口号）的数据流：

```
tcpdump 'dst port 25'
```

还有一些传输方向限定词用于 802.11 无线链路层的数据流。其中包括 ra、ta、addr1、addr2、addr3 和 addr4。另外，对于某些协议来说，可以使用术语 inbound 和 outbound 来指定方向。

请查看 TCPDump 的手册页面以获取关于这些限定词的更多信息。

TCPDump 的协议限定词

TCPDump 表达式中使用的最后一种限定词类型就是协议限定词。毫无疑问，协议限定词可以让您选择 TCPDump 捕获的协议。TCPDump 可以捕获的协议包括：以太网（在 TCPDump 语法中缩写为 ether）、WLAN、TCP、UDP、ICMP、IP、IPv6（在 TCPDump 语法中缩写为 ip6）、ARP、反向 ARP（缩写为 rarp）等。

原语

除了类型、传输方向、协议三种主要的限定词之外，使用 TCPDump 还需要了解的就是原语了。原语是捕获数据包时帮助指定额外参数的关键字。在 TCPDump 中常用的原语包括：

- 算术运算符
- broadcast
- gateway
- greater
- less

算术运算符包括+、-、*、/、>、<、>=、<=、=、!=及一些其他运算符。TCPDump 能运用很复杂的算术运算符和数据包的偏移量来查找数据包。在这儿我将其留给读者自己练习，了解这些运算符能做什么。

broadcast 原语，当其和 ip 关键字或 ether 关键字预先一起定义后，尽管 ether 是默认查找的数据包，但 TCPDump 将分别捕获 IP 或以太网的广播数据包。例如，TCPDump 表达式 ip broadcast 指定了查找一个 IP 网络中的广播数据包。然而，如果 TCPDump 监听的网络接口卡没有子网掩码或者所有网络接口都正在被使用，则该 broadcast 原语将无效。

原语 greater 和 less 用来查找长度大于、等于或小于给定长度的数据包。这些原语与使用算术运算符的功能相同。例如，语句：

```
len>= 1500
```

相当于：

```
greater 1500
```

13.2.4　TCPDump 高级功能

现在，您应该已经对 TCPDump 的基础语法，包括选项、语法和 TCPDump 表达式有了一定的了解。只需要掌握基本的 TCPDump 语法就可以进行很多的故障修理和诊断，TCPDump 的这种特性使其成为了管理联网计算机的重要工具。然而，要想检查更复杂的问题，您会发现自己需要了解 TCPDump 更高级的功能。

掌握 TCPDump 的高级功能要求对协议本身有更深的理解。了解 TCP 的标志或 ICMP 的类型有助于将注意力集中到感兴趣的数据包。虽然了解这些知识同时知道怎样去使用这些知识，对使用 TCPDump 并不是必需的，但是当需要的时候就能用上这些知识是绝对有益的。请花些时间去熟悉 TCPDump 的更多语法。如测试一个数据包过滤表达式，观察其在不同的网络条件下是怎样执行的，这些仅需要您花些时间而已。

13.3　使用 TCPDump 捕获特定的协议

在这一节中，以监控为目的的前提下，我将举例讲解怎样捕获不同类型的网络数据流。在这些例子中，您将通过 TCPDump 观察到 DNS 查询是怎样进行的、一些 ICMP 的例子，以及许多基于 TCP 和基于 UDP 的协议。当您了解了正常的数据流是怎样的之后，我将给您展示一些很有趣的东西。特别是我将通过 TCPDump 展示一些类型的攻击，这样当这些攻击进入或离开您的网络时您便能很快检测到。

在这一节，我将用几个不同的程序生成用来给 TCPDump 捕获的数据流。生成与 TCP 相关的数据流的主要工具是 telnet。我将使用 telnet 来产生数据流，并反映现实环境中真正的协议（或接近真实的协议）的表现。DNS 查询的生成工具是通过 dig 命令和 host 命令实现的。ping 和 traceroute 命令也会用到。最后，hping3 命令将被用于生成 ICMP 流量和其他有趣的数据包，尤其是在攻击的部分。除了 hping3，所有其他的程序都已被安装在大多数的 Linux 发行版中。

13.3.1　在现实中使用 TCPDump

在这一章中，您已看到许多使用 TCPDump 来捕获各种数据流的示例了。这些例子用于展示 TCPDump 相关表达式及其他选项的用法。现在将列举现实生活中使用 TCPDump 捕获特定类型数据流的例子。您使用这些例子的情况可能很不同，但我将尽量让您了解为什么您可以用这样的例子。当在现实世界中试图去捕获数据流时，了解怎样建立一个过滤表达式很有用。我在前面简要地介绍了这一话题。但在给出诀窍性的解决方案之前,我将通过捕获一个 HTTP 会话这一特定目标,向您展示怎样建立一个过滤规则。

建立一个捕获 HTTP 会话的过滤规则

HTTP 是 Web 的语言。HTTP 通常以依赖于 TCP,而 TCP 依赖于 IP。我选择 HTTP 作为现实中捕获数据流的第一个例子,仅仅是因为人们往往熟悉用浏览器来浏览网页,但是他们可能不知道底层的协议。

IP 协议是一个无连接的协议,而 TCP 是一个面向连接的协议。TCP 使用三次握手来开始一个会话。HTTP 利用 TCP 面向连接的特性,但实际上并不知道更底层的(回想下 OSI 模型)协议。HTTP 所需要做的仅仅是将数据传递到下一层。当一个 HTTP 会话开始后,通过 TCPDump 您首先看到的就是 TCP 的三次握手及紧接的特定协议数据。

在大多数情况下,HTTP 数据流都是流向端口 80 的。

> **注意:**
>
> 通过查看/etc/services 文件可以了解到通常使用的服务运行在哪个端口上。请记住,端口号的资源分配工作一直由 IANA 负责。您可以从 http://www.iana.org/assignments/port-numbers 获得最新、最完整的正式端口号的分配列表。然而,谨记一点,没有什么原因可以使人们将一个服务运行在别的端口上,而不选择运行在正式的端口上!

由于 HTTP 通常运行在 80 端口,知道这个概念后,让我们使用基本 TCPDump 表达式来观测端口 80 上的数据流作为开始,如这样的表达式:

```
tcpdump 'port 80'
```

运行该命令,当浏览一个网页时,将生成这样的数据流:

```
tcpdump: verbose output suppressed, use -v or -vv for full protocol decode
listening on eth0, link-type EN10MB (Ethernet), capture size 96 bytes

17:15:38.934337 IP client.braingia.org.4485 > test.example.com.www: \
        S 523004834:523004834(0) win 5840 \
                <mss 1460,sackOK,timestamp 249916003 0,nop,wscale 0>

17:15:38.984650 IP test.example.com.www > client.braingia.org.4485: S \
        2810959978:2810959978(0) ack 523004835 win 5792 \
                <mss 1460,sackOK,timestamp 1320060704 249916003,nop,wscale 0>

17:15:38.984684 IP client.braingia.org.4485 > test.example.com.www: \
        . ack 1 win 5840 <nop,nop,timestamp 249916008 1320060704>

17:15:38.985326 IP client.braingia.org.4485 > test.example.com.www: \
        P 1:462(461) ack 1 win 5840 <nop,nop,timestamp 249916008 1320060704>

17:15:39.038067 IP test.example.com.www > client.braingia.org.4485: . \
```

```
            ack 462 win 6432 <nop,nop,timestamp 1320060710 249916008>

17:15:39.065141 IP test.example.com.www > client.braingia.org.4485: . \
            1:1449(1448) ack 462 win 6432 <nop,nop,timestamp 1320060712 249916008>

17:15:39.065183 IP client.braingia.org.4485 > test.example.com.www: . \
            ack 1449 win 8688 <nop,nop,timestamp 249916016 1320060712>
```

> **注意:**
> 为了增强可读性，我已经将运行的结果进行了截取，在后面的章节中我将延续这种做法。

请注意 TCPDump 输出的最前面两行。这种情况下，第一行提示了如果想要显示数据包内部的信息内容，需要使用更详细的现实输出模式；第二行显示了 TCPDump 正在监听的网络接口的状态，同时还给出了捕获的数据包的长度。

下一行内容为捕获到的结果，结果的第一行正是为建立 TCP 连接而进行的三次握手中发送的第一个数据包（SYN）。这一行中首先引起您注意的可能是时间戳，而后是协议（IP）。接下来是发出数据包的计算机主机名（client.braingia.org）和数据流的源端口号（4485）。该源计算机名和原端口号组合构成了能被识别的源。大于号（>）展示了数据流的传输方向和数据流的目的地址，在这里是 test.example.com.www。www 表示数据流发往的目的计算机的目的端口。

TCPDump 输出的捕获结果中下一个值得注意的就是标记（Flags）项，标记项内容用大写字母 S 表示。回忆一下第 1 章，TCP 报头可以包含许多不同的标志以表明数据包的特定状况。如果您猜测 S 表示设置了 SYN 标志的数据包，那么恭喜您猜对了。跟在标志位后面的是数据包的序列号间隔，它表明该数据包内包含的数据容量。在这个例子中，序列号间隔（523004834:523004834(0)）的长度为零。这一行的下一项是窗口大小，在输出中表示为 win 5840。最后，包含在括号内的是包含在数据包中的选项。尽管这些选项有时候有用，但在现实中您几乎不用关心它们。

现在，您已经通过 TCPDump 看到了 TCP 三次握手中的一个数据包了。别着急，后面的比这精彩得多。捕获内容的下一行包含了从 test.example.com 到来的响应数据包。请注意时间戳已经增加了，并且协议仍是 IP。然而，现在的源为主机 test.example.com 的端口 80，目的地为 client.braingia.org.4485。在源>目的这个域后面是标识 S，表示该数据包中 SYN 标记被置位。同时序列号间隔也与之前的不同，2810959978:2810959978(0)。这是因为 test.example.com 选择了它自己的序列号。这个数据包中我们未注意到的与之前不同的地方在于 ack 523004835。这是TCP 三次握手的第二阶段，通常称为 SYN-ACK 数据包。在数据包中，最初的目的计算机正在针对特定端口的 TCP 连接请求进行应答。请注意 ack 之后的数字等于第一个数据包中的源序列号（523004834）加 1。这是协议进行的特征。

捕获的第三个数据包，是建立 TCP 连接步骤的最后一部分，在这儿再次列出来以供参考：

```
17:15:38.984684 IP client.braingia.org.4485 > test.example.com.www: . \
            ack 1 win 5840 <nop,nop,timestamp 249916008 1320060704>
```

在数据包中，源计算机对连接的建立进行应答。注意在数据包的输出中有一个点（.）。这通常意味着数据包中没有标志位被设置，但是一些像 ACK 这样的标志会在输出行中的其他地方出现。源计算机这端将 ACK 标志位置位，同时为该连接设置一个初始序列号。可以说在此时，TCP 连接已经建立。从上述看来好像是花费了很多的功夫来建立连接，您可能会疑问这一节不是要介绍 HTTP 么？当然是的，紧接着捕获到的输出就是 HTTP 连接的过程：

```
17:15:38.985326 IP client.braingia.org.4485 > test.example.com.www: \
        P 1:462(461) ack 1 win 5840 <nop,nop,timestamp 249916008 1320060704>

17:15:39.038067 IP test.example.com.www > client.braingia.org.4485: .ack \
        462 win 6432 <nop,nop,timestamp 1320060710 249916008>

17:15:39.065141 IP test.example.com.www > client.braingia.org.4485: . \
        1:1449(1448) ack 462 win 6432 <nop,nop,timestamp 1320060712 249916008>

17:15:39.065183 IP client.braingia.org.4485 > test.example.com.www: . \
        ack 1449 win 8688 <nop,nop,timestamp 249916016 1320060712>
```

源端发送数据标志着通信的开始。请注意初始数据包的 PUSH 标志位被置位，并且序列号正在递增。通信两端交替对数据包进行确认，同时数据被传输。但由于我所运行的 TCPDump 的命令（tcpdump 'port 80'）的原因，并不能看到更多的信息。因此，我将通过添加我常用于查看数据包内容的选项以改进该命令。在这儿我并不会对每个选项进行一一列举，这些留给读者自己去观察每一个选项的实际功能，这些都在本章的前面进行过介绍。下面便是已经改进的命令：

```
tcpdump -vv -x -X -s 1500 'port 80'
```

通过运行这个命令的同时，我会生成额外的 Web 数据流。下面是两个半数据包中的内容，它们紧跟在三次握手之后：

```
18:18:51.986230 IP (tos 0x0, ttl 64, id 10907, offset 0, flags [DF], \
        length: 513) client.braingia.org.4564 > test.example.com.www: \
                P [tcp sum ok] 1:462(461) ack 1 win 5840 <nop,nop,timestamp
                        250295308 1320440053>
  0x0000:  0090 2741 78f0 00e0 1833 2ee8 0800 4500  ..'Ax....3....E.
  0x0010:  0201 2a9b 4000 4006 044b c0a8 010a 455d  ..*.@.@..K....E]
  0x0020:  0302 11d4 0050 0c9b 1ea0 9627 33f8 8018  .....P..... '3...
  0x0030:  16d0 4915 0000 0101 080a 0eeb 340c 4eb4  ..I.......4.N.
  0x0040:  50f5 4745 5420 2f20 4854 5450 2f31 2e30  P.GET./.HTTP/1.0
  0x0050:  0d0a 486f 7374 3a20 7777 772e 6272 6169  ..Host:.text.exam
  0x0060:  6e67 6961 2e6f 7267 0d0a 4163 6365 7074  ple.com..Accept
  0x0070:  3a20 7465 7874 2f68 746d 6c2c 2074 6578  :.text/html,.tex
  0x0080:  742f 706c 6169 6e2c 2061 7070 6c69 6361  t/plain,.applica
  0x0090:  7469 6f6e 2f6d 7377 6f72 642c 2061 7070  tion/msword,.app
  0x00a0:  6c69 6361 7469 6f6e 2f70 6466 2c20 6170  lication/pdf,.ap
  0x00b0:  706c 6963 6174 696f 6e2f 6f63 7465 742d  plication/octet-
  0x00c0:  7374 7265 616d 2c20 6170 706c 6963 6174  stream,.applicat
  0x00d0:  696f 6e2f 782d 7472 6f66 662d 6d61 6e2c  ion/x-troff-man,
```

```
0x00e0:  2061 7070 6c69 6361 7469 6f6e 2f78 2d74  .application/x-t
0x00f0:  6172 2c20 6170 706c 6963 6174 696f 6e2f  ar,.application/
0x0100:  782d 6774 6172 2c20 6170 706c 6963 6174  x-gtar,.applicat
0x0110:  696f 6e2f 7274 662c 2061 7070 6c69 6361  ion/rtf,.applica
0x0120:  7469 6f6e 2f70 6f73 7473 6372 6970 742c  tion/postscript,
0x0130:  2061 7070 6c69 6361 7469 6f6e 2f67 686f  .application/gho
0x0140:  7374 7669 6577 2c20 7465 7874 2f2a 0d0a  stview,.text/*..
0x0150:  4163 6365 7074 3a20 6170 706c 6963 6174  Accept:.applicat
0x0160:  696f 6e2f 782d 6465 6269 616e 2d70 6163  ion/x-debian-pac
0x0170:  6b61 6765 2c20 6175 6469 6f2f 6261 7369  kage,.audio/basi
0x0180:  632c 202a 2f2a 3b71 3d30 2e30 310d 0a41  c,.*/*;q=0.01..A
0x0190:  6363 6570 742d 456e 636f 6469 6e67 3a20  ccept-Encoding:.
0x01a0:  677a 6970 2c20 636f 6d70 7265 7373 0d0a  gzip,.compress..
0x01b0:  4163 6365 7074 2d4c 616e 6775 6167 653a  Accept-Language:
0x01c0:  2065 6e0d 0a55 7365 722d 4167 656e 743a  .en..User-Agent:
0x01d0:  204c 796e 782f 322e 382e 3472 656c 2e31  .Lynx/2.8.4rel.1
0x01e0:  206c 6962 7777 772d 464d 2f32 2e31 3420  .libwww-FM/2.14.
0x01f0:  5353 4c2d 4d4d 2f31 2e34 2e31 204f 7065  SSL-MM/1.4.1.Ope
0x0200:  6e53 534c 2f30 2e39 2e36 630d 0a0d 0a    nSSL/0.9.6c....
18:18:52.039595 IP (tos 0x0, ttl 48, id 25346, offset 0, flags [DF], \
       length: 52) test.example.com.www > client.braingia.org.4564: .
               [tcp sum ok] 1:1(0) ack 462 win 6432 <nop,nop,timestamp
                       1320440059 250295308>
0x0000:  00e0 1833 2ee8 0090 2741 78f0 0800 4500  ...3....'Ax...E.
0x0010:  0034 6302 4000 3006 ddb0 455d 0302 c0a8  .4c.@.0...E]....
0x0020:  010a 0050 11d4 9627 33f8 0c9b 206d 8010  ...P...'3....m..
0x0030:  1920 6799 0000 0101 080a 4eb4 50fb 0eeb  ..g.......N.P...
0x0040:  340c                                     4.
18:18:52.047021 IP (tos 0x0, ttl 48, id 25347, offset 0, flags [DF], \
       length: 1500) test.example.com.www > client.braingia.org.4564:\
             . 1:1449(1448) ack 462 win 6432 <nop,nop,timestamp \
                       1320440059 250295308>
0x0000:  00e0 1833 2ee8 0090 2741 78f0 0800 4500  ...3....'Ax...E.
0x0010:  05dc 6303 4000 3006 d807 455d 0302 c0a8  ..c.@.0...E]....
0x0020:  010a 0050 11d4 9627 33f8 0c9b 206d 8010  ...P...'3....m..
0x0030:  1920 b9f7 0000 0101 080a 4eb4 50fb 0eeb  ..........N.P...
0x0040:  340c 4854 5450 2f31 2e31 2032 3030 204f  4.HTTP/1.1.200.O
0x0050:  4b0d 0a44 6174 653a 2054 7565 2c20 3237  K..Date:.Tue,.27
0x0060:  204a 756c 2032 3030 3420 3233 3a31 393a  .Jul.2004.23:19:
0x0070:  3030 2047 4d54 0d0a 5365 7276 6572 3a20  00.GMT..Server:.
0x0080:  4170 6163 6865 2f31 2e33 2e32 3620 2855  Apache/1.3.26.(U
0x0090:  6e69 7829 2044 6562 6961 6e20 474e 552f  nix).Debian.GNU/
0x00a0:  4c69 6e75 7820 6d6f 645f 6d6f 6e6f 2f30  Linux.mod_mono/0
0x00b0:  2e31 3120 6d6f 645f 7065 726c 2f31 2e32  .11.mod_perl/1.2
0x00c0:  360d 0a43 6f6e 6e65 6374 696f 6e3a 2063  6..Connection:.c
0x00d0:  6c6f 7365 0d0a 436f 6e74 656e 742d 5479  lose..Content-Ty
0x00e0:  7065 3a20 7465 7874 2f68 746d 6c3b 2063  pe:.text/html;.c
0x00f0:  6861 7273 6574 3d69 736f 2d38 3835 392d  harset=iso-8859-
<output truncated>
```

请注意这份输出包含了实际的请求（查看第一个数据包，靠近 GET./.HTTP/1.0 的内容）并且包含了部分从 Web 服务器到来的响应。所有的数据流都是以纯文本的方式进行，因为 HTTP 未进行加密。这份输出同时包含了十六进制和 ASCII。如果只想在输出中显示 ASCII 的话，请移除-x 和-X 选项并添加一个-A 选项。我个人认为同时显示十六进制和 ASCII 有些时候很有用。

用 TCPDump 捕获 HTTP 数据流就介绍到这儿。对命令进行改进后扩展表达式，可以过滤
出特定的源或目的地的数据包。切记使用上述命令只能捕获端口 80 上的数据流。如果您将 HTTP
数据流运行在了另外的端口上，请用该端口号替换（或添加到其中）示例命令中的端口号。

捕获一个 SMTP 会话

捕获一个 SMTP 与捕获一个 HTTP 会话的方式不同。开始您需要使用基础的 TCPDump 选
项，接下来构建表达式来捕获适当类型的数据，表达式中包括协议、端口和源或目的主机。例
如，下面是一个使用 TCPDump 常用选项来捕获端口 25 上数据流的例子：

```
tcpdump -vv -x -X -s 1500 'port 25'
```

TCP 连接的三次握手建立过程与前面一样，如下所示：

```
20:40:08.638690 murphy.debian.org.45772 > test.example.com.smtp: \
        S [tcp sum ok] 1485971964:1485971964(0) win 5840 <mss 1460,
            sackOK,timestamp 795074473 0,nop,ws cale 0> (DF) \
                    (ttl 57, id 65109, len 60)
0x0000 4500 003c fe55 4000 3906 deae 9252 8a06 E..<.U@.9....R..
0x0010 455d 0302 b2cc 0019 5892 21fc 0000 0000 E].....X.!.....
0x0020 a002 16d0 8ffe 0000 0204 05b4 0402 080a ...............
0x0030 2f63 dfa9 0000 0000 0103 0300          /c.........
20:40:08.638769 test.example.com.smtp > murphy.debian.org.45772: S \
        [tcp sum ok] 2853594323:2853594323(0) ack 1485971965 win 5792 \
            <mss 1460,sackOK,timestamp 132 1286843 795074473,nop,wscale 0> \
                    (DF) (ttl 64, id 0, len 60)
0x0000 4500 003c 0000 4000 4006 d604 455d 0302   E..<..@.@...E]..
0x0010 9252 8a06 0019 b2cc aa16 64d3 5892 21fd   .R........d.X.!.
0x0020 a012 16a0 f5b6 0000 0204 05b4 0402 080a   ...............
0x0030 4ec1 3cbb 2f63 dfa9 0103 0300             N.</c......
20:40:08.640600 murphy.debian.org.45772 > test.example.com.smtp: . \
        [tcp sum ok] 1:1(0) ack 1 win 5840 <nop,nop,timestamp \
            795074473 1321286843> (DF) (ttl 57, id 65110, len 52)
0x0000 4500 0034 fe56 4000 3906 deb5 9252 8a06   E..4.V@.9....R..
0x0010 455d 0302 b2cc 0019 5892 21fd aa16 64d4   E].....X.!...d.
0x0020 8010 16d0 244c 0000 0101 080a 2f63 dfa9   ....$L....../c..
0x0030 4ec1 3cbb                                 N.<.
```

三次握手过程中实在没有什么新的东西好介绍。同时在三次握手过程中，ASCII 输出也没
有那么有用。

如 HTTP 会话一样，在初始化 TCP 握手后，SMTP 会话将开始：

```
20:40:08.683352 test.example.com.smtp > murphy.debian.org.45772: P \
        [tcp sum ok] 1:51(50) ack 1 win 5792 <nop,nop,timestamp \
            1321286848 795074473> (DF) (ttl 64,id 22639, len 102)
0x0000 4500 0066 586f 4000 4006 7d6b 455d 0302   E..fXo@.@.}kE]..
0x0010 9252 8a06 0019 b2cc aa16 64d4 5892 21fd   .R........d.X.!.
0x0020 8018 16a0 bd07 0000 0101 080a 4ec1 3cc0   ............N.<.
0x0030 2f63 dfa9 3232 3020 6466 7730 2e69 6367   /c..220.test.exa
0x0040 6d65 6469 612e 636f 6d20 4553 4d54 5020   mple.com.ESMTP.
```

```
0x0050 506f 7374 6669 7820 2844 6562 6961 6e2f        Postfix.(Debian/
0x0060 474e 5529 0d0a                                 GNU)..
20:40:08.684581 murphy.debian.org.45772 > test.example.com.smtp: . [tcp sum ok]
  1:1(0) ack 51 win 5840 <nop,nop,timestamp 795074478 1321286848> (DF) (ttl 57, i
d 65111, len 52)
0x0000 4500 0034 fe57 4000 3906 deb4 9252 8a06        E..4.W@.9....R..
0x0010 455d 0302 b2cc 0019 5892 21fd aa16 6506        E]......X.!...e.
0x0020 8010 16d0 2410 0000 0101 080a 2f63 dfae        ....$......./c..
0x0030 4ec1 3cc0                                       N.<.
20:40:08.685428 murphy.debian.org.45772 > test.example.com.smtp: P [tcp sum ok]
  1:25(24) ack 51 win 5840 <nop,nop,timestamp 795074478 1321286848> (DF) (ttl 57,
 id 65112, len 76)
0x0000 4500 004c fe58 4000 3906 de9b 9252 8a06        E..L.X@.9....R..
0x0010 455d 0302 b2cc 0019 5892 21fd aa16 6506        E]......X.!...e.
0x0020 8018 16d0 3cc4 0000 0101 080a 2f63 dfae        ....<......./c..
0x0030 4ec1 3cc0 4548 4c4f 206d 7572 7068 792e        N.<.EHLO.murphy.
0x0040 6465 6269 616e 2e6f 7267 0d0a                  debian.org..
```

捕获一个 SSH 会话

虽然不可能真正地捕获一个 SSH 会话，但可以观察到该协议连接建立的一部分。由于 SSH 是被加密的，因此在实际会话过程中您看不到 SSH 的认证和其他数据信息。还有一点值得注意，如果您能访问服务器的私有密钥，理论上来说您就可能对 SSH 连接的内容进行解密。这么做则完全超出了本书讨论的范围。

在这里，我将怎么捕获 SSH 连接（包括建立）留给读者自己去练习，通过练习，您可以看到 SSH 的连接过程。

捕获其他基于 TCP 的协议

捕获其他基于 TCP 的协议的过程与前面列举的例子很相似。例如，TCPDump 能够捕获 POP3 连接，可以捕获全部的数据流，因为 POP3 像 SMTP 一样是使用明文传输的。但是还有一个协议值得了解，因为它困扰了网络管理员很长时间，这个协议就是 FTP。

FTP 使用两个 TCP 端口 20 和 21。端口 21 通常用于传输命令，有时被称为控制通道（control channel）。端口 20 被 FTP 用于传输数据，它有时被称为数据通道（data channel）。因此，如果您想要使用 TCPDump 捕获 FTP 的数据流，您需要同时捕获端口 20 和 21。

近两年来有这样一种趋势，协议使用非标准的端口进行连接，通过这种方式来绕开防火墙、数据包的捕获和过滤工具。这样的程序包括许多点对点软件，这种程序的数据包将很难捕获。

因为大多数在会话过程中的数据都是二进制，不具备可读性。

捕获一个 DNS 查询

TCPDump 处理 DNS 查询的方式与处理简单 TCP 数据包的方式稍有不同。由于只需要从捕获的初始数据包就能收集很多信息，所以不需要添加-s 选项来增大捕获数据包的长度（snaplen）。

例如，下面是一个对简单 DNS 查询的跟踪，该例子用来查询名为 www.braingia.org 的主机的 IP 地址：

```
21:18:39.289121 192.168.1.10.1514 > 192.168.1.1.53: 60792+ A? www.braingia.org. (34) (DF)
21:18:39.289568 192.168.1.1.53 > 192.168.1.10.1514: 60792*- 1/2/2 A 192.168.1.50 (118) (DF)
```

在对该数据包的跟踪中，我们可以看到主机 192.168.1.10 用临时端口与目的主机 192.168.1.1 的 53 端口进行了通信。其中给出了查询的 ID，本例中为 60792。您可以看到查询 ID 后跟着一个 "+" 号。这个符号表示查询者要求对该地址进行递归查询。紧跟在后面的 "A?" 表明这是一个地址查询。从输出可以看到是对地址 www.braingia.org 的查询，查询的大小为 34 字节，这不包括 IP 或 UDP 报头在内。

应答也很快到来，我们可以在输出的下一行中看到，源为 192.168.1.1，目的地为 192.168.1.10。如您所见，应答数据中包含着同一个查询 ID：60792；然而，这时有两个额外的字符："*" 和 "-"。"*" 表明这个应答是一个授权的回答，"-" 表明服务器支持递归查询但未设置。响应后面的部分 "1/2/2" 表明应答报文中包含了一条解答记录（1），两条域名服务器记录（2）以及两条附加记录（2）。第一个解答记录中给出的地址为 192.168.1.50。最后，给出了响应信息的长度为 118 字节。

捕获 ping

尽管 ping 本身看上去是无害的，但 ICMP（ping 所基于的协议）却经常被攻击者用来作为攻击主机或造成严重破坏的一种方法。因此，不论是作为一个安全分析员、一个管理员或者一个好奇的人，您都应该通过 TCPDump 查看正常的 ICMP 活动，以便往后能够找出异常。

ping 程序的 ICMP 通常情况下用于进行简单的 echo 请求（echo request）和 echo 应答（echo reply）。然而，ICMP 还有更多的用法，包括通知较快的发送者何时放慢速度（源抑制，Source Quench）、何时重定向到其他主机（重定向，Redirect）和其他的领域。有关 ICMP 的更多信息可以参考第 1 章，或者采取最常用的方法，参考 ICMP 原始的 RFC 文档以获得该协议权威的信息。

13.3.2　通过 TCPDump 检测攻击

您已经使用 TCPDump 了解了正常的 TCP 和 UDP 数据包的踪迹，但是怎样才能发现不正常的行为呢？不幸的是，找到有害的行为是一件困难的事。某人在尝试攻击您的服务器的时候很有可能将其攻击隐藏在正常的数据包踪迹中。他们会试图伪装或混淆其行为，这往往给攻击的检测增加了难度。您不仅仅需要费力地在数据包追踪中完成对正常数据流的分析，还需要在柴火堆中找到那根针，它可能是一次攻击尝试，甚至是正在进行的攻击。

在第 11 章讲到，并不是所有的异常活动都称为攻击。有些不正常的行为是由于设备故障或配置不正确引起的。很多时候，数据包中的异常活动是由于发现了别的形式的探测行为。大部分探测工作都是自动进行的。与其说花费很多徒劳的时间去搜索一台有漏洞的主机,攻击者更常利用一个程序来进行自动搜索,当该程序发现一个脆弱的主机时向攻击者发出警报。

并非所有行为都是自动的。攻击是针对您的服务器和网络有指导地进行的行为。在攻击之前,通常有一些探测行为发生。这可能包括攻击者手工制作的一些数据包试图去找出服务器或网络中可能的弱点。但是很多时候,攻击者也会有一些自动生成的探测数据,引导他们进入您的区域。如果攻击者收到了自动扫描的提示,这个提示显示了您的服务器可能对某一特定类型攻击存在弱点,那么所有主机或整个子网都将处于攻击者的可攻击范围内。

置一个主机弱点于不顾或使主机暴露其弱点,然后在这个"蜜罐"后观察攻击者对其怎样进行攻击。"蜜罐"是一台向攻击者显示弱点的主机或设备,因而看起来像是攻击的目标。通过观察攻击者利用漏洞的方法或观察他们为攻击主机所做的,观察者可以从中学习到如何抵御这种行为。

如果上述所有对异常活动进行观察的原因都不够,这里还有一个原因:您可能会遇到一些突发的连接。换句话说,有时候某人在连接他或她的服务器时会错误地输入 IP 地址。这种情况就像打错了电话,而某人接通了电话后,才知道打电话的人错误地拨打了这个号码。

总之,下面列出了一些异常行为的分类:

- 全自动或半自动的探测扫描;
- 受控(Directed)攻击;
- 错误配置的设备;
- 错误的地址;
- 发生故障的设备。

掌握了上述这些种类的异常行为后,下面将对一些异常的数据包踪迹或您在正常情况下不可能看到的踪迹进行分析。本节绝不可能包含所有可能的手工制作和异常的数据包。只是希望您在执行调查时能了解到一些异常行为的表现。

正常扫描(Nmap)

有些时候攻击者会通过对您的子网或独立的 IP 地址进行扫描以寻找开放端口。这种扫描可能是无罪的尝试或者是为查看可以攻击的服务而进行的探测行为。很多时候这种扫描基本上都是完全自动的,攻击者安装一个或多个自动程序(bot),自动地扫描可被利用的软件版本的弱点。

使用 Nmap 程序的下列命令就可以模拟创建一个这样的扫描:

```
nmap -sT 192.168.1.2
```

使用 TCPDump 捕获的 Nmap 端口扫描的结果在下面给出;请注意我已经截断了输出,因为 Nmap 扫描了多达 1650 个端口。我已经对捕获的结果做了分割,以更容易地对其进行讲解。

Nmap 的扫描从发往目标主机的 ICMP 的 echo 请求开始,如下所示。请注意,因为该 ICMP 交换可以人为地在运行 Nmap 扫描时禁用,所以下面的信息可能有时不显示:

```
12:31:21.834284 IP 192.168.1.10 > 192.168.1.2: icmp 8: echo request seq 27074
12:31:21.834508 IP 192.168.1.2 > 192.168.1.10: icmp 8: echo reply seq 27074
```

接着 Nmap 寻找默认的 HTTP 端口：80 端口。可以看到该扫描从扫描者主机的一个临时端口发起，而目标是接收方的 80 端口。这种情况下，接收方主机 192.168.1.2 正在监听端口 80，其会返回一个 TCP 响应给扫描主机，该响应消息的 TCP RST 标记位被设置的同时序列号被设置：

```
12:31:21.834318 IP 192.168.1.10.60034 > 192.168.1.2.80: .ack 2624625246 win 4096
12:31:21.834363 IP 192.168.1.2.80 > 192.168.1.10.60034: R \
        2624625246:2624625246(0) win 0
```

下一步，Nmap 扫描 telnet 端口：tcp/23。请注意它和前一个扫描的区别。扫描的端口不同，响应的数据包也不同。在这种情况下，接收主机并没有在 TCP 端口 23 上进行监听，因此其响应的数据包只是将 TCP RST 标记位置位，但是 TCP 序列号设置为 0：

```
12:31:21.935005 IP 192.168.1.10.3171 > 192.168.1.2.23: S 752173650:752173650(0) \
        win 5840 <mss 1460,sackOK,timestamp 1421906912 0,nop,wscale 0>
12:31:21.935046 IP 192.168.1.2.23 > 192.168.1.10.3171: R 0:0(0) ack 752173651 win 0
```

下面输出的这些数据包基本上和前面的 telnet 端口扫描相同，在这些扫描端口上接收主机都没有进行监听：

```
12:31:21.935129 IP 192.168.1.10.3172 > 192.168.1.2.554: S 758180552:758180552(0) \
        win 5840 <mss 1460,sackOK,timestamp 1421906912 0,nop,wscale 0>
12:31:21.935186 IP 192.168.1.2.554 > 192.168.1.10.3172: R 0:0(0) ack 758180553 win 0
12:31:21.935149 IP 192.168.1.10.3174 > 192.168.1.2.21: S 751983738:751983738(0) \
        win 5840 <mss 1460,sackOK,timestamp 1421906912 0,nop,wscale 0>
12:31:21.935289 IP 192.168.1.2.21 > 192.168.1.10.3174: R 0:0(0) ack 751983739 win 0
12:31:21.935255 IP 192.168.1.10.3175 > 192.168.1.2.1723: S 757954867:757954867(0) \
        win 5840 <mss 1460,sackOK,timestamp 1421906912 0,nop,wscale 0>
12:31:21.935320 IP 192.168.1.2.1723 > 192.168.1.10.3175: R 0:0(0) \
        ack 757954868 win 0
```

最后，找到了一个开放的端口 tcp/25，即众所周知的 SMTP 端口：

```
12:31:21.935381 IP 192.168.1.10.3176 > 192.168.1.2.25: S 762467904:762467904(0) \
        win 5840 <mss 1460,sackOK,timestamp 1421906912 0,nop,wscale 0>
12:31:21.935448 IP 192.168.1.2.25 > 192.168.1.10.3176: S 2645882457:2645882457(0)\
        ack 762467905 win 5792 <mss 1460,sackOK,timestamp \
            921140115 1421906912,nop,wscale 7>
```

正如前面提到的那样，Nmap 将继续扫描其余的 1650 个端口。在这儿我就不一一列举了，剩下的那些肯定和已经展示的大同小异。

当遇到端口扫描时，您的响应取决于您的安全策略。如果我注意到大范围的端口扫描，我通常会将发起扫描的主机的地址阻塞。然而，因为我并没有每天 24 小时守在计算机前，所以我使用了一个叫做 PortSentry 的工具来监控这种类型的活动。然而，还有其他的反端口扫描软件，包括 Snort 的插件。

Smurf 攻击

Smurf 攻击属于 DoS 攻击，该攻击是攻击者使用伪造的源地址向一个或多个广播地址发送 ICMP 的 echo 请求。这个伪造的源地址正是被攻击的对象，它将被来自其他网络的广播地址主机的 echo 应答信息淹没。想象一下一台拥有很窄且很慢的互联网连接的计算机接收来自 254 个主机的 echo 应答的场景。现在再想象一下接收的是来自 100 个网络，且每个网络都拥有 254 台主机的 echo 应答信息的情景。这样不断地接收 ICMP 应答信息，不需多时整个网络将瘫痪。

用 hping3 命令创建上述攻击行径：

```
hping3 -1 -a 192.168.1.2 192.168.1.255
```

在受到攻击的网络中，只有一个主机响应该广播 ping；但是无法保证其他网络中没有大数量的主机会对该广播 ping 进行响应：

```
12:57:06.871156 IP 192.168.1.2 > 192.168.1.255: icmp 8: echo request seq 0
12:57:06.871637 IP 192.168.1.8 > 192.168.1.2: icmp 8: echo reply seq 0
12:57:07.870259 IP 192.168.1.2 > 192.168.1.255: icmp 8: echo request seq 256
12:57:07.871008 IP 192.168.1.8 > 192.168.1.2: icmp 8: echo reply seq 256
12:57:08.870132 IP 192.168.1.2 > 192.168.1.255: icmp 8: echo request seq 512
12:57:08.870880 IP 192.168.1.8 > 192.168.1.2: icmp 8: echo reply seq 512
```

现在还没有一个很好的基于主机的防御方法来抵御 Smurf 攻击。即使是 ICMP 响应被独立主机所禁用，网络带宽仍将被大量进入网络的应答信息所消耗。

当发现一个 Smurf 攻击时，最有效的方法就是禁止发往广播地址的 ICMP echo 请求通过边界路由器。这意味着您不能只依赖别人是好网友。另外，ICMP 的 echo 应答必须在距您尽可能远的上游被过滤。然而，我并不支持过滤掉所有的 ICMP echo 应答。一个更好的解决方案是在距您尽可能远的上游对 echo 应答进行限速，同时允许为了诊断问题而进行的正当应答。

Xmas Tree 攻击和 TCP 报头标记

Xmas Tree 攻击这样被命名是因为，TCP 报头的所有比特标志位都被置位。该攻击方式将引起接收主机对其进行响应，因而导致拒绝服务。回想下第 1 章汇总的 TCP 标志位 SYN、RST、ACK、URG 等。这些比特从不会同时被置位，如果看见这些标志同时出现，那么这肯定是一个手工制作的数据包。

Xmas Tree 攻击很罕见。然而，在检查数据包时，考虑 TCP 标志位很重要。被错误设置的这些标志位的组合几乎总表明这是一个手工制作的数据包（尽管有时候这可能表明存在软件错误或配置错误）。手工制作的数据包的目标可能是探测或者是一次活动的攻击，例如绕过防火墙。

下面将展示捕获 TCP 标志位 SYN、FIN、RST 和 PUSH 同时被设置的数据包，这种情况永远不可能出现在一个现实的数据包中。它是用 hping3 命令制作的：

```
hping3 -SFRP 192.168.1.2
```

下面是用 TCPDump 捕获的三个数据包。可以看到源端口依次增加但目的端口都是 0。SFRP 显示了 TCP 标志位都被置位。当看到这种情况时，入侵检测员应该立刻着手根据安全策略调查数据包。

```
13:20:03.989780 IP (tos 0x0, ttl 64, id 2270, offset 0, flags [none], length: \
        40) 192.168.1.10.2687 > 192.168.1.2.0: SFRP [tcp sum ok] \
                925164686:925164686(0) win 512
13:20:04.989734 IP (tos 0x0, ttl 64, id 9285, offset 0, flags [none], \
        length: 40) 192.168.1.10.2688 > 192.168.1.2.0: SFRP [tcp sum ok] \
                1113258177:1113258177(0) win 512
13:20:05.989731 IP (tos 0x0, ttl 64, id 26951, offset 0, flags [none], \
        length: 40) 192.168.1.10.2689 > 192.168.1.2.0: SFRP [tcp sum ok] \
                2097818687:2097818687(0) win 512
```

LAND 攻击

LAND 攻击是专门针对运行微软 Windows 系统的计算机进行的 DoS 攻击。该攻击在 1997 年被最先报道，它会影响 Windows 95 和 Windows NT。微软通过对其操作系统打补丁修补了该漏洞。然而，该漏洞又出现在了微软的新一代操作系统中，包括 Windows XP Pack2 甚至是 Windows Server 2003。

LAND 攻击很简单，只需要源和目的地址和端口都设置成接收主机的，同时将数据包的 SYN 标志位置位，就实现了 LAND 攻击。

hping3 也提供了制作这种数据包的方法以便用来测试：

```
hping3 -k -S -s 25 -p 25 -a 192.168.1.2 192.168.1.2
```

使用 TCPDump 捕获的结果如下所示。请注意，源和目的地址和端口都是相同的，源端口并没有递增，同时端口都是临时端口：

```
13:42:28.079339 IP 192.168.1.2.25 > 192.168.1.2.25: S 764505725:764505725(0) win 512
13:42:29.079462 IP 192.168.1.2.25 > 192.168.1.2.25: S 2081780101:2081780101(0) \win 512
13:42:30.079461 IP 192.168.1.2.25 > 192.168.1.2.25: S 390202112:390202112(0) win 512
```

13.3.3 使用 TCPDump 记录流量

当我为小型互联网提供商做咨询时，我注意到在每天早上 3:00 的时候，网络流量都会出现常规的、明显的峰值，并且持续 15 分钟到 1 小时。我的目标就是搞清楚为什么会出现这个流量峰值。因为该流量是有规律地发生并且发生时间很怪异，我最先想到的是由于网络中的服务器会在这个时段进行自动更新，这才导致了这个结果。

网络中的大部分服务器都运行着 Debian Linux 并使用 apt-proxy。这意味着只有一个本地服务器会与外部的 Debian 更新服务器联系并获得更新所需的信息。所有本地网络中其他的服务器将与这个本地主服务器进行通信。这种方式极大地减少了互联网使用。

尽管主服务器可能会是导致峰值的一个因素，但我不认为其每晚更新的流量能够达到如此大的峰值。当我查看主服务器上的更新时间表时，我的假设得到了肯定，我发现主服务器实际上是在另一个时间进行更新，所以根本不可能引起早晨 3:00 的峰值。

　　排除这个原因后，我需要做的就是在 3:00 的时候查看该流量本身。然而，我不愿意熬到出现峰值的那个时间，而且尽管我醒着，我可能无法阅读数据包的踪迹了。所以我选择 cron。通过使用 cron 来启动 TCPDump，我可以将数据包捕获到一个文件中，以供稍后进行分析。这里并没有什么惊喜，我并没有什么突破，这似乎是该问题的一个合理的解决方案。我还将交换机配置成将所有的数据包拷贝并发往一个特定的端口，该端口连接着运行 TCPDump 的监控计算机。

　　TCPDump 针对这种跟踪提供了两种方便的功能。第一种功能就是它可以将捕获数据包的输出写到一个文件中，然后在以后要用时再从文件中读取；第二个有用的功能就是当期捕获到设定数量的数据包以后将自动退出。诚然，我可以采用其他方式来停止数据包的跟踪，比如设定另一个 cron 任务以终止 TCPDump 捕获进程，但我认为使用 TCPDump 自带的功能是最快和最容易的解决方案。

　　本章前面列举的所有 TCPDump 命令都使用了如 port 80 或 host <n>.<n>.<n>.<n> 这样的表达式。当您查看特定的、已知的数据流时表达式将很有用。然而，当您不确定您要寻找的是什么时，表达式就不那么有用了。这种情况下，最好的选择就是将所有的数据流都捕获并存储下来，在回放处理期间对其进行过滤。

　　TCPDump 还有两个很有用的选项未在本章提及，那就是 -w 和 -c 选项。-w 选项指示 TCPDump 将捕获的原始报文转储到一个特定的文件中，以便稍后能够被 TCPDump 重放。特定文件中的内容是以 TCPDump 固有格式存储的，所以其不能用 cat、less 或 more 这样的普通文本程序浏览。-c 选项会通知 TCPDump 捕获设定的 <N> 个数据包以后退出。正确设置 <N> 的值是捕获过程中最有难度的一个环节。

　　捕获的结果只需要显示一些基本的数据包信息，包括源地址和目的地址，以及数据包的小部分字节。为此，TCPDump 的命令可以这样：

```
/usr/sbin/tcpdump -c 25000 -w dumpfile-n
```

　　在该命令中，我设置了 TCPDump 在捕获到 25,000 个数据包之后退出，并将捕获的内容写入到一个名为 dumpfile 的文件，且不对源和目的地址执行 DNS 查询。使用该命令前需要先测试一下捕获 25,000 个数据包需要的时间以及能捕获什么样的信息。在对其进行测试后，我将该命令添加到了 cron 任务中：

```
5 3 * * * /usr/sbin/tcpdump -c 25000 -w dumpfile-n
```

　　这样，捕获将从每天早上 3:05 开始。然后在一个方便的时间，例如 11:00，当我起床之后，我会去查看 dumpfile 来确定在那个时段是否确实有数据流记录下来。如果有数据流，我将登录至服务器并运行命令读取 dumpfile：

```
tcpdump -r dumpfile -X-vv
```

运行该命令我可以看到捕获的数据流。混在正常数据流中的有一个 FTP 会话，该会话是属于一个互联网上的主机和该 ISP 的大客户主机的。在捕获的数据包中该 FTP 数据流占据了绝大部分。我又在另一个夜晚进行了测试，同样还是它。我已经告知了该 ISP，然后该 ISP 联系了其用户，已确认是否这个 FTP 数据流是在已知的情况下进行的。如果答案是肯定的，那么提醒用户，这样做将导致其用量超过每月为其分配的带宽。

这个例子是一个典型的安全分析员的任务。找到一个异常，调查这个异常，然后针对该异常进行调查研究以排除所有的可能性，然后根据调查结果采取相应的措施。尽管最后调查的原因可能并不是任何一种未授权的攻击，但是该调查结果仍会对用户有帮助，使用户在超出其每月分配的带宽之前，纠正其网络的使用。

13.4　使用 Snort 进行自动入侵检测

Snort 是一个非常优秀的入侵检测软件包，它集成了一流的技术和开源的可配置性。Snort 实际上有几个不同的操作模式，包括嗅探器模式、数据包记录模式、入侵检测模式和内联模式。本节将介绍的是它的入侵检测模式。然而，内联模式也值得重视，因为它可以配置 Snort 和 iptables 共同工作以基于 Snort 规则动态地接受或拒绝数据包。由于本章的主题的原因，当我谈到 Snort 的时候，我指的是 Snort 的入侵检测模式。

当处于入侵检测模式下时，Snort 通过使用其定义的许多的异常流量规则来工作。这些规则中的大部分都是由您通过 Sourcefire（Snort 的制造器）预先定义的。许多其他可用的规则来源于社区，当然，您也可以在必要时编写您自己的规则。

除了规则外，Snort 还有许多预处理程序，它们使得模块可以在数据包被软件的入侵检测引擎处理之前查看和修改数据包。尽管已有的预处理程序已经很有用了，但是您仍可以根据需要开发您自己的预处理程序。这些预先存在的预处理程序包括两种类型的端口扫描检测器，以帮助检测端口扫描和在检测到端口扫描后采取行动。还有一些预处理程序用于对 TCP 数据流进行重组以便于状态位的分析，同时预处理程序还可以解读 RFC 数据流以及检查 HTTP 数据流。其他预处理程序在 Snort 的文档中有详细的描述，您可以从 http://www.snort.org/documents 处在线获得它。

Snort 基于事件的检测和报告进行工作。在 Snort 中可通过事件处理程序对事件的报告机制进行配置。事件处理程序的配置是基于阈值的。Snort 的这种高度可配置性可以防止由于日志记录条目和警报引起的数据泛滥。

通常情况下您可能希望在特定的 Snort 规则被触发时以某种方式来通知您。Snort 使用的输出模块可以被配置为输出到不同的位置。一个最常用的输出模块是 alert_syslog 模块，该模块将发送警报到本地的系统日志（syslog）中。其他的输出模块包括 alert_fast 和 alert_full。前者将输出简要（fast）条目到指定的文件，后者在事件消息中发送整个数据包报头。除了上述几种模块外，还有其他的输出模块，关于它们的更多信息您可以在 Snort 的文档中找到。

还有一个很有趣的输出模块是数据库输出模块。数据库模块使得 Snort 可以将报警消息发送到一个 SQL 数据库。通过这个输出模块的使用，您可以利用一些通过 Snort 的报警和事件产生报告的软件。

Snort 有许多的附加功能和细微之处，这些都使得 Snort 功能更强大。如果不是最好的，那么 Snort 也是用于入侵检测的最好的软件之一。

13.4.1　获取和安装 Snort

很多 Linux 发行版都将 Snort 作为附加软件包包含在其中了，同时大多数发行版还包括了 Snort 规则，要么直接包含在 Snort 软件包中，要么作为一个附加的软件包。您还可以从 http://www.snort.org/ 下载 Snort。

安装 Snort 和一些默认的规则通常可以通过在您的发行版中安装该软件包完成。如果您的发行版中没有 Snort 或者可用的软件包中不包括您需要的选项，您可以通过从源代码编译来安装 Snort。

Snort 的软件包是经过压缩且归档的，因此在编译之前需要解压缩和解归档：

```
tar -zxvf snort-<version>.tar.gz
```

在解压缩和解归档之后，您可以使用 cd 命令进入到 Snort 的源文件夹，然后运行配置脚本：

```
cd snort-<version>
./configure
```

运行配置脚本时可以设置很多的编译选项。要获得一个这些选项的列表，尤其是那些启用数据库或其他特定功能的选项，可以通过键入如下命令完成：

```
./configure --help
```

另外，在 INSTALL 文档和其他<snort-source>/doc 文件夹下的其他文档中也会解释在编译 Snort 源代码时可用的选项。

运行配置脚本时，加上任何选项，则 Snort 将会查找不同的依赖。例如，当从源代码编译 Snort 时，您可能会收到一个错误，表示一个或多个依赖无法被找到，例如这样的错误：

```
checking for pcre.h... no
  ERROR! Libpcre header not found, go get it from
  http://www.pcre.org
```

了解上述错误后，我就能够安装 pcre 开发文件，再重新运行配置脚本，然后继续。

在配置脚本成功地运行之后，可以用下面的命令编译软件：

```
make
```

运行该命令将开始软件的编译。如果您在编译过程中遇到了错误信息，可以查看 Snort 文档及邮件列表文档，看看是否是由于您的计算机体系结构而产生的错误消息，以及是否是一个已知的错误。

最后，在软件成功编译后，运行下面的命令进行安装：

```
make install
```

现在，软件应该已经被安装，您可以开始使用了。默认情况下，软件会被安装到/usr/local/bin。您可以通过使用 Snort 的基本命令来进行测试，命令如下：

```
/usr/local/bin/snort -?
```

运行帮助选项时，输出的内容类似下面这样：

```
    ,,_ -*> Snort! <*-
o" )~ Version 2.3.3 (Build 14)
    '''' By Martin Roesch & The Snort Team: http://www.snort.org/team.html

        (C) Copyright 1998-2004 Sourcefire Inc., et al.
USAGE: ./snort [-options] <filter options>
Options:
    -A  Set alert mode: fast, full, console, or none (alert file alerts only)
        "unsock" enables UNIX socket logging (experimental).
...
<output truncated>
```

13.4.2 配置 Snort

在 Snort 的源代码中包括一份示例配置文件。如果您是从您的发行版的安装包处安装的，同样也会包含该配置文件。该文件通常名为 snort.conf。在一些最流行的发行版，包括 Debian 中，该文件（和许多 Snort 规则）位于/etc/snort/。

如果您使用源代码进行的安装，该配置文件样本 snort.conf 被放在<snort-source>/etc/，而规则样本文件位于<snort-source>/rules/。对于那些使用源代码版本的人，我建议在/etc/或/usr/local/etc/处创建一个叫作 snort 的文件夹，并将 snort.conf 配置文件和 Snort 规则放到该文件夹下。另外，默认的 Snort 配置文件还会调用多个映射表以及额外的配置文件。这些文件也可以在<snort-source>/etc/文件夹中找到。可以使用下面的命令来创建该目录及拷贝所有的 Snort 文件到该目录下（这种方法只适用于从源代码编译安装的 Snort）：

```
mkdir /etc/snort
cp<snort-source>/etc/snort.conf /etc/snort/
cp<snort-source>/etc/*.map /etc/snort/
cp<snort-source>/etc/*.config /etc/snort/
cp<snort-source>/rules/*.rules /etc/snort/
```

另一个重要的修改是对 snort.conf 配置文件进行的。在您将它拷贝到/etc/snort 文件夹后，编辑该文件并将 RULE_PATH 变量从默认的../rules 改为/etc/snort。经过修改后，这一行应为：

```
var RULE_PATH /etc/snort
```

最后，用下面的命令建立 Snort 的日志目录：

```
mkdir /var/log/snort
```

做好所有的基础工作后，就可以正式地开始使用 Snort 了。如果您是从您的发行版软件包中安装的，您可以运行如/etc/init.d/snort start 这样的运行控制机制来启动 Snort。如果您是由源代码编译安装的，您需要手动启动 Snort，同时还要指明其配置文件的具体位置：

```
/usr/local/bin/snort -c /etc/snort/snort.conf
```

如果您得到了错误信息，有可能是因为丢失了文件。在 Snort 源文件夹结构中检查丢失的文件，并基于配置文件将其拷贝到适当的位置。

如果一切正常，您应该会在输出的末尾看到这样的消息：

```
--== Initialization Complete ==--
```

如您所看到的，shell 提示符没有返回。这是因为 Snort 没有被 fork 成为守护进程。您可以使用 Ctrl+C 结束 Snort，并在命令行中添加-D 选项。启动命令如下：

```
/usr/local/bin/snort -c /etc/snort/snort.conf-D
```

这时 Snort 将重新启动并在后台运行，同时返回 shell 提示符。

除了让 Snort 以默认的选项和规则集运行外，还有很多的 Snort 配置可用。如果要获得更多关于 Snort 配置的信息，请参考 Snort 文档。

13.4.3　测试 Snort

当 Snort 在后台运行时，您可以假设它正在正常地运行，并且日志将会被记录到/var/log/snort。然而，我不会假设任何事情，尤其是关于计算机安全的事。因此，我将使用手边的 hping3 工具制作一两个数据包并将它们发送到运行 Snort 的主机，以此对 Snort 的安装进行测试。

在这里，我只是想确认 Snort 是否在正常运行和正常监控。Snort 的默认规则会检测有害的数据包，因此制作一个这样的数据包对 hping3 来说是小事一桩。在网络（192.168.1.10）的另一台主机上，我运行了下面的 hping3 命令，发送有害数据包到运行着 Snort 的主机（192.168.1.2）：

```
hping3 -X 192.168.1.2
```

-X 选项启动了一个 Xmas 扫描。然后让我们查看运行 Snort 的主机中的/var/log/snort 文件，该文件是一个报警日志文件，其中记录了接收到的一些信息，同时在该目录下还有一个名为192.168.1.10 的新目录，在该目录存储了测试数据包的原始数据。该目录中有对我发送的数据包响应的文件，内容如下：

```
[**] BAD-TRAFFIC tcp port 0 traffic [**]
06/07-16:19:00.712543 192.168.1.10:1984 -> 192.168.1.2:0
TCP TTL:64 TOS:0x0 ID:48557 IpLen:20 DgmLen:40
*2****** Seq: 0xED1609B Ack: 0x13E893C5 Win: 0x200 TcpLen: 20
=+=+=+=+=+=+=+=+=+=+=+=+=+=+=+=+=+=+=+=+=+=+=+=+=+=+=+=+=+=+=+=+
```

```
[**] BAD-TRAFFIC tcp port 0 traffic [**]
06/07-16:19:00.712610 192.168.1.2:0 -> 192.168.1.10:1984
TCP TTL:64 TOS:0x0 ID:10034 IpLen:20 DgmLen:40 DF
***A*R** Seq: 0x0 Ack: 0xED1609B Win: 0x0 TcpLen: 20
=+=+=+=+=+=+=+=+=+=+=+=+=+=+=+=+=+=+=+=+=+=+=+=+=+=+=+=+=+=+=+=+
```

从这些输出中可以看出，Snort 已经捕获到了它认为有害的（实际上也是）TCP 数据包。警报日志文件/var/log/snort/alert 也包含对于警报分类很有用的信息。下面列举的是与前面的主机文件相关的警报日志文件中的相应内容：

```
[**] [1:524:8] BAD-TRAFFIC tcp port 0 traffic [**]
[Classification: Misc activity] [Priority: 3]
06/07-16:19:00.712543 192.168.1.10:1984 -> 192.168.1.2:0
TCP TTL:64 TOS:0x0 ID:48557 IpLen:20 DgmLen:40
*2****** Seq: 0xED1609B Ack: 0x13E893C5 Win: 0x200 TcpLen: 20

[**] [1:524:8] BAD-TRAFFIC tcp port 0 traffic [**]
[Classification: Misc activity] [Priority: 3]
06/07-16:19:00.712610 192.168.1.2:0 -> 192.168.1.10:1984
TCP TTL:64 TOS:0x0 ID:10034 IpLen:20 DgmLen:40 DF
***A*R** Seq: 0x0 Ack: 0xED1609B Win: 0x0 TcpLen: 20
```

从上述的条目中我们可以看出，与特定主机文件内容相比，该文件中包含了更多的内容，如分类（Classification）和优先级（Priority）等，这些条目可以用来对这些警报进行分类，以及设定其优先级。分类和设定优先级都可以在警报日志文件中进行配置。

13.4.4   接收警报

我推荐在配置 Snort 用邮件或其他方式发送警报之前，应先使用 Snort 以获得运用规则和配置选项方面的经验。根据您的网络布局，您可能很容易地发现自己被 Snort 默认规则的警报所淹没。

回忆一下第 11 章，其中介绍了监控日志文件的软件，并提到了使用 Swatch 软件可以针对特定事件监控日志文件，当每一次事件发生时它将发送一封警报邮件。如果您看到我在哪里使用它的话，恭喜您!

使用 Swatch 监控 Snort 警报

根据 Snort 的默认配置，Snort 将其日志记录在/var/log/snort/alert。因此，创建一个 Swatch 的配置来监控这个文件是很容易的。再次强调，Swatch 通过邮件或者报警方式发出的警报很容易使您和您的系统不堪重负，因此您应该小心地配置 Snort 报警的动作，直到您有机会再次对 Snort 做进一步的配置。

Snort 会记录一些优先级数据在/var/log/snort/alert 中。因此，您可以设置 Swatch 规则以监控任何优先级的数据，比如说监控优先级 3 的数据，在看到优先级 3 的数据时发送邮件。规则需要在 Swatch 的配置文件中进行设置，默认情况下，该文件为~/.swatchrc。下面是配置的条目：

```
watchfor /Priority:3/
    mail
```

启动 Swatch 并将它指向 Snort 的警报文件/var/log/snort/alert，命令如下：

```
swatch --tail-file=/var/log/snort/alert
```

现在，当一个优先级为 3 的报警发生时，Swatch 就将发送一封邮件。

13.4.5 关于 Snort 的最后思考

Snort 是进行自动入侵检测的一个很好的工具。在这儿我只涉及了 Snort 很基础的运用，起到一个引导入门的作用。您还可以将 Snort 和 MySQL 和 ACID 结合使用，建立一个企业级的入侵检测系统。Snort 可以按您的需求配置并且可以扩展以适应任意大小规模的机构。

13.5 使用 ARPWatch 进行监控

ARPWatch 是一个守护进程，它监视网络中出现的新的以太网接口。如果发现了一个新的 ARP 条目，这就表示一个计算机已经接入了网络。

ARPWatch 使用 PCap 库，您可能还未将其安装在系统中。如果还未安装，在您配置 ARPWatch 时将会注意到这一点。PCap 库也叫做 libpcap，可以从 http://www.tcpdump.org/下载。PCap 还被如 TCPDump 这样的网络和安全相关的程序使用。因为 TCPDump 已经介绍过了，在这儿我就不重复怎么安装 libpcap 了，如果有需要您可参考"TCPDump：简单介绍"这一节。

安装 ARPWatch 包括对下载的 ARPWatch 解归档，通常情况下可以使用命令 tar -zxvf arpwatch.tar.Z。然后，将进入 ARPWatch 文件夹，运行配置脚本：

```
./configure
```

您将看到类似下面的一系列输出：

```
creating cache ./config.cache
checking host system type... i686-pc-linux-gnu
checking target system type... i686-pc-linux-gnu
checking build system type... i686-pc-linux-gnu
checking for gcc... gcc
checking whether the C compiler (gcc ) works... yes
... (output truncated) ...
```

如果出现了下面列出的错误消息，则您需要安装 libpcap：

```
checking for main in -lpcap... no
configure: error: see the INSTALL doc for more info
```

请参考本章前面的 TCPDump 一节，以获得怎样安装 PCap 库的信息。

如果没有出错，或者已经安装完了 PCap 的话，下一步就是使用 make 命令来编译 ARPWatch 了。在 ARPWatch 的源代码目录中运行下列命令：

```
make
```

ARPWatch 将开始编译，您会看到编译过程的消息，同时还有可能看到一两个警告：

```
report.o(.text+0x409): the use of 'mktemp' is dangerous, better use 'mkstemp'
gcc -O2 -DDEBUG -DHAVE_FCNTL_H=1 -DHAVE_MEMORY_H=1 -DTIME_WITH_SYS_TIME=1 \
        -DHAVE_BCOPY=1 -DHAVE_STRERROR=1 -DRETSIGTYPE=void -DRETSIGVAL= \
              -DHAVE_SIGSET=1 -DDECLWAITSTATUS=int -DSTDC_HEADERS=1 \
                    -DARPDIR=\"/usr/local/arpwatch\" -DPATH \
                          _SENDMAIL=\"/usr/sbin/sendmail\" -I.\
                                -Ilinux-include -c ./arpsnmp.c
gcc -O2 -DDEBUG -DHAVE_FCNTL_H=1 -DHAVE_MEMORY_H=1 -DTIME_WITH_SYS_TIME=1 \
        -DHAVE_BCOPY=1 -DHAVE_STRERROR=1 -DRETSIGTYPE=void -DRETSIGVAL= \
              -DHAVE_SIGSET=1 -DDECLWAITSTATUS=int -DSTDC_HEADERS=1 \
                    -DARPDIR=\"/usr/local/arpwatch\" \
                          -DPATH_SENDMAIL=\"/usr/sbin/sendmail\" \
                                -I. -Ilinux-include -o arpsnmp \
                                      arpsnmp.o db.o dns.o \
                                            ec.o file.o intoa.o \
        machdep.o util.o report.o setsignal.o version.o
 report.o: In function 'report':
 report.o(.text+0x409): the use of 'mktemp' is dangerous, better use 'mkstemp'
```

在编译完成后，使用下面的命令安装 ARPWatch：

```
make install
```

ARPWatch 默认将被安装到/usr/local/sbin。这个目录通常在 root 路径下，但是如果您键入 arpwatch 但却收到了错误消息 command not found，这时您需要在命令中给出具体目录，如下：

```
/usr/local/bin/arpwatch
```

运行 ARPWatch 时，当其在网络中发现新的 MAC 地址时，它将向 SYSLOG 守护进程报告。这意味着 ARPWatch 通常会将信息输出到/var/log/messages，因此您可以运行 grep 命令来找到 ARPWatch 发现的新主机：

```
grep arpwatch /var/log/messages
```

ARPWatch 也会发送邮件到 root 用户，以报告新发现主机的细节信息。邮件中包含时间、IP 地址、MAC 地址信息：

```
    hostname: client.example.com
  ip address: 192.168.1.10
ethernet address: 0:e1:18:34:2f:e8
  ethernet vendor: <unknown>
     timestamp: Saturday, May 22, 2004 11:25:59 -0500
```

通过上面的方法，使实时地了解网络中出现的新主机成为了可能。这些信息对于安全管理员监控未授权的网络的使用很有帮助。

　　ARPWatch 将作为守护进程运行在后台，静默地运行，同时根据您的需要进行报告。如果由于某些原因导致 ARPWatch 关闭，那么可能是因为计算机进行了重启，已存在的条目将被写入到一个叫作 arp.dat 的文件中（这个文件的位置在各个系统中有所不同，如果您想要找它，可以运行 find / -name "arp.dat"进行查找）。如果您需要重置 ARPWatch 的监控数据库，以便它能重新获得网络中所有主机的地址，可以在 ARPWatch 的目录中运行下面这个命令：

```
rm arp.dat
touch arp.dat
```

　　这里有一个使用 ARPWatch 的建议：确定 ARPWatch 数据文件 arp.dat 正在监控未授权的更改。如果攻击者可以修改这个文件并手动地添加他或她的条目，ARPWatch 将无法在新的主机出现时报警。因此请确保 arp.dat 文件被 AIDE（将在第 14 章"文件系统完整性"中介绍）或其他相似的方法所监控。

13.6　小结

　　本章展示了一些用于入侵检测的工具。旨在了解前面章节中介绍的概念的基础上，介绍一些实际的经验。您已经学习到了网络嗅探器的知识，特别是 TCPDump，还通过 TCPDump 查看了数据包和一些攻击类型。

　　其他在本章中介绍的工具包括 Snort，它是一个非常优秀的入侵检测系统。最后，还介绍了使用 ARPWatch 来监控网络中新的和非预期的 ARP 条目。

　　下一章将通过使用一个文件完整性检验器——AIDE 来检测文件系统的完整性。

第14章

文件系统完整性

完整性是计算机安全的三个常用的原则之一；保密性和可用性是另外两个原则。纯粹意义上的这三个原则中，完整性意味着确保数据是可信的，没有以任何方式被篡改或损害。保证数据完整性的一个方面就是保证保存数据的系统的完整性。

本章介绍了一些方法，这些专门的方法可以用来保证 Linux 系统中数据的完整性。这些方法包括了检查 Linux 系统上的文件，确保它们没有在您不知情的情况下被修改，还包括寻找异常，它们表示系统中存在着入侵者。

14.1 文件系统完整性的定义

维护系统完整性是安全中的另一层次，作为安全管理员可以深切体会到这一点。本章中，文件系统完整性是指计算机系统和保存在其中的内容处于已知的正常状态。尽管这是一个非常宽泛的定义，本章中的文件系统完整性要求确保存储在计算机上的文件没有被篡改或损害。因而，本章将专注于介绍能够帮助您检测文件的工具。

14.1.1 实用的文件系统完整性

有很多不同的工具可以用来检测系统中文件的完整性。在本章中，我将介绍 AIDE（高级入侵检测环境，Advanced Intrusion Detection Environment）。AIDE 是一个开源的文件系统完整性检测工具。

基本的文件完整性检测经常使用的方法是：获得计算机上文件的校验和然后将其与已知的校验和进行比较。校验和有时会使用哈希值或者签名。大多数复杂的检测是通过 AIDE 这样的工具完成的，本章将会对此进行介绍。

校验和通常用于验证下载文件的完整性。例如，许多 Linux FTP 仓库包含一个叫做 sha1sums 的文件。sha1sums 文件内含存储于 FTP 服务器中的文件的校验和。当您下载文件时，您可以对已下载的文件验证校验和。如果校验和与服务器上的校验和相匹配，就说明该文件是完好的。如果该值不匹配，就说明下载可能出现了问题，这可以节省您的时间，您无需再使用受损的文件或浪费一张 CD-R 了。

下面的例子非常有帮助。请在控制台键入下面的命令：

```
sha1sum /etc/passwd
```

您会看到类似这样的值：

```
dbf758aecfc31b789336d019f650d404fc280d64 /etc/passwd
```

请注意您的值应当与我的值完全不同，除非您用我的 password 文件来运行该命令，否则不可能得到一样的值。

如果您添加了用户、删除了用户或执行了任何有可能影响 password 文件的更改，生成的 sha1sum 的值都会改变。例如，如果您在 passwd 文件中修改了某人的名字，passwd 文件的 sha1sum 值会改变，因为文件的内容已经不同了。接着前面的例子，您可以运行下面的命令修改 root 用户的名字：

```
chfn root
```

您有很多不同的选项可以用来修改该用户的账户信息，首先是全名（Full Name）。您可以将全名修改为您想要的值，然后对其他值做一些修改。再对/etc/passwd 文件运行 sha1sum，这时您将会得到一个不同的校验和：

```
sha1sum /etc/passwd
a22e91a7bb7a21ca6c2b9d4f32e03f4ed3eeec37 /etc/passwd
```

14.2　安装 AIDE

AIDE 是一个文件完整性检查工具，它提供许多您期望此类软件提供的功能。更多关于 AIDE 的信息，包括下载链接，可以从 http://aide.sourceforge.net/处找到。

与本书中其他的软件一样，AIDE 在很多发行版上都有软件包可用，或者可以被下载和编译。然而，在编译 AIDE 之前您可能还需要解决一些依赖。在这种情况下，AIDE 的配置脚本将通知您需要解决的依赖，您需要下载和编译它们（或者从系统的安装包进行安装），然后继续 AIDE 的编译。对 AIDE 的编译与 Linux 中其他软件的编译基本相同，命令如下：

```
tar -zxvf aide-<NNNN>.tar.gz
cd aide-<NNNN>
./configure
make
make install
```

本章的其余部分介绍了对编译而成的 AIDE 的使用，而不是针对已打包的版本；如果您使用的是已打包的版本，那么特定的目录和命令可能会有些许不同，但基本的概念是相同的。

14.3　配置 AIDE

AIDE 与其他 Linux 应用一样，都是通过配置文件来运行的。配置文件是基于文本的，其中包含了一些程序用来决定其运行特性的信息。在您第一次运行 AIDE 时，您将创建并初始化数据库，该数据库将用于未来对文件系统完整性的检测。该数据库会被手动地检查以确保完整性，您还会运行一个更新进程，用于寻找文件系统中的改变。

14.3.1 创建 AIDE 配置文件

在 AIDE 被安装后，您要做的第一件事就是创建一个配置文件。AIDE 配置文件通常被称为 aide.conf 并且位于/etc/，在通过软件包安装的版本中位于/etc/aide/。AIDE 配置文件中的注释以"#"号开始。在 AIDE 的配置文件中有三类语句：配置语句、宏语句和选择语句。在 Debian 系统中，AIDE 配置文件位于/etc/aide，并且分别被分割开来位于多个目录下，包括一个通用的 aide.conf 文件、一个包含特定规则的文件夹和包含其他设置的文件夹。

AIDE 配置文件的核心是选择语句，您可以使用它来决定要监控的文件系统中的内容。配置语句也很重要，它们决定了 AIDE 如何进行操作，宏语句可以用于创建高级的配置。AIDE 使用一系列的"参数=值"的格式来表明对一个给定对象执行的检测类型。表 14.1 列出了这些指示符。

表 14.1 AIDE 配置指示符

指示符	描述
p	权限
i	索引节点（inode）
n	链接数
u	用户
g	用户组
s	大小
b	块计数
m	最后一次修改时间（mtime）
a	最后一次访问时间（atime）
c	创建时间（ctime）
ftype	文件类型
S	检测增长大小
sha1	Sha1 校验和
sha256	Sha256 校验和
rmd160	Rmd160 校验和
tiger	Tiger 校验和
R	p+i+n+u+g+s+m+c+md5

续表

指示符	描述
L	p+i+n+u+g
E	空组
>	增长的日志文件 p+u+g+i+n+S
haval	haval 校验和
gost	gost 校验和
crc32	crc32 校验和

　　AIDE 还允许管理员创建可以包括默认组在内的自定义组。这样做既可以节省时间也可以增强配置文件的可读性。您可以将常用的检测类型进行组合,作为一个自定义的组。举例来说,可以用几个常用的检测类型创建一个名为 MyGroup 的组:

```
MyGroup p+i+n+m+md5
```

　　这些分组中,无论是默认的组还是自定义的组,都是用来确定在一个给定选择上进行检测的类型。您还需要在配置文件中使用选择语句以配置所要被检测的文件和目录。选择语句由被检测的对象和要执行的检测类型组成。检测的对象可以是一个文件、一个目录、一个表达式或者是(更常用的)一个文件和一些正则表达式的组合。我将在后面的小节中简要介绍正则表达式,现在只对选择语句举几个简单的例子。

　　下面的选择语句将检测/etc 目录下的所有内容,尤其是查看链接数、拥有该文件的用户、拥有该文件的用户组以及文件的大小:

```
/etcn+u+g+s
```

　　如果那些属性中的某一个意外地发生了变化,就表明它被篡改了。下面的例子使用 MyGroup 这个自定义组来检测/bin 目录下的文件:

```
/bin MyGroup
```

　　可以使用 "!" 来忽略或跳过某一个检测对象,如下面的例子,AIDE 忽略了/var/log 中的所有内容:

```
!/var/log/.*
```

　　忽略那些会频繁改变的内容可以极大地减少 AIDE 报告中出现的无关紧要的信息的行数。然而,您应该注意不要忽略得太多;否则,您可能会漏掉重要的文件系统的更改。

　　配置文件中的规则行使用正则表达式来启用强大的匹配功能。如果您对正则表达式不太熟悉也不要太担心,我会在这里提供一些帮助。

　　使用 AIDE 来匹配文件存在着一个主要的问题,那就是攻击者可以绕过文件完整性检查。当您没有指定一个完整的文件名时,上述情况就有可能发生。例如,由于/var/log/目录下的文件经常改变，您想要使用下面的语法（看上去正确）跳过这些文件：

```
!/var/log/maillog
```

然而，根据正则表达式的匹配，攻击者可能会创建一个这样的文件：

```
/var/log/maillog.crack
```

由于您已经排除了/var/log/maillog，AIDE 将不会检测任何以/var/log/maillog 开头的内容。要解决这个问题您可以在文件的末尾添加一个 "$" 符号。在正则表达式中，"$" 代表着行末。因此，通过更改您想要排除在外的文件的语法并且添加 "$" 符号，就可以对攻击者的文件进行检测了：

```
!/var/log/maillog$
```

默认情况下，AIDE 将创建一个基于文件的数据库，名为 aide.db.new。这个文件会被（手动地）转移，以便于以后的检测。因此，不需要在配置文件中对数据库名及其路径进行修改；然而，您也可以使用下面的配置选项修改该文件的路径和名称：

```
database=file:<filename>
database_out=file:<filename>
```

AIDE 还可以使用 SQL 数据库（例如 PostgreSQL）来存储数据库内容，本书中不对这些配置进行介绍。

14.3.2　AIDE 配置文件的示例

在配置时，您至少需要告诉 AIDE 检测文件系统的哪些部分，以及检测使用的规则。您可以添加许多其他配置来改变 AIDE 的操作。本节将介绍一个非常基本的配置，您绝对应该将其加入您的配置，这些配置对您的 Linux 来说非常重要。

如果您是编译的 AIDE，请打开/usr/local/etc/aide.conf 文件。如果该文件不存在，请新建一个，并将下面的几行加入到文件中：

```
/bin R
/sbin R
/etcR+a
/lib R
/usr/lib R
```

如果您在使用从发行版（例如 Debian）获得的软件包的安装版本，则配置文件和一些包装脚本已经存在了，您可以简单地跳过这一部分。

14.3.3　初始化 AIDE 数据库

拥有一个简单的配置文件后，需要初始化 AIDE 数据库。这个过程所需要的时间长短不定，取决于您要检测的文件的数量和您计算机的可用资源。在编译的版本中，可以简单地使用下面的脚本初始化 AIDE 数据库：

```
/usr/local/bin/aide --init
```

或者，如果您使用的是 Debian 中的软件包的版本，您应该运行：

```
aideinit
```

AIDE 现在将基于您在配置文件中选择的准则初始化数据库。当这一切完成之后，您将会看到类似下面的输出：

```
AIDE, version 0.15.1
### AIDE database initialized.
```

下一步是重命名（或移动）新创建的数据库为 **aide.db**，使它成为默认数据库或主数据库：

```
mv /usr/local/etc/aide.db.new /usr/local/etc/aide.db
```

然后您就可以用数据库进行检测，看文件系统的运转是否正常：

```
/usr/local/bin/aide --check
```
如果一切正常，您将看到类似下面的输出：

```
AIDE, version 0.15.1
### All files match AIDE database.Looks okay!
```

在 AIDE 数据库初始化后，您应该立刻拷贝数据库到另一个磁盘上，最好是只读的介质（例如 CR-R），或者安全起见，您应该将其拷贝到另一台计算机。如果您将 AIDE 数据库留在该电脑上，攻击者可以简单地修改 AIDE 数据库以在替换掉系统文件后覆盖它们的踪迹。因此，每次更新 AIDE 数据库之后，您都应该将数据库拷贝到安全的介质。

14.3.4　调度 AIDE 自动地运行

最好用 cron 作业（调度任务）来运行 AIDE。因此，您应该调度 AIDE 自动地运行而无须人为干涉。AIDE 通常是每天运行一次，但您最好根据您的安全策略进行调度。每天运行 AIDE 最容易快捷的方法就是创建一个 crontab 条目。

可以在 root 权限下用下面的方法来创建一个 crontab 条目：

```
crontab-e
```

要想在每晚凌晨 2:00 运行 AIDE，请在 crontab 中输入下面的语句：

```
0 2 * * * /usr/local/bin/aide-check
```

要获得更多关于 crontab 的信息，请参阅您所用发行版的参考文档。

14.4　用 AIDE 监控一些坏事

现在您已经安装并运行了文件系统完整性检测工具。现在该干什么呢？现在您应该坐下来，然后等待什么事情发生么？通常不会发生什么事，即使发生了一些事看上去像坏事，但很多时候并不是。

　　AIDE 将根据您配置的规则来监控文件系统。使用了 cron 作业后，您将在每晚收到一份报告，包含自数据库上一次更新后发生了变化的那些文件的属性。大多数情况下，这些改变都是良性的。回忆本章开头的例子。如果您添加了一个用户，/etc/passwd 和/etc/shadow 等相关的文件都会发生改变。如果您检查/etc 的话，AIDE 将发现其变化并做出相应的报告。然而，如果您没有添加用户或者没有对/etc/passwd 或/etc/shadow 文件做其他的修改，您可能需要进一步检查，确保没有攻击者修改过这些重要的文件。

　　当然，AIDE 还会对其他的文件做出报告，您应该用 AIDE 密切地监控那些不希望被修改的文件。例如，文件/bin/su 或/usr/bin/passwd 只可能在一些软件更新时被修改，一般情况下是不应该被修改的。因此，当/bin/su 这类文件出现在 AIDE 的报告中时，您就应该立即对文件进行检查，看是否真地被修改过。举例讲，假如某晚 AIDE 按正常的过程运行。早上您发现一封如下内容的邮件：

```
AIDE 0.15.1 found differences between database and filesystem!!
Start timestamp: 2014-07-31 23:50:17

Summary:
  Total number of files:       16112
  Added files:                 0
  Removed files:               0
  Changed files:               1
---------------------------------------------------
Changed files:
---------------------------------------------------


changed: /etc/adjtime


---------------------------------------------------
Detailed information about changes:
---------------------------------------------------


File: /etc/adjtime
 Atime: 2014-07-11 05:43:38 ,    2014-07-31 23:36:06
```

预先调度好的 AIDE 在例行检查中发现了一些东西。从上面的报告中可以很快看出问题所在：

```
Summary:
  Total number of files:    16112
  Added files:              0
  Removed files:            0
  Changed files:            1
```

　　下面是更为详细的报告，报告自数据库初始化或上次更新后增加的、发生变化的或是被移除的文件。本例中，只有一个文件发生了变化：

```
File:/etc/adjtime
 Atime:2014-07-11 05:43:38 , 2014-07-31 23:36:06
```

基于该报告，可以很容易地注意到/etc/adjtime 发生了改变。

14.5　清除 AIDE 数据库

经过一段时间后，您将发现 AIDE 检测报告变得越来越长。这通常是由于服务器上的正常活动产生的,例如添加或删除用户、更新软件和更改配置文件中的设置。您应该定期地更新 AIDE 数据库，不仅仅是为了获得更短的报告，而且也是为了更好地追踪非预期的更改的出现。如果您没有定期更新 AIDE 数据库，您可能会漏掉一些由攻击引起的改变。

您可能会问"我应该多久更新一次 AIDE 数据库呢？"这个问题的答案很大程度上取决于您的需要和您的安全策略。当您最开始使用 AIDE 时，至少应该对最初的几次运行都做更新（这当然也取决于安全策略），并且要一再地完善配置文件。您会发现一些特定文件的更改过于频繁，这时就需要完全排除这些文件，或者是修改对这类文件的检测类型。

修改检测类型这种做法比完全排除这些文件要好得多。对某些文件，AIDE 的输出报告中的某些属性不会经常改变，甚至不变。例如索引节点（inode）和创建时间（ctime），这些属性是不会变化的。因此，如果您注意到特定的文件总是出现在报告中，如果可以完全保证其安全，就可以在 AIDE 配置文件中修改对这些文件的检测类型，不报告那些属性。

在某些系统中，一个经常变化的文件是 Samba password 文件，/etc/samba/smbpasswd。对于这些系统，一般都是用 R 类型检测（见表 14.2）对所有/etc/目录下的文件进行报告。对这些文件更合适的检测类型包括那些不经常改变的属性，例如 inode 和 ctime。这样的检测在 AIDE 配置文件中设置如下：

```
/etc/samba/smbpasswd$ c+i
```

请注意示例文件名末尾的"$"，它表明行末。

AIDE 的报告可以为要检测的文件和检测过程本身提供更详细的列表。在更新 AIDE 配置文件后，您需要更新数据库，以使更改生效。下面的命令可以完成这一过程：

```
/usr/local/bin/aide --update
```

完成更新后，您将得到一个新的数据库文件，默认是/usr/local/etc/aide.db.new。这个文件应该被移动以覆盖已存在的数据库。

```
mv /usr/local/etc/aide.db.new /usr/local/etc/aide.db
```

现在运行 aide --check 将给出一个干净的结果：

```
AIDE, version 0.15.1
### All files match AIDE database.Looks okay!
```

在您更新数据库之后，您应该将数据库文件拷贝到安全的介质或另一台计算机，以确保数据库的完整性。

在更新了 AIDE 配置文件和数据库，并调度 AIDE 每晚运行后，您就已经为确保文件系统完整性打好了基础。您可以继续学习下面的章节中关于 AIDE 的更高级的设置，也可以转到第 12 章学习 Chkrootkit 这款 rootkit 检测工具。

14.6　更改 AIDE 报告的输出

您可能希望更灵活地设置 AIDE 报告的位置。例如，如果 AIDE 报告中所有文件都完好无损时就不发送邮件，或者想把 AIDE 报告写入文件中而不是仅仅作为标准输出。AIDE 有四个基础的选项，用于在 AIDE 配置文件中配置输出。

> **Linux 输出流**
>
> Linux 在程序运行时会产生三种输出流。它们是 STDIN、STDOUT 和 STDERR，分别是标准输入、标准输出和标准错误输出的缩写。当涉及 STDOUT 时，表示输出到显示器，STDERR 表示该输出是错误情况产生的结果。STDIN 是指从标准输入文件描述符中读取输入的方法。

一般的 AIDE 配置选项为 report_url，用于设置输出方式。默认情况下，输出显示在 STDOUT 中。输出方式可以在下面的方式中选择：
- STDOUT（默认）；
- STDERR；
- 文本文件；
- 文本描述符。

上面的四种选择中，STDOUT、STDERR 和文本文件较为常用。AIDE 以后的版本可能会包括一些输出配置，实现自动发送邮件和自动输出到 SYSLOG 设备。

这里特别关注一下 AIDE 的文本文件输出。这种输出可以用下面的方式指定：

```
report_url=file:/<path>/<filename>
```

例如，要配置 AIDE 将报告输出到一个位于/var/log/aide 目录下自己创建的名为 aidereport.txt 的文件中，您可以在 AIDE 配置文件中使用这个配置选项：

```
report_url=file:/var/log/aide/aidereport.txt
```

然而，report_url 配置选项只是输出到文件的一种方法。因为 AIDE 的报告是由 cron 作业控制的，您可以简单地重定义输出到一个文件。例如，前面有一个 crontab 的例子：

```
0 2 * * * /usr/local/bin/aide-check
```

您可以修改 cron 条目以重定向输出到一个文件。这样做将导致所有的输出重定向到该文件，并且会启用其他功能，例如命名是基于日期的。可以使用 "`" (runquotes 即反引号，通常位于键盘里 "～" 符号的按键处) 调用 shell 命令来实现。cron 条目如下所示：

```
0 2 * * * /usr/local/bin/aide --check >/var/log/aide/aidereport-'date +%m%d%Y'.txt
```

现在 AIDE 的报告会被重定向 STDOUT 到文件中，文件名为：

```
/var/log/aide/aidereport-<date>.txt
```

例如，对 2014 年 3 月 12 日的报告，文件为：

```
/var/log/aide/aidereport-03122014.txt
```

如上所示设置了重定向的配置，您将不会在 AIDE 通过 cron 作业正常运行时接收邮件。只有在 AIDE 的 cron 作业出现错误时才会收到邮件。因为您不会再收到邮件了，您可能会因此忘掉您监控的职责，把 AIDE 的报告丢在一边。然而，您仍然应该按时查看这些报告，对文件进行监控，并在合适的时候进行清理。

14.6.1　获得更详细的输出

可以配置 AIDE 的报告使输出更加详细。在解决规则匹配的问题时，添加冗余性是非常有价值的。例如，当您设置了详细配置选项时，您可以观察到 AIDE 是如何构建要检测的文件的列表。如果出现了不希望看到的结果或者文件莫名其妙地被包括或排除，添加这个选项到配置或者到命令行的选项就会有所帮助。

提供详细信息的配置选项如下：

```
verbose=<N>
```

这里，<N>是一个正整数，最大值为 255。实际上，只有大于 200 的数才会对大多数检测输出添加额外的调试信息。因此，要获得最高级别的详细报告，请用下面的配置：

```
verbose=255
```

设置完成后，您会看到 AIDE 运行时额外输出了很多信息：

```
Handling / with s "/bin" with node "/"
Handling / with s "/sbin" with node "/"
Handling / with s "/etc" with node "/"
Handling / with s "/lib" with node "/"
Handling /usr with s "/usr/lib" with node "/usr"
tree: "/"
2    ^/bin
3    ^/sbin
4    ^/etc
5    ^/lib
tree: "/usr"
6    ^/usr/lib
```

```
AIDE, version 0.15.1

### All files match AIDE database. Looks okay!
```

输出非常详细（甚至超过您的预期）并且包括了 AIDE 程序本身中被调用的函数，以及在检测文件时查找出的文件的细节信息。当需要查找 AIDE 的配置问题时，这些输出是非常有价值的。

14.7　在 AIDE 中定义宏

AIDE 使用宏来定义常用的对象以及在配置文件中作为变量使用的对象。您也可以使用 AIDE 宏来定义在配置文件中使用的顶级目录。接下来，您便可以在选择语句中使用该宏，它会在选择语句中像变量一样被替换。您还可以基于特定标准使用宏来设置变量。宏还可以在 AIDE 配置的控制结构（决策代码块）中使用，依据控制结构的结果来改变 AIDE 的配置。

宏用下面的语法进行定义：

```
@@define <macro><definition>
```

用下面的语句可以取消宏定义：

```
@@undef<macro>
```

用下面的语法在配置中使用宏：

```
@@{<macro>}
```

简单地使用宏的例子就是为复杂的目录层次创建宏，这样就无需在配置文件中反复进行复杂地键入了。假设您想为计算机中某一个特定的目录结构定义宏：

```
@@define BASEDIR /usr/src/linux
```

这个宏便可以在进行 AIDE 的选择配置时使用：

```
@@{BASEDIR}/.config R
!@@{BASEDIR}/doc
```

宏的更为强大的用途之一是根据某标准改变配置。举例讲，宏可以被用于两种控制结构中，一种基于宏是否被定义，另一种基于 AIDE 程序运行的主机。

控制结构都是基本的 if/then/else 语句，也可以使用它们的否定形式。判断一个宏是否被定义的语法是：

```
@@ifdef<macro>
```

@@ifdef 的否定形式是：

```
@@ifndef<macro>
```

判断当前主机的语句是：

```
@@ifhost<hostname>
```

@@@ifhost 的否定形式是：

```
@@ifnhost<hostname>
```

不管使用哪种控制结构，必须以下面的声明结尾：

```
@@endif
```

多重控制结构中还可以加入 else 类型结构，与 if 语句相呼应，语法为：

```
@@else
```

下面是控制结构的例子。第一个例子检查名为 SOURCE 的宏是否被定义，如果没有被定义则定义之：

```
@@ifndef SOURCE
@@define SOURCE /usr/src
@@endif
```

第二个例子查看 AIDE 运行所在的计算机的主机名，根据结果对宏进行设置。当涉及不同主机上面不同的目录结构，而您只想在 AIDE 配置文件中使用其中的一个时，该控制结构就非常有用。举例如下：

```
@@ifhost cwa
@@define LOCALBINDIR /usr/local/sbin
@@endif
```

下面的例子用到了 else 语句：

```
@@ifhost cwa
@@define LOCALBINDIR /usr/local/sbin
@@else@@define LOCALBINDIR /usr/local/bin
@@endif
```

对上面所有的例子，需要用下面的语法在配置中调用宏：

```
@@{<macro>}
```

14.8　AIDE 的检测类型

您可能想知道 AIDE 可以执行的不同的检测类型。表 14.2 中列出了一些检测类型。请注意，这不是一个详尽的列表，随着时间的推移会有新的选项被加入。

表 14.2　　　　　　　　　　　　　　　　　AIDE 检测类型

指示符	描述
p	权限
ftype	文件类型
i	索引节点（inode）

续表

指示符	描述
n	链接数
l	链接名
u	用户
g	用户组
s	大小
b	块计数
m	最后一次修改时间（mtime）
a	最后一次访问时间（atime）
c	创建时间（ctime）
S	检测增长大小
md5	md5 校验和
sha1	sha1 校验和
sha256	sha256 校验和
Sha512	sha512 校验和
rmd160	rmd160 校验和
tiger	tiger 校验和
R	p+i+n+u+g+s+m+c+md5
L	p+i+n+u+g
E	空组
>	增长的日志文件 p+u+g+i+n+S
haval	haval 校验和
gost	gost 校验和
crc32	crc32 校验和

　　将 AIDE 检测类型进行归类是非常有帮助的。AIDE 的各种检测类型分为三种基本分类，我分别将其称为：标准检测、分组检测以及校验和检测。标准检测查找从文件或文件描述符收集到的信息。这类检测见表 14.3。

表 14.3	AIDE 的标准检测
指示符	描述
p	权限
i	索引节点（inode）
n	链接数

续表

指示符	描述
u	用户
g	用户组
s	大小
b	块计数
m	最后一次修改时间（mtime）
a	最后一次访问时间（atime）
c	创建时间（ctime）
S	检测增长大小

　　这些标准检测都是通过 Linux 内置的文件系统函数进行的，这些函数都可以从文件的 inode 条目处找到。因此，运行标准检测比校验和检测更节约资源。应该对一些特定文件的应用这种检测，而对其他文件使用别的检测，以在报告中显示更详细的信息。例如，一个给定文件的 ctime（创建时间）永远不会改变，除非它被删除或替换。

　　标准检测实际上做了什么可能并不显而易见。表 14.4 介绍了一些较难理解的检测类型。

表 14.4　　　　　　　　　　　　　对几个标准检测的解释说明

检测名称	说明
inode	在 Linux 中，Inode 保持着指定文件的信息。如文件位置、权限、用户和用户组以及其他有用的指示位
链接数	链接（link）与 Windows 中的快捷方式类似。这一类型检测可以找出给定文件存在多少链接
mtime	mtime 指定文件最后一次被修改的时间
atime	atime 指定文件最后一次被访问的时间
ctime	ctime 指文件创建的时间

　　另一方面，分组检测结合了一些常用的标准检测，见表 14.5。

表 14.5　　　　　　　　　　　　　AIDE 分组检测

指示符	描述
R	p+ftype+i+l+n+u+g+s+m+c+md5
L	p+ftype+i+l+n+u+g
E	空组
>	增长的日志文件 p+u+g+i+n+S

最后，校验和检测使用该文件的加密的校验和，本章之前对其进行了介绍，如表 14.6 所示。

表 14.6   AIDE 校验和检测

指示符	描述
md5	md5 校验和
sha1	sha1 校验和
sha256	sha256 校验和
Sha512	sha512 校验和
rmd160	rmd160 校验和
tiger	tiger 校验和
haval	haval 校验和
gost	gost 校验和
crc32	crc32 校验和

不同的校验和检测类型之间的区别是由于生成校验和的加密算法的不同导致的。关于 AIDE 使用的加密算法，就留给读者做进一步的研究了。这里推荐 Bruce Schneier 的 *Applied Cryptography* 一书，可以作为参考。

14.9 小结

本章介绍了文件系统完整性的概念，以及它如何帮助您确保文件没有被意外地篡改。本章开头先介绍了怎样用校验和来检测文件。然后进一步引出了文件系统完整性检测软件包 AIDE。介绍了如何在您的系统中安装、配置和使用 AIDE。

第 4 部分

附录

附录 A
安全资源

该 附录列出了一些目前互联网上通用的与安全相关的通知、信息、工具、更新以及安全补丁。互联网上存在很多站点，而且每天都有新的站点建立，所以下面的列表只是一个起点，而不是一份完整的列表。同时该附录也作为本书的一个通用参考。

A.1 安全信息资源

所有类型的安全信息，包括通知、警告、白皮书、教程等，都可以在下面的资源中找到：

BugTraq:

http://www.securityfocus.com/archive/1

CERT Coordination Center:

https://www.us-cert.gov

Internet Engineering Task Force (IETF):

http://www.ietf.org/

Packet Storm:

http://packetstormsecurity.org/

RFC Editor:

http://www.rfc-editor.org/

SANS Institute:

http://www.sans.org/

Security Focus:

http://www.securityfocus.com/

A.2 参考资料和常见问题解答（FAQ）

一些有用的资料，其中一部分已经在本书中引用了，可以在下面的站点中找到：

"Help Defeat Denial of Service Attacks: Step-by-Step"：

http://www.sans.org/dosstep/

"Internet Firewalls: Frequently Asked Questions"：

http://www.interhack.net/pubs/fwfaq/

"Service Name and Transport Protocol Port Number Registry" (IANA)：

http://www.iana.org/assignments/port-numbers

附录 B
防火墙示例与支持脚本

第 5 章描述了用于独立系统的防火墙。第 6 章对该示例进行了优化。该示例还在第 7 章中被进一步扩展，通过对外部公共接口和内部本地网络接口应用完全的防火墙规则，使它既可以作为网关也可以作为隔断防火墙。网关是互联网和包含着公共服务器的 DMZ 网络之间的一个连接。隔断防火墙是私有局域网和 DMZ 之间的一个连接。

防火墙示例分散地出现在第 5、6、7 章中。该附录给出了同样的防火墙的示例，它们将出现在防火墙脚本中。

B.1 第 5 章中为独立系统构建的 iptables 防火墙

第 5 章介绍了针对运行在独立的 Linux 主机上的各种服务的应用程序协议和防火墙规则。此外，尽管并不是每个人都会使用这些服务，但所有用于服务的客户端和服务器规则都将在这里进行介绍。本节首先列出的是 iptables 脚本，然后是 nftables 脚本。

完整的 iptables 防火墙脚本应该存放在/etc/rc.d/ rc.firewall 或/etc/init.d/firewall 中，如下所示：

```
#!/bin/sh

/sbin/modprobe ip_conntrack_ftp

CONNECTION_TRACKING="1"
ACCEPT_AUTH="0"
SSH_SERVER="0"
FTP_SERVER="0"
WEB_SERVER="0"
SSL_SERVER="0"
DHCP_CLIENT="1"
IPT="/sbin/iptables"                   # Location of iptables on your system
INTERNET="eth0"                        # Internet-connected interface
LOOPBACK_INTERFACE="lo"                # However your system names it
IPADDR="my.ip.address"                 # Your IP address
SUBNET_BASE="my.subnet.base"           # ISP network segment base address
SUBNET_BROADCAST="my.subnet.bcast"     # Network segment broadcast address
MY_ISP="my.isp.address.range"          # ISP server & NOC address range
```

```
NAMESERVER="isp.name.server.1"     # Address of a remote name server
POP_SERVER="isp.pop.server"        # Address of a remote pop server
MAIL_SERVER="isp.mail.server"      # Address of a remote mail gateway
NEWS_SERVER="isp.news.server"      # Address of a remote news server
TIME_SERVER="some.time.server"     # Address of a remote time server
DHCP_SERVER="isp.dhcp.server"      # Address of your ISP dhcp server

LOOPBACK="127.0.0.0/8"             # Reserved loopback address range
CLASS_A="10.0.0.0/8"               # Class A private networks
CLASS_B="172.16.0.0/12"            # Class B private networks
CLASS_C="192.168.0.0/16"           # Class C private networks
CLASS_D_MULTICAST="224.0.0.0/4"    # Class D multicast addresses
CLASS_E_RESERVED_NET="240.0.0.0/5" # Class E reserved addresses
BROADCAST_SRC="0.0.0.0"            # Broadcast source address
BROADCAST_DEST="255.255.255.255"   # Broadcast destination address

PRIVPORTS="0:1023"                 # Well-known, privileged port range
UNPRIVPORTS="1024:65535"           # Unprivileged port range

SSH_PORTS="1024:65535"

###################################################################

# Enable broadcast echo Protection
echo 1 > /proc/sys/net/ipv4/icmp_echo_ignore_broadcasts

# Disable Source Routed Packets
for f in /proc/sys/net/ipv4/conf/*/accept_source_route; do
    echo 0 > $f
done

# Enable TCP SYN Cookie Protection
echo 1 > /proc/sys/net/ipv4/tcp_syncookies

# Disable ICMP Redirect Acceptance
for f in /proc/sys/net/ipv4/conf/*/accept_redirects; do
    echo 0 > $f
done

# Don't send Redirect Messages
for f in /proc/sys/net/ipv4/conf/*/send_redirects; do
    echo 0 > $f
done

# Drop Spoofed Packets coming in on an interface, which, if replied to,
# would result in the reply going out a different interface.
for f in /proc/sys/net/ipv4/conf/*/rp_filter; do
    echo 1 > $f
done

# Log packets with impossible addresses.
for f in /proc/sys/net/ipv4/conf/*/log_martians; do
    echo 1 > $f
done
```

```
###############################################################

# Remove any existing rules from all chains
$IPT --flush
$IPT -t nat --flush
$IPT -t mangle --flush
$IPT -X
$IPT -t nat -X
$IPT -t mangle -X
$IPT --policy INPUT   ACCEPT
$IPT --policy OUTPUT  ACCEPT
$IPT --policy FORWARD ACCEPT
$IPT -t nat --policy PREROUTING ACCEPT
$IPT -t nat --policy OUTPUT ACCEPT
$IPT -t nat --policy POSTROUTING ACCEPT
$IPT -t mangle --policy PREROUTING ACCEPT
$IPT -t mangle --policy OUTPUT ACCEPT
if [ "$1" = "stop" ]
then
echo "Firewall completely stopped! WARNING: THIS HOST HAS NO FIREWALL RUNNING."
exit 0
fi
# Unlimited traffic on the loopback interface
$IPT -A INPUT  -i lo -j ACCEPT
$IPT -A OUTPUT -o lo -j ACCEPT

# Set the default policy to drop
$IPT --policy INPUT   DROP
$IPT --policy OUTPUT  DROP
$IPT --policy FORWARD DROP

###############################################################
# Stealth Scans and TCP State Flags
# All of the bits are cleared
$IPT -A INPUT -p tcp --tcp-flags ALL NONE -j DROP
# SYN and FIN are both set
$IPT -A INPUT -p tcp --tcp-flags SYN,FIN SYN,FIN -j DROP
# SYN and RST are both set
$IPT -A INPUT -p tcp --tcp-flags SYN,RST SYN,RST -j DROP
# FIN and RST are both set
$IPT -A INPUT -p tcp --tcp-flags FIN,RST FIN,RST -j DROP
# FIN is the only bit set, without the expected accompanying ACK
$IPT -A INPUT -p tcp --tcp-flags ACK,FIN FIN -j DROP
# PSH is the only bit set, without the expected accompanying ACK
$IPT -A INPUT -p tcp --tcp-flags ACK,PSH PSH -j DROP
# URG is the only bit set, without the expected accompanying ACK
$IPT -A INPUT -p tcp --tcp-flags ACK,URG URG -j DROP

###############################################################
# Using Connection State to Bypass Rule Checking
if [ "$CONNECTION_TRACKING" = "1" ]; then
    $IPT -A INPUT  -m state --state ESTABLISHED,RELATED -j ACCEPT
    $IPT -A OUTPUT -m state --state ESTABLISHED,RELATED -j ACCEPT
```

```
    $IPT -A INPUT -m state --state INVALID -j LOG \
            --log-prefix "INVALID input: "
    $IPT -A INPUT -m state --state INVALID -j DROP

    $IPT -A OUTPUT -m state --state INVALID -j LOG \
            --log-prefix "INVALID output: "
    $IPT -A OUTPUT -m state --state INVALID -j DROP
fi

#####################################################################
# Source Address Spoofing and Other Bad Addresses

# Refuse spoofed packets pretending to be from
# the external interface's IP address
$IPT -A INPUT -i $INTERNET -s $IPADDR -j DROP

# Refuse packets claiming to be from a Class A private network
$IPT -A INPUT -i $INTERNET -s $CLASS_A -j DROP

# Refuse packets claiming to be from a Class B private network
$IPT -A INPUT -i $INTERNET -s $CLASS_B -j DROP

# Refuse packets claiming to be from a Class C private network
$IPT -A INPUT -i $INTERNET -s $CLASS_C -j DROP
# Refuse packets claiming to be from the loopback interface
$IPT -A INPUT -i $INTERNET -s $LOOPBACK -j DROP

# Refuse malformed broadcast packets
$IPT -A INPUT -i $INTERNET -s $BROADCAST_DEST -j LOG
$IPT -A INPUT -i $INTERNET -s $BROADCAST_DEST -j DROP

$IPT -A INPUT -i $INTERNET -d $BROADCAST_SRC -j LOG
$IPT -A INPUT -i $INTERNET -d $BROADCAST_SRC -j DROP

if [ "$DHCP_CLIENT" = "0" ]; then
    # Refuse directed broadcasts
    # Used to map networks and in Denial of Service attacks
    $IPT -A INPUT -i $INTERNET -d $SUBNET_BASE -j DROP
    $IPT -A INPUT -i $INTERNET -d $SUBNET_BROADCAST -j DROP

    # Refuse limited broadcasts
    $IPT -A INPUT -i $INTERNET -d $BROADCAST_DEST -j DROP
fi

# Refuse Class D multicast addresses
# illegal as a source address
$IPT -A INPUT -i $INTERNET -s $CLASS_D_MULTICAST -j DROP

$IPT -A INPUT -i $INTERNET ! -p UDP -d $CLASS_D_MULTICAST -j DROP

$IPT -A INPUT -i $INTERNET -p udp -d $CLASS_D_MULTICAST -j ACCEPT
# Refuse Class E reserved IP addresses
```

```
$IPT -A INPUT -i $INTERNET -s $CLASS_E_RESERVED_NET -j DROP

if [ "$DHCP_CLIENT" = "1" ]; then
    $IPT -A INPUT -i $INTERNET -p udp \
            -s $BROADCAST_SRC --sport 67 \
            -d $BROADCAST_DEST --dport 68 -j ACCEPT
fi

# refuse addresses defined as reserved by the IANA
# 0.*.*.*         - Can't be blocked unilaterally with DHCP
# 169.254.0.0/16 - Link Local Networks
# 192.0.2.0/24   - TEST-NET

$IPT -A INPUT -i $INTERNET -s 0.0.0.0/8 -j DROP
$IPT -A INPUT -i $INTERNET -s 169.254.0.0/16 -j DROP
$IPT -A INPUT -i $INTERNET -s 192.0.2.0/24 -j DROP

#################################################################
# DNS Name Server

# DNS Forwarding Name Server or client requests

if [ "$CONNECTION_TRACKING" = "1" ]; then
    $IPT -A OUTPUT -o $INTERNET -p udp \
            -s $IPADDR --sport $UNPRIVPORTS \
            -d $NAMESERVER --dport 53 \
            -m state --state NEW -j ACCEPT
fi

$IPT -A OUTPUT -o $INTERNET -p udp \
        -s $IPADDR --sport $UNPRIVPORTS \
        -d $NAMESERVER --dport 53 -j ACCEPT

$IPT -A INPUT -i $INTERNET -p udp \
        -s $NAMESERVER --sport 53 \
        -d $IPADDR --dport $UNPRIVPORTS -j ACCEPT

#.................................................................
# TCP is used for large responses

if [ "$CONNECTION_TRACKING" = "1" ]; then
    $IPT -A OUTPUT -o $INTERNET -p tcp \
            -s $IPADDR --sport $UNPRIVPORTS \
            -d $NAMESERVER --dport 53 \
            -m state --state NEW -j ACCEPT
fi

$IPT -A OUTPUT -o $INTERNET -p tcp \
        -s $IPADDR --sport $UNPRIVPORTS \
        -d $NAMESERVER --dport 53 -j ACCEPT

$IPT -A INPUT -i $INTERNET -p tcp ! --syn \
        -s $NAMESERVER --sport 53 \
        -d $IPADDR --dport $UNPRIVPORTS -j ACCEPT
```

```
#...........................................................
# DNS Caching Name Server (local server to primary server)

if [ "$CONNECTION_TRACKING" = "1" ]; then
    $IPT -A OUTPUT -o $INTERNET -p udp \
            -s $IPADDR --sport 53 \
            -d $NAMESERVER --dport 53 \
            -m state --state NEW -j ACCEPT
fi

$IPT -A OUTPUT -o $INTERNET -p udp \
        -s $IPADDR --sport 53 \
        -d $NAMESERVER --dport 53 -j ACCEPT

$IPT -A INPUT -i $INTERNET -p udp \
        -s $NAMESERVER --sport 53 \
        -d $IPADDR --dport 53 -j ACCEPT


#...........................................................
# Incoming Remote Client Requests to Local Servers

if [ "$ACCEPT_AUTH" = "1" ]; then
    if [ "$CONNECTION_TRACKING" = "1" ]; then
    $IPT -A INPUT -i $INTERNET -p tcp \
            --sport $UNPRIVPORTS \
            -d $IPADDR --dport 113 \
            -m state --state NEW -j ACCEPT
    fi

$IPT -A INPUT -i $INTERNET -p tcp \
        --sport $UNPRIVPORTS \
        -d $IPADDR --dport 113 -j ACCEPT

$IPT -A OUTPUT -o $INTERNET -p tcp ! --syn \
        -s $IPADDR --sport 113 \
        --dport $UNPRIVPORTS -j ACCEPT
else
$IPT -A INPUT -i $INTERNET -p tcp \
        --sport $UNPRIVPORTS \
        -d $IPADDR --dport 113 -j REJECT --reject-with tcp-reset
fi

################################################################
# Sending Mail to Any External Mail Server
# Use "-d $MAIL_SERVER" if an ISP mail gateway is used instead

if [ "$CONNECTION_TRACKING" = "1" ]; then
    $IPT -A OUTPUT -o $INTERNET -p tcp \
            -s $IPADDR --sport $UNPRIVPORTS \
            --dport 25 -m state --state NEW -j ACCEPT
fi

$IPT -A OUTPUT -o $INTERNET -p tcp \
        -s $IPADDR --sport $UNPRIVPORTS \
```

```
            --dport 25 -j ACCEPT
$IPT -A INPUT -i $INTERNET -p tcp ! --syn \
        --sport 25 \
        -d $IPADDR --dport $UNPRIVPORTS -j ACCEPT


################################################################
# Retrieving Mail as a POP Client (TCP Port 110)

if [ "$CONNECTION_TRACKING" = "1" ]; then
    $IPT -A OUTPUT -o $INTERNET -p tcp \
            -s $IPADDR --sport $UNPRIVPORTS \
            -d $POP_SERVER --dport 110 -m state --state NEW -j ACCEPT
fi

$IPT -A OUTPUT -o $INTERNET -p tcp \
        -s $IPADDR --sport $UNPRIVPORTS \
        -d $POP_SERVER --dport 110 -j ACCEPT

$IPT -A INPUT -i $INTERNET -p tcp ! --syn \
        -s $POP_SERVER --sport 110 \
        -d $IPADDR --dport $UNPRIVPORTS -j ACCEPT


################################################################
# ssh (TCP Port 22)

# Outgoing Local Client Requests to Remote Servers

if [ "$CONNECTION_TRACKING" = "1" ]; then
    $IPT -A OUTPUT -o $INTERNET -p tcp \
            -s $IPADDR --sport $SSH_PORTS \
            --dport 22 -m state --state NEW -j ACCEPT
fi

$IPT -A OUTPUT -o $INTERNET -p tcp \
        -s $IPADDR --sport $SSH_PORTS \
        --dport 22 -j ACCEPT

$IPT -A INPUT -i $INTERNET -p tcp ! --syn \
        --sport 22 \
        -d $IPADDR --dport $SSH_PORTS -j ACCEPT


#..............................................................
# Incoming Remote Client Requests to Local Servers

if [ "$SSH_SERVER" = "1" ]; then
    if [ "$CONNECTION_TRACKING" = "1" ]; then
    $IPT -A INPUT -i $INTERNET -p tcp \
            --sport $SSH_PORTS \
            -d $IPADDR --dport 22 \
            -m state --state NEW -j ACCEPT
    fi

$IPT -A INPUT -i $INTERNET -p tcp \
        --sport $SSH_PORTS \
```

```
                -d $IPADDR --dport 22 -j ACCEPT
$IPT -A OUTPUT -o $INTERNET -p tcp ! --syn \
            -s $IPADDR --sport 22 \
            --dport $SSH_PORTS -j ACCEPT
fi


################################################################
# ftp (TCP Ports 21, 20)

# Outgoing Local Client Requests to Remote Servers

# Outgoing Control Connection to Port 21
if [ "$CONNECTION_TRACKING" = "1" ]; then
    $IPT -A OUTPUT -o $INTERNET -p tcp \
            -s $IPADDR --sport $UNPRIVPORTS \
            --dport 21 -m state --state NEW -j ACCEPT
fi

$IPT -A OUTPUT -o $INTERNET -p tcp \
        -s $IPADDR --sport $UNPRIVPORTS \
        --dport 21 -j ACCEPT

$IPT -A INPUT -i $INTERNET -p tcp ! --syn \
        --sport 21 \
        -d $IPADDR --dport $UNPRIVPORTS -j ACCEPT

# Incoming Port Mode Data Channel Connection from Port 20
if [ "$CONNECTION_TRACKING" = "1" ]; then
    # This rule is not necessary if the ip_conntrack_ftp
    # module is used.
    $IPT -A INPUT -i $INTERNET -p tcp \
            --sport 20 \
            -d $IPADDR --dport $UNPRIVPORTS \
            -m state --state NEW -j ACCEPT
fi

$IPT -A INPUT -i $INTERNET -p tcp \
        --sport 20 \
        -d $IPADDR --dport $UNPRIVPORTS -j ACCEPT

$IPT -A OUTPUT -o $INTERNET -p tcp ! --syn \
        -s $IPADDR --sport $UNPRIVPORTS \
        --dport 20 -j ACCEPT

# Outgoing Passive Mode Data Channel Connection Between Unprivileged Ports
if [ "$CONNECTION_TRACKING" = "1" ]; then
    # This rule is not necessary if the ip_conntrack_ftp
    # module is used.
    $IPT -A OUTPUT -o $INTERNET -p tcp \
            -s $IPADDR --sport $UNPRIVPORTS \
            --dport $UNPRIVPORTS -m state --state NEW -j ACCEPT
fi

    $IPT -A OUTPUT -o $INTERNET -p tcp \
```

```
            -s $IPADDR --sport $UNPRIVPORTS \
            --dport $UNPRIVPORTS -j ACCEPT
    $IPT -A INPUT -i $INTERNET -p tcp ! --syn \
            --sport $UNPRIVPORTS \
            -d $IPADDR --dport $UNPRIVPORTS -j ACCEPT

#............................................................
# Incoming Remote Client Requests to Local Servers

if [ "$FTP_SERVER" = "1" ]; then

    # Incoming Control Connection to Port 21
    if [ "$CONNECTION_TRACKING" = "1" ]; then
    $IPT -A INPUT -i $INTERNET -p tcp \
            --sport $UNPRIVPORTS \
            -d $IPADDR --dport 21 \
            -m state --state NEW -j ACCEPT
    fi

$IPT -A INPUT -i $INTERNET -p tcp \
        --sport $UNPRIVPORTS \
        -d $IPADDR --dport 21 -j ACCEPT

$IPT -A OUTPUT -o $INTERNET -p tcp ! --syn \
        -s $IPADDR --sport 21 \
        --dport $UNPRIVPORTS -j ACCEPT

    # Outgoing Port Mode Data Channel Connection to Port 20
    if [ "$CONNECTION_TRACKING" = "1" ]; then
    $IPT -A OUTPUT -o $INTERNET -p tcp \
            -s $IPADDR --sport 20\
            --dport $UNPRIVPORTS -m state --state NEW -j ACCEPT
    fi

$IPT -A OUTPUT -o $INTERNET -p tcp \
        -s $IPADDR --sport 20 \
        --dport $UNPRIVPORTS -j ACCEPT

$IPT -A INPUT -i $INTERNET -p tcp ! --syn \
        --sport $UNPRIVPORTS \
        -d $IPADDR --dport 20 -j ACCEPT

    # Incoming Passive Mode Data Channel Connection Between Unprivileged Ports
if [ "$CONNECTION_TRACKING" = "1" ]; then
    $IPT -A INPUT -i $INTERNET -p tcp \
            --sport $UNPRIVPORTS \
            -d $IPADDR --dport $UNPRIVPORTS \
            -m state --state NEW -j ACCEPT
    fi

$IPT -A INPUT -i $INTERNET -p tcp \
        --sport $UNPRIVPORTS \
        -d $IPADDR --dport $UNPRIVPORTS -j ACCEPT
```

```
$IPT -A OUTPUT -o $INTERNET -p tcp ! --syn \
        -s $IPADDR --sport $UNPRIVPORTS \
        --dport $UNPRIVPORTS -j ACCEPT
fi

##################################################################
# HTTP Web Traffic (TCP Port 80)

# Outgoing Local Client Requests to Remote Servers

if [ "$CONNECTION_TRACKING" = "1" ]; then
    $IPT -A OUTPUT -o $INTERNET -p tcp \
            -s $IPADDR --sport $UNPRIVPORTS \
            --dport 80 -m state --state NEW -j ACCEPT
fi

$IPT -A OUTPUT -o $INTERNET -p tcp \
        -s $IPADDR --sport $UNPRIVPORTS \
        --dport 80 -j ACCEPT

$IPT -A INPUT -i $INTERNET -p tcp ! --syn \
        --sport 80 \
        -d $IPADDR --dport $UNPRIVPORTS -j ACCEPT

#................................................................
# Incoming Remote Client Requests to Local Servers

if [ "$WEB_SERVER" = "1" ]; then
    if [ "$CONNECTION_TRACKING" = "1" ]; then
    $IPT -A INPUT -i $INTERNET -p tcp \
            --sport $UNPRIVPORTS \
            -d $IPADDR --dport 80 \
            -m state --state NEW -j ACCEPT
fi

$IPT -A INPUT -i $INTERNET -p tcp \
        --sport $UNPRIVPORTS \
        -d $IPADDR --dport 80 -j ACCEPT

$IPT -A OUTPUT -o $INTERNET -p tcp ! --syn \
        -s $IPADDR --sport 80 \
        --dport $UNPRIVPORTS -j ACCEPT
fi

##################################################################
# SSL Web Traffic (TCP Port 443)

# Outgoing Local Client Requests to Remote Servers

if [ "$CONNECTION_TRACKING" = "1" ]; then
    $IPT -A OUTPUT -o $INTERNET -p tcp \
            -s $IPADDR --sport $UNPRIVPORTS \
            --dport 443 -m state --state NEW -j ACCEPT
fi
```

```
$IPT -A OUTPUT -o $INTERNET -p tcp \
        -s $IPADDR --sport $UNPRIVPORTS \
        --dport 443 -j ACCEPT

$IPT -A INPUT -i $INTERNET -p tcp ! --syn \
        --sport 443 \
        -d $IPADDR --dport $UNPRIVPORTS -j ACCEPT

#...............................................................
# Incoming Remote Client Requests to Local Servers

if [ "$SSL_SERVER" = "1" ]; then
    if [ "$CONNECTION_TRACKING" = "1" ]; then
    $IPT -A INPUT -i $INTERNET -p tcp \
            --sport $UNPRIVPORTS \
            -d $IPADDR --dport 443 \
            -m state  state NEW -j ACCEPT
fi

$IPT -A INPUT -i $INTERNET -p tcp \
        --sport $UNPRIVPORTS \
        -d $IPADDR --dport 443 -j ACCEPT

$IPT -A OUTPUT -o $INTERNET -p tcp ! --syn \
        -s $IPADDR --sport 443 \
        --dport $UNPRIVPORTS -j ACCEPT
fi

###################################################################
# whois (TCP Port 43)

# Outgoing Local Client Requests to Remote Servers

if [ "$CONNECTION_TRACKING" = "1" ]; then
    $IPT -A OUTPUT -o $INTERNET -p tcp \
            -s $IPADDR --sport $UNPRIVPORTS \
            --dport 43 -m state --state NEW -j ACCEPT
fi

$IPT -A OUTPUT -o $INTERNET -p tcp \
        -s $IPADDR --sport $UNPRIVPORTS \
        --dport 43 -j ACCEPT

$IPT -A INPUT -i $INTERNET -p tcp ! --syn \
        --sport 43 \
        -d $IPADDR --dport $UNPRIVPORTS -j ACCEPT


###################################################################
# Accessing Remote Network Time Servers (UDP 123)
# Note: Some client and servers use source port 123
# when querying a remote server on destination port 123.
```

```
if [ "$CONNECTION_TRACKING" = "1" ]; then
    $IPT -A OUTPUT -o $INTERNET -p udp \
            -s $IPADDR --sport $UNPRIVPORTS \
            -d $TIME_SERVER --dport 123 \
            -m state --state NEW -j ACCEPT
fi

$IPT -A OUTPUT -o $INTERNET -p udp \
        -s $IPADDR --sport $UNPRIVPORTS \
        -d $TIME_SERVER --dport 123 -j ACCEPT
$IPT -A INPUT -i $INTERNET -p udp \
        -s $TIME_SERVER --sport 123 \
        -d $IPADDR --dport $UNPRIVPORTS -j ACCEPT

#################################################################
# Accessing Your ISP's DHCP Server (UDP Ports 67, 68)

# Some broadcast packets are explicitly ignored by the firewall.
# Others are dropped by the default policy.
# DHCP tests must precede broadcast-related rules, as DHCP relies
# on broadcast traffic initially.

if [ "$DHCP_CLIENT" = "1" ]; then
    # Initialization or rebinding: No lease or Lease time expired.

$IPT -A OUTPUT -o $INTERNET -p udp \
        -s $BROADCAST_SRC --sport 68 \
        -d $BROADCAST_DEST --dport 67 -j ACCEPT

    # Incoming DHCPOFFER from available DHCP servers

$IPT -A INPUT -i $INTERNET -p udp \
        -s $BROADCAST_SRC --sport 67 \
        -d $BROADCAST_DEST --dport 68 -j ACCEPT

    # Fall back to initialization
    # The client knows its server, but has either lost its lease,
    # or else needs to reconfirm the IP address after rebooting.

$IPT -A OUTPUT -o $INTERNET -p udp \
        -s $BROADCAST_SRC --sport 68 \
        -d $DHCP_SERVER --dport 67 -j ACCEPT

$IPT -A INPUT -i $INTERNET -p udp \
        -s $DHCP_SERVER --sport 67 \
        -d $BROADCAST_DEST --dport 68 -j ACCEPT

    # As a result of the above, we're supposed to change our IP
    # address with this message, which is addressed to our new
    # address before the dhcp client has received the update.
    # Depending on the server implementation, the destination address
    # can be the new IP address, the subnet address, or the limited
    # broadcast address.
```

```
    # If the network subnet address is used as the destination,
    # the next rule must allow incoming packets destined to the
    # subnet address, and the rule must precede any general rules
    # that block such incoming broadcast packets.

$IPT -A INPUT -i $INTERNET -p udp \
        -s $DHCP_SERVER --sport 67 \
        --dport 68 -j ACCEPT

    # Lease renewal
$IPT -A OUTPUT -o $INTERNET -p udp \
        -s $IPADDR --sport 68 \
        -d $DHCP_SERVER --dport 67 -j ACCEPT
$IPT -A INPUT -i $INTERNET -p udp \
        -s $DHCP_SERVER --sport 67 \
        -d $IPADDR --dport 68 -j ACCEPT

    # Refuse directed broadcasts
    # Used to map networks and in Denial of Service attacks
    iptables -A INPUT -i $INTERNET -d $SUBNET_BASE -j DROP
    iptables -A INPUT -i $INTERNET -d $SUBNET_BROADCAST -j DROP

    # Refuse limited broadcasts
    iptables -A INPUT -i $INTERNET -d $BROADCAST_DEST -j DROP

fi
###################################################################
# ICMP Control and Status Messages

# Log and drop initial ICMP fragments
$IPT -A INPUT -i $INTERNET --fragment -p icmp -j LOG \
        --log-prefix "Fragmented ICMP: "

$IPT -A INPUT -i $INTERNET --fragment -p icmp -j DROP

$IPT -A INPUT -i $INTERNET -p icmp \
        --icmp-type source-quench -d $IPADDR -j ACCEPT

$IPT -A OUTPUT -o $INTERNET -p icmp \
        -s $IPADDR --icmp-type source-quench -j ACCEPT

$IPT -A INPUT -i $INTERNET -p icmp \
        --icmp-type parameter-problem -d $IPADDR -j ACCEPT

$IPT -A OUTPUT -o $INTERNET -p icmp \
        -s $IPADDR --icmp-type parameter-problem -j ACCEPT

$IPT -A INPUT -i $INTERNET -p icmp \
        --icmp-type destination-unreachable -d $IPADDR -j ACCEPT

$IPT -A OUTPUT -o $INTERNET -p icmp \
        -s $IPADDR --icmp-type fragmentation-needed -j ACCEPT
```

```
# Don't log dropped outgoing ICMP error messages
$IPT -A OUTPUT -o $INTERNET -p icmp \
        -s $IPADDR --icmp-type destination-unreachable -j DROP

# Intermediate traceroute responses
$IPT -A INPUT -i $INTERNET -p icmp \
        --icmp-type time-exceeded -d $IPADDR -j ACCEPT

# Allow outgoing pings to anywhere
if [ "$CONNECTION_TRACKING" = "1" ]; then
    $IPT -A OUTPUT -o $INTERNET -p icmp \
            -s $IPADDR --icmp-type echo-request \
            -m state --state NEW -j ACCEPT
fi
$IPT -A OUTPUT -o $INTERNET -p icmp \
        -s $IPADDR --icmp-type echo-request -j ACCEPT

$IPT -A INPUT -i $INTERNET -p icmp \
        --icmp-type echo-reply -d $IPADDR -j ACCEPT

# Allow incoming pings from trusted hosts
if [ "$CONNECTION_TRACKING" = "1" ]; then
    $IPT -A INPUT -i $INTERNET -p icmp \
            -s $MY_ISP --icmp-type echo-request -d $IPADDR \
            -m state --state NEW -j ACCEPT
fi

$IPT -A INPUT -i $INTERNET -p icmp \
        -s $MY_ISP --icmp-type echo-request -d $IPADDR -j ACCEPT

$IPT -A OUTPUT -o $INTERNET -p icmp \
        -s $IPADDR --icmp-type echo-reply -d $MY_ISP -j ACCEPT

###################################################################
# Logging Dropped Packets
$IPT -A INPUT -i $INTERNET -p tcp \
        -d $IPADDR -j LOG

$IPT -A OUTPUT -o $INTERNET -j LOG

exit 0
```

B.2 第 5 章中为独立系统构建的 nftables 防火墙

本节包含的 nftables 脚本基于第 5 章中的示例。该脚本依赖于第 5 章的 setup-tables 文件，它可以在同一个目录下找到。下面是 setup-tables 文件的内容：

```
table filter {
        chain input {
                type filter hook input priority 0;
        }
        chain output {
```

```
                type filter hook output priority 0;
        }
}
```

下面是防火墙脚本：

```
#!/bin/sh


NFT="/usr/local/sbin/nft"             # Location of nft on your system
INTERNET="eth0"                       # Internet-connected interface
LOOPBACK_INTERFACE="lo"               # However your system names it
IPADDR="my.ip.address"                # Your IP address
MY_ISP="my.isp.address.range"         # ISP server & NOC address range
SUBNET_BASE="my.subnet.base"          # Your subnet's network address
SUBNET_BROADCAST="my.subnet.bcast"    # Your subnet's broadcast address
LOOPBACK="127.0.0.0/8"                # Reserved loopback address range
NAMESERVER="isp.name.server.1"        # Address of a remote name server
SMTP_GATEWAY="isp.smtp.server"        # Address of a remote mail gateway
POP_SERVER="isp.pop.server"           # Address of a remote pop server
IMAP_SERVER="isp.imap.server"         # Address of a remote imap server
TIME_SERVER="time.nist.gov"           # Address of a remote NTP server
CLASS_A="10.0.0.0/8"                  # Class A private networks
CLASS_B="172.16.0.0/12"               # Class B private networks
CLASS_C="192.168.0.0/16"              # Class C private networks
CLASS_D_MULTICAST="224.0.0.0/4"       # Class D multicast addresses
CLASS_E_RESERVED_NET="240.0.0.0/5"    # Class E reserved addresses
BROADCAST_SRC="0.0.0.0"               # Broadcast source address
BROADCAST_DEST="255.255.255.255"      # Broadcast destination address
PRIVPORTS="0-1023"                    # Well-known, privileged port range
UNPRIVPORTS="1024-65535"              # Unprivileged port range

for i in '$NFT list tables | awk '{print $2}''
do
        echo "Flushing ${i}"
        $NFT flush table ${i}
        for j in '$NFT list table ${i} | grep chain | awk '{print $2}''
        do
                echo "...Deleting chain ${j} from table ${i}"
                $NFT delete chain ${i} ${j}
        done
        echo "Deleting ${i}"
        $NFT delete table ${i}
done

if [ "$1" = "stop" ]
then
echo "Firewall completely stopped! WARNING: THIS HOST HAS NO FIREWALL RUNNING."
exit 0
fi

$NFT -f setup-tables

#loopback
$NFT add rule filter input iifname lo accept
$NFT add rule filter output oifname lo accept
```

```
#connection state
$NFT add rule filter input ct state established,related accept
$NFT add rule filter input ct state invalid log prefix \"INVALID input: \" limit
➥rate 3/second drop
$NFT add rule filter output ct state established,related accept
$NFT add rule filter output ct state invalid log prefix \"INVALID output: \"
➥limit rate 3/second drop

#source address spoofing
$NFT add rule filter input iif $INTERNET ip saddr $IPADDR

#invalid addresses
$NFT add rule filter input iif $INTERNET ip saddr $CLASS_A drop
$NFT add rule filter input iif $INTERNET ip saddr $CLASS_B drop
$NFT add rule filter input iif $INTERNET ip saddr $CLASS_C drop
$NFT add rule filter input iif $INTERNET ip saddr $LOOPBACK drop
#broadcast src and dest
$NFT add rule filter input iif $INTERNET ip saddr $BROADCAST_DEST log limit rate
➥3/second drop
$NFT add rule filter input iif $INTERNET ip saddr $BROADCAST_SRC log limit rate
➥3/second drop

#directed broadcast
$NFT add rule filter input iif $INTERNET ip daddr $SUBNET_BASE drop
$NFT add rule filter input iif $INTERNET ip daddr $SUBNET_BROADCAST drop

#limited broadcast
$NFT add rule filter input iif $INTERNET ip daddr $BROADCAST_DEST drop

#multicast
$NFT add rule filter input iif $INTERNET ip saddr $CLASS_D_MULTICAST drop
$NFT add rule filter input iif $INTERNET ip daddr $CLASS_D_MULTICAST ip protocol
➥!= udp drop
$NFT add rule filter input iif $INTERNET ip daddr $CLASS_D_MULTICAST ip protocol
➥udp accept

#class e
$NFT add rule filter input iif $INTERNET ip saddr $CLASS_E_RESERVED_NET drop

#x windows
XWINDOW_PORTS="6000-6063"
$NFT add rule filter output oif $INTERNET ct state new tcp dport $XWINDOW_PORTS
➥reject
$NFT add rule filter input iif $INTERNET ct state new tcp dport $XWINDOW_PORTS
➥drop

NFS_PORT="2049"                    # (TCP) NFS
SOCKS_PORT="1080"                  # (TCP) socks
OPENWINDOWS_PORT="2000"            # (TCP) OpenWindows
SQUID_PORT="3128"                  # (TCP) squid

$NFT add rule filter output oif $INTERNET tcp dport {$NFS_PORT,$SOCKS_
➥PORT,$OPENWINDOWS_PORT,$SQUID_PORT} ct state new reject
```

```
$NFT add rule filter input iif $INTERNET tcp dport {$NFS_PORT,$SOCKS_
➥PORT,$OPENWINDOWS_PORT,$SQUID_PORT} ct state new drop

NFS_PORT="2049"                       # NFS
LOCKD_PORT="4045"                     # RPC lockd for NFS
$NFT add rule filter output oif $INTERNET udp dport {$NFS_PORT,$LOCKD_PORT}
➥reject
$NFT add rule filter input iif $INTERNET udp dport {$NFS_PORT,$LOCKD_PORT} drop


#DNS
$NFT add rule filter output oif $INTERNET ip saddr $IPADDR udp sport $UNPRIVPORTS
➥ip daddr $NAMESERVER udp dport 53 ct state new accept
$NFT add rule filter input iif $INTERNET ip daddr $IPADDR udp dport $UNPRIVPORTS
➥ip saddr $NAMESERVER udp sport 53 accept


#tcp dns
$NFT add rule filter output oif $INTERNET ip saddr $IPADDR tcp sport $UNPRIVPORTS
➥ip daddr $NAMESERVER tcp dport 53 ct state new accept
$NFT add rule filter input iif $INTERNET ip daddr $IPADDR tcp dport $UNPRIVPORTS
➥ip saddr $NAMESERVER tcp sport 53 tcp flags != syn accept
#tcp smtp
$NFT add rule filter output oif $INTERNET ip daddr $SMTP_GATEWAY tcp dport 25 ip
➥saddr $IPADDR tcp sport $UNPRIVPORTS accept
$NFT add rule filter input iif $INTERNET ip saddr $SMTP_GATEWAY tcp sport 25 ip
➥daddr $IPADDR tcp dport $UNPRIVPORTS tcp flags != syn accept

$NFT add rule filter output oif $INTERNET ip saddr $IPADDR tcp sport $UNPRIVPORTS
➥tcp dport 25 accept
$NFT add rule filter input iif $INTERNET ip daddr $IPADDR tcp sport 25 tcp dport
➥$UNPRIVPORTS tcp flags != syn accept
$NFT add rule filter input iif $INTERNET tcp sport $UNPRIVPORTS ip daddr $IPADDR
➥tcp dport 25 accept
$NFT add rule filter output oif $INTERNET tcp sport 25 ip saddr $IPADDR tcp dport
➥$UNPRIVPORTS tcp flags != syn accept


#tcp pop3
$NFT add rule filter output oif $INTERNET ip saddr $IPADDR ip daddr $POP_SERVER
➥tcp sport $UNPRIVPORTS tcp dport 110 accept
$NFT add rule filter input iif $INTERNET ip saddr $POP_SERVER tcp sport 110 ip
➥daddr $IPADDR tcp dport $UNPRIVPORTS tcp flags != syn accept


#tcp imaps
$NFT add rule filter output oif $INTERNET ip saddr $IPADDR tcp sport $UNPRIVPORTS
➥ip daddr $IMAP_SERVER tcp dport 993 accept
$NFT add rule filter input iif $INTERNET ip saddr $IMAP_SERVER tcp sport 993 ip
➥daddr $IPADDR tcp dport $UNPRIVPORTS tcp flags != syn accept


#allowing clients to connect to your IMAPs server
$NFT add rule filter input iif $INTERNET ip saddr 0/0 tcp sport $UNPRIVPORTS ip
➥daddr $IPADDR tcp dport 993 accept
$NFT add rule filter output oif $INTERNET ip saddr $IPADDR tcp sport 993 ip daddr
➥0/0 tcp dport $UNPRIVPORTS tcp flags != syn accept
```

```
#ssh
SSH_PORTS="1020-65535"
$NFT add rule filter output oif $INTERNET ip saddr $IPADDR tcp sport $SSH_PORTS
➥tcp dport 22 accept
$NFT add rule filter input iif $INTERNET tcp sport 22 ip daddr $IPADDR tcp dport
➥$SSH_PORTS tcp flags != syn accept
$NFT add rule filter input iif $INTERNET tcp sport $SSH_PORTS ip daddr $IPADDR
➥tcp dport 22 accept
$NFT add rule filter output oif $INTERNET ip saddr $IPADDR tcp sport 22 tcp dport
➥$SSH_PORTS tcp flags != syn accept

#ftp
$NFT add rule filter output oif $INTERNET ip saddr $IPADDR tcp sport $UNPRIVPORTS
➥tcp dport 21 accept
$NFT add rule filter input iif $INTERNET ip daddr $IPADDR tcp sport 21 tcp dport
➥$UNPRIVPORTS accept
#assume use of ct state module for ftp

#dhcp (this machine does dhcp on two interfaces, so need more rules)
$NFT add rule filter output oif $INTERNET ip saddr $BROADCAST_SRC udp sport 67-68
➥ip daddr $BROADCAST_DEST udp dport 67-68 accept
$NFT add rule filter input iif $INTERNET udp sport 67-68 udp dport 67-68 accept
$NFT add rule filter output udp sport 67-68 udp dport 67-68 accept
$NFT add rule filter input udp sport 67-68 udp dport 67-68 accept
#ntp
$NFT add rule filter output oif $INTERNET ip saddr $IPADDR udp sport $UNPRIVPORTS
➥ip daddr $TIME_SERVER udp dport 123 accept
SNFT add rule filter input iif $INTERNET ip saddr $TIME_SERVER udp sport 123 ip
➥daddr $IPADDR udp dport $UNPRIVPORTS accept

#log anything that made it this far
$NFT add rule filter input log
$NFT add rule filter output log

#default policy:
$NFT add rule filter input drop
$NFT add rule filter output reject
```

B.3　第 6 章中经过优化的 iptables 防火墙

对于大多数基于 DSL、电缆调制解调器和低速租用线路连接的用户来说，有可能会发生
Linux 网络处理数据包的速度比网络本身的速度要快。特别是因为，防火墙的规则是顺序依赖
（order dependent）的，它非常难以组织，因此为了增加可读性来进行组织比为了提高速度来组
织更有用一些。

除了一般的规则排序外，iptables 支持用户自定义规则列表或者规则链，您可以用它们来优
化您的防火墙规则。基于数据包报头中的值进行选择，而后将数据包从一个规则链传递到另一
个规则链，可以有选择地针对 INPUT、OUTPUT 和 FORWARD 的一个子集进行检测，而不是对

列表中的每条规则依次进行测试，直到找到匹配项。

基于这些特定的脚本，在未被优化的防火墙脚本中，一个来自 NTP 时间服务器的输入数据包必须在数据包匹配其 ACCEPT 规则前，经过防火墙脚本中许多输入规则的测试。使用用户自定义规则链来优化防火墙的话，同样的输入数据包在匹配到其 ACCEPT 规则前经过的测试远少于从前。如果增加了连接状态追踪，同样的输入数据包在匹配其 ACCEPT 规则前只会测试少量的规则。

使用用户自定义规则链，规则被用于在规则链之间传递数据包，以及定义在什么情况下接受或丢弃数据包。如果数据包不匹配用户自定义规则链中的所有规则，控制权将重新返回到调用规则链。如果数据包未匹配一个顶层的规则链选择规则，则数据包不会被传递到该规则链以进行规则链内部规则的测试。数据包会简单地进行下一条规则链选择规则的测试。

下面是第 5 章的防火墙规则，使用用户自定义规则链进行了优化：

```sh
#!/bin/sh

/sbin/modprobe ip_conntrack_ftp

CONNECTION_TRACKING="1"
ACCEPT_AUTH="0"
DHCP_CLIENT="0"
IPT="/sbin/iptables"                        # Location of iptables on your system
INTERNET="eth0"                             # Internet-connected interface
LOOPBACK_INTERFACE="lo"                     # However your system names it
IPADDR="my.ip.address"                      # Your IP address
SUBNET_BASE="network.address"               # ISP network segment base address
SUBNET_BROADCAST="directed.broadcast"       # Network segment broadcast address
MY_ISP="my.isp.address.range"               # ISP server & NOC address range

NAMESERVER_1="isp.name.server.1"            # Address of a remote name server
NAMESERVER_2="isp.name.server.2"            # Address of a remote name server
NAMESERVER_3="isp.name.server.3"            # Address of a remote name server
POP_SERVER="isp.pop.server"                 # Address of a remote pop server
MAIL_SERVER="isp.mail.server"               # Address of a remote mail gateway
NEWS_SERVER="isp.news.server"               # Address of a remote news server
TIME_SERVER="some.timne.server"             # Address of a remote time server
DHCP_SERVER="isp.dhcp.server"               # Address of your ISP dhcp server
SSH_CLIENT="some.ssh.client"

LOOPBACK="127.0.0.0/8"                       # Reserved loopback address range
CLASS_A="10.0.0.0/8"                         # Class A private networks
CLASS_B="172.16.0.0/12"                      # Class B private networks
CLASS_C="192.168.0.0/16"                     # Class C private networks
CLASS_D_MULTICAST="224.0.0.0/4"              # Class D multicast addresses
CLASS_E_RESERVED_NET="240.0.0.0/5"           # Class E reserved addresses
BROADCAST_SRC="0.0.0.0"                      # Broadcast source address
BROADCAST_DEST="255.255.255.255"             # Broadcast destination address

PRIVPORTS="0:1023"                           # Well-known, privileged port range
UNPRIVPORTS="1024:65535"                     # Unprivileged port range
```

```
# Traceroute usually uses -S 32769:65535 -D 33434:33523
TRACEROUTE_SRC_PORTS="32769:65535"
TRACEROUTE_DEST_PORTS="33434:33523"


USER_CHAINS="EXT-input                    EXT-output \
             tcp-state-flags              connection-tracking \
             source-address-check         destination-address-check \
             local-dns-server-query       remote-dns-server-response \
             local-tcp-client-request     remote-tcp-server-response \
             remote-tcp-client-request    local-tcp-server-response \
             local-udp-client-request     remote-udp-server-response \
             local-dhcp-client-query      remote-dhcp-server-response \
             EXT-icmp-out                 EXT-icmp-in \
             EXT-log-in                   EXT-log-out \
             log-tcp-state"


###############################################################

# Enable broadcast echo Protection
echo 1 > /proc/sys/net/ipv4/icmp_echo_ignore_broadcasts

# Disable Source Routed Packets
for f in /proc/sys/net/ipv4/conf/*/accept_source_route; do
    echo 0 > $f
done

# Enable TCP SYN Cookie Protection
echo 1 > /proc/sys/net/ipv4/tcp_syncookies

# Disable ICMP Redirect Acceptance
for f in /proc/sys/net/ipv4/conf/*/accept_redirects; do
    echo 0 > $f
done

# Don't send Redirect Messages
for f in /proc/sys/net/ipv4/conf/*/send_redirects; do
    echo 0 > $f
done

# Drop Spoofed Packets coming in on an interface, which, if replied to,
# would result in the reply going out a different interface.
for f in /proc/sys/net/ipv4/conf/*/rp_filter; do
    echo 1 > $f
done

# Log packets with impossible addresses.
for f in /proc/sys/net/ipv4/conf/*/log_martians; do
    echo 1 > $f
done

###############################################################
```

```
# Remove any existing rules from all chains
$IPT --flush
$IPT -t nat --flush
$IPT -t mangle --flush
$IPT -X
$IPT -t nat -X
$IPT -t mangle -X


$IPT --policy INPUT ACCEPT
$IPT --policy OUTPUT ACCEPT
$IPT --policy FORWARD ACCEPT
$IPT -t nat --policy PREROUTING ACCEPT
$IPT -t nat --policy OUTPUT ACCEPT
$IPT -t nat --policy POSTROUTING ACCEPT
$IPT -t mangle --policy PREROUTING ACCEPT
$IPT -t mangle --policy OUTPUT ACCEPT
if [ "$1" = "stop" ]
then
echo "Firewall completely stopped! WARNING: THIS HOST HAS NO FIREWALL RUNNING."
exit 0
fi


# Unlimited traffic on the loopback interface
$IPT -A INPUT -i lo -j ACCEPT
$IPT -A OUTPUT -o lo -j ACCEPT


# Set the default policy to drop
$IPT --policy INPUT DROP
$IPT --policy OUTPUT DROP
$IPT --policy FORWARD DROP


# Create the user-defined chains
for i in $USER_CHAINS; do
    $IPT -N $i
done


###############################################################
# DNS Caching Name Server (query to remote, primary server)

$IPT -A EXT-output -p udp --sport 53 --dport 53 \
        -j local-dns-server-query

$IPT -A EXT-input -p udp --sport 53 --dport 53 \
        -j remote-dns-server-response

# DNS Caching Name Server (query to remote server over TCP)

$IPT -A EXT-output -p tcp \
        --sport $UNPRIVPORTS --dport 53 \
        -j local-dns-server-query

$IPT -A EXT-input -p tcp ! --syn \
        --sport 53 --dport $UNPRIVPORTS \
        -j remote-dns-server-response
```

```
################################################################
# DNS Forwarding Name Server or client requests

if [ "$CONNECTION_TRACKING" = "1" ]; then
    $IPT -A local-dns-server-query \
            -d $NAMESERVER_1 \
            -m state --state NEW -j ACCEPT

    $IPT -A local-dns-server-query \
            -d $NAMESERVER_2 \
            -m state --state NEW -j ACCEPT

    $IPT -A local-dns-server-query \
            -d $NAMESERVER_3 \
            -m state --state NEW -j ACCEPT
fi

$IPT -A local-dns-server-query \
        -d $NAMESERVER_1 -j ACCEPT

$IPT -A local-dns-server-query \
        -d $NAMESERVER_2 -j ACCEPT

$IPT -A local-dns-server-query \
        -d $NAMESERVER_3 -j ACCEPT

# DNS server responses to local requests

$IPT -A remote-dns-server-response \
        -s $NAMESERVER_1 -j ACCEPT

$IPT -A remote-dns-server-response \
        -s $NAMESERVER_2 -j ACCEPT

$IPT -A remote-dns-server-response \
        -s $NAMESERVER_3 -j ACCEPT

################################################################
# Local TCP client, remote server

$IPT -A EXT-output -p tcp \
        --sport $UNPRIVPORTS \
        -j local-tcp-client-request

$IPT -A EXT-input -p tcp ! --syn \
        --dport $UNPRIVPORTS \
        -j remote-tcp-server-response

################################################################
# Local TCP client output and remote server input chains

# SSH client
```

```
if [ "$CONNECTION_TRACKING" = "1" ]; then
    $IPT -A local-tcp-client-request -p tcp \
            -d <selected host> --dport 22 \
            -m state --state NEW \
            -j ACCEPT
fi

$IPT -A local-tcp-client-request -p tcp \
        -d <selected host> --dport 22 \
        -j ACCEPT

$IPT -A remote-tcp-server-response -p tcp ! --syn \
        -s <selected host> --sport 22 \
        -j ACCEPT


#.............................................................
# Client rules for HTTP, HTTPS, AUTH, and FTP control requests

if [ "$CONNECTION_TRACKING" = "1" ]; then
    $IPT -A local-tcp-client-request -p tcp \
            -m multiport --destination-port 80,443,21 \
            --syn -m state --state NEW \
            -j ACCEPT
fi

$IPT -A local-tcp-client-request -p tcp \
        -m multiport --destination-port 80,443,21 \
        -j ACCEPT

$IPT -A remote-tcp-server-response -p tcp \
        -m multiport --source-port 80,443,21 ! --syn \
        -j ACCEPT


#.............................................................
# POP client

if [ "$CONNECTION_TRACKING" = "1" ]; then
    $IPT -A local-tcp-client-request -p tcp \
            -d $POP_SERVER --dport 110 \
            -m state --state NEW \
            -j ACCEPT
fi

$IPT -A local-tcp-client-request -p tcp \
        -d $POP_SERVER --dport 110 \
        -j ACCEPT

$IPT -A remote-tcp-server-response -p tcp ! --syn \
        -s $POP_SERVER --sport 110 \
        -j ACCEPT


#.............................................................
# SMTP mail client
```

```
if [ "$CONNECTION_TRACKING" = "1" ]; then
    $IPT -A local-tcp-client-request -p tcp \
            -d $MAIL_SERVER --dport 25 \
            -m state --state NEW \
            -j ACCEPT
fi

$IPT -A local-tcp-client-request -p tcp \
        -d $MAIL_SERVER --dport 25 \
        -j ACCEPT

$IPT -A remote-tcp-server-response -p tcp ! --syn \
        -s $MAIL_SERVER --sport 25 \
        -j ACCEPT


#............................................................
# Usenet news client

if [ "$CONNECTION_TRACKING" = "1" ]; then
    $IPT -A local-tcp-client-request -p tcp \
            -d $NEWS_SERVER --dport 119 \
            -m state --state NEW \
            -j ACCEPT
fi
$IPT -A local-tcp-client-request -p tcp \
        -d $NEWS_SERVER --dport 119 \
        -j ACCEPT

$IPT -A remote-tcp-server-response -p tcp ! --syn \
        -s $NEWS_SERVER --sport 119 \
        -j ACCEPT


#............................................................
# FTP client - passive mode data channel connection

if [ "$CONNECTION_TRACKING" = "1" ]; then
    $IPT -A local-tcp-client-request -p tcp \
            --dport $UNPRIVPORTS \
            -m state --state NEW \
            -j ACCEPT
fi

$IPT -A local-tcp-client-request -p tcp \
        --dport $UNPRIVPORTS -j ACCEPT

$IPT -A remote-tcp-server-response -p tcp ! --syn \
        --sport $UNPRIVPORTS -j ACCEPT

################################################################
# Local TCP server, remote client

$IPT -A EXT-input -p tcp \
        --sport $UNPRIVPORTS \
        -j remote-tcp-client-request
```

```
$IPT -A EXT-output -p tcp ! --syn \
        --dport $UNPRIVPORTS \
        -j local-tcp-server-response

# Kludge for incoming FTP data channel connections
# from remote servers using port mode.
# The state modules treat this connection as RELATED
# if the ip_conntrack_ftp module is loaded.

$IPT -A EXT-input -p tcp \
        --sport 20 --dport $UNPRIVPORTS \
        -j ACCEPT

$IPT -A EXT-output -p tcp ! --syn \
        --sport $UNPRIVPORTS --dport 20 \
        -j ACCEPT


###################################################################
# Remote TCP client input and local server output chains

# SSH server

if [ "$CONNECTION_TRACKING" = "1" ]; then
    $IPT -A remote-tcp-client-request -p tcp \
            -s <selected host> --destination-port 22 \
            -m state --state NEW \
            -j ACCEPT
fi

$IPT -A remote-tcp-client-request -p tcp \
        -s <selected host> --destination-port 22 \
        -j ACCEPT

$IPT -A local-tcp-server-response -p tcp ! --syn \
        --source-port 22 -d <selected host> \
        -j ACCEPT


#.............................................................
# AUTH identd server

if [ "$ACCEPT_AUTH" = "0" ]; then
    $IPT -A remote-tcp-client-request -p tcp \
        --destination-port 113 \
        -j REJECT --reject-with tcp-reset
else
    $IPT -A remote-tcp-client-request -p tcp \
        --destination-port 113 \
        -j ACCEPT
    $IPT -A local-tcp-server-response -p tcp ! --syn \
            --source-port 113 \
            -j ACCEPT
fi
```

```
###############################################################
# Local UDP client, remote server

$IPT -A EXT-output -p udp \
        --sport $UNPRIVPORTS \
        -j local-udp-client-request

$IPT -A EXT-input -p udp \
        --dport $UNPRIVPORTS \
        -j remote-udp-server-response

###############################################################
# NTP time client

if [ "$CONNECTION_TRACKING" = "1" ]; then
    $IPT -A local-udp-client-request -p udp \
            -d $TIME_SERVER --dport 123 \
            -m state --state NEW \
            -j ACCEPT
fi
$IPT -A local-udp-client-request -p udp \
        -d $TIME_SERVER --dport 123 \
        -j ACCEPT

$IPT -A remote-udp-server-response -p udp \
        -s $TIME_SERVER --sport 123 \
        -j ACCEPT

###############################################################
# ICMP

$IPT -A EXT-input -p icmp -j EXT-icmp-in

$IPT -A EXT-output -p icmp -j EXT-icmp-out

###############################################################
# ICMP traffic

# Log and drop initial ICMP fragments
$IPT -A EXT-icmp-in --fragment -j LOG \
        --log-prefix "Fragmented incoming ICMP: "

$IPT -A EXT-icmp-in --fragment -j DROP

$IPT -A EXT-icmp-out --fragment -j LOG \
        --log-prefix "Fragmented outgoing ICMP: "

$IPT -A EXT-icmp-out --fragment -j DROP

# Outgoing ping
if [ "$CONNECTION_TRACKING" = "1" ]; then
    $IPT -A EXT-icmp-out -p icmp \
            --icmp-type echo-request \
            -m state --state NEW \
```

```
                  -j ACCEPT
fi

$IPT -A EXT-icmp-out -p icmp \
        --icmp-type echo-request -j ACCEPT

$IPT -A EXT-icmp-in -p icmp \
        --icmp-type echo-reply -j ACCEPT


# Incoming ping

if [ "$CONNECTION_TRACKING" = "1" ]; then
    $IPT -A EXT-icmp-in -p icmp \
            -s $MY_ISP \
            --icmp-type echo-request \
            -m state --state NEW \
            -j ACCEPT
fi

$IPT -A EXT-icmp-in -p icmp \
        --icmp-type echo-request \
        -s $MY_ISP -j ACCEPT

$IPT -A EXT-icmp-out -p icmp \
        --icmp-type echo-reply \
        -d $MY_ISP -j ACCEPT

# Destination Unreachable Type 3
$IPT -A EXT-icmp-out -p icmp \
        --icmp-type fragmentation-needed -j ACCEPT

$IPT -A EXT-icmp-in -p icmp \
        --icmp-type destination-unreachable -j ACCEPT

# Parameter Problem
$IPT -A EXT-icmp-out -p icmp \
        --icmp-type parameter-problem -j ACCEPT

$IPT -A EXT-icmp-in -p icmp \
        --icmp-type parameter-problem -j ACCEPT

# Time Exceeded
$IPT -A EXT-icmp-in -p icmp \
        --icmp-type time-exceeded -j ACCEPT

# Source Quench
$IPT -A EXT-icmp-out -p icmp \
        --icmp-type source-quench -j ACCEPT

#############################################################
# TCP State Flags

# All of the bits are cleared
$IPT -A tcp-state-flags -p tcp --tcp-flags ALL NONE -j log-tcp-state
```

```
# SYN and FIN are both set
$IPT -A tcp-state-flags -p tcp --tcp-flags SYN,FIN SYN,FIN -j log-tcp-state

# SYN and RST are both set
$IPT -A tcp-state-flags -p tcp --tcp-flags SYN,RST SYN,RST -j log-tcp-state

# FIN and RST are both set
$IPT -A tcp-state-flags -p tcp --tcp-flags FIN,RST FIN,RST -j log-tcp-state

# FIN is the only bit set, without the expected accompanying ACK
$IPT -A tcp-state-flags -p tcp --tcp-flags ACK,FIN FIN -j log-tcp-state

# PSH is the only bit set, without the expected accompanying ACK
$IPT -A tcp-state-flags -p tcp --tcp-flags ACK,PSH PSH -j log-tcp-state

# URG is the only bit set, without the expected accompanying ACK
$IPT -A tcp-state-flags -p tcp --tcp-flags ACK,URG URG -j log-tcp-state

################################################################
# Log and drop TCP packets with bad state combinations

$IPT -A log-tcp-state -p tcp -j LOG \
        --log-prefix "Illegal TCP state: " \
        --log-ip-options --log-tcp-options

$IPT -A log-tcp-state -j DROP

################################################################
# Bypass rule checking for ESTABLISHED exchanges

if [ "$CONNECTION_TRACKING" = "1" ]; then
    # Bypass the firewall filters for established exchanges
    $IPT -A connection-tracking -m state \
            --state ESTABLISHED,RELATED \
            -j ACCEPT

    $IPT -A connection-tracking -m state --state INVALID \
            -j LOG --log-prefix "INVALID packet: "
    $IPT -A connection-tracking -m state --state INVALID -j DROP
fi

################################################################
# DHCP traffic

# Some broadcast packets are explicitly ignored by the firewall.
# Others are dropped by the default policy.
# DHCP tests must precede broadcast-related rules, as DHCP relies
# on broadcast traffic initially.

if [ "$DHCP_CLIENT" = "1" ]; then

    # Initialization or rebinding: No lease or Lease time expired.
```

```
    $IPT -A local-dhcp-client-query \
            -s $BROADCAST_SRC \
            -d $BROADCAST_DEST -j ACCEPT


    # Incoming DHCPOFFER from available DHCP servers
    $IPT -A remote-dhcp-server-response \
            -s $BROADCAST_SRC \
            -d $BROADCAST_DEST -j ACCEPT


    # Fall back to initialization
    # The client knows its server, but has either lost its lease,
    # or else needs to reconfirm the IP address after rebooting.

    $IPT -A local-dhcp-client-query \
             -s $BROADCAST_SRC \
              -d $DHCP_SERVER -j ACCEPT

    $IPT -A remote-dhcp-server-response \
            -s $DHCP_SERVER \
            -d $BROADCAST_DEST -j ACCEPT


    # As a result of the above, we're supposed to change our IP
    # address with this message, which is addressed to our new
    # address before the dhcp client has received the update.
    # Depending on the server implementation, the destination address
    # can be the new IP address, the subnet address, or the limited
    # broadcast address.

    # If the network subnet address is used as the destination,
    # the next rule must allow incoming packets destined to the
    # subnet address, and the rule must precede any general rules
    # that block such incoming broadcast packets.

    $IPT -A remote-dhcp-server-response \
            -s $DHCP_SERVER -j ACCEPT


    # Lease renewal

    $IPT -A local-dhcp-client-query \
            -s $IPADDR \
            -d $DHCP_SERVER -j ACCEPT
fi
##################################################################
# Source Address Spoof Checks

# Drop packets pretending to be originating from the receiving interface
$IPT -A source-address-check -s $IPADDR -j DROP

# Refuse packets claiming to be from private networks

$IPT -A source-address-check -s $CLASS_A -j DROP
$IPT -A source-address-check -s $CLASS_B -j DROP
$IPT -A source-address-check -s $CLASS_C -j DROP
$IPT -A source-address-check -s $CLASS_D_MULTICAST -j DROP
```

```
$IPT -A source-address-check -s $CLASS_E_RESERVED_NET -j DROP
$IPT -A source-address-check -s $LOOPBACK -j DROP

$IPT -A source-address-check -s 0.0.0.0/8 -j DROP
$IPT -A source-address-check -s 169.254.0.0/16 -j DROP
$IPT -A source-address-check -s 192.0.2.0/24 -j DROP

################################################################
# Bad Destination Address and Port Checks

# Block directed broadcasts from the Internet

$IPT -A destination-address-check -d $BROADCAST_DEST -j DROP
$IPT -A destination-address-check -d $SUBNET_BASE -j DROP
$IPT -A destination-address-check -d $SUBNET_BROADCAST -j DROP
$IPT -A destination-address-check ! -p udp \
        -d $CLASS_D_MULTICAST -j DROP

################################################################
# Logging Rules Prior to Dropping by the Default Policy

# ICMP rules

$IPT -A EXT-log-in -p icmp \
        ! --icmp-type echo-request -m limit -j LOG

# TCP rules

$IPT -A EXT-log-in -p tcp \
        --dport 0:19 -j LOG

# Skip ftp, telnet, ssh
$IPT -A EXT-log-in -p tcp \
        --dport 24 -j LOG

# Skip smtp
$IPT -A EXT-log-in -p tcp \
        --dport 26:78 -j LOG

# Skip finger, www
$IPT -A EXT-log-in -p tcp \
        --dport 81:109 -j LOG

# Skip pop-3, sunrpc
$IPT -A EXT-log-in -p tcp \
        --dport 112:136 -j LOG

# Skip NetBIOS
$IPT -A EXT-log-in -p tcp \
        --dport 140:142 -j LOG

# Skip imap
$IPT -A EXT-log-in -p tcp \
        --dport 144:442 -j LOG
```

```
# Skip secure_web/SSL
$IPT -A EXT-log-in -p tcp \
        --dport 444:65535 -j LOG

#UDP rules

$IPT -A EXT-log-in -p udp \
        --dport 0:110 -j LOG

# Skip sunrpc
$IPT -A EXT-log-in -p udp \
        --dport 112:160 -j LOG

# Skip snmp
$IPT -A EXT-log-in -p udp \
        --dport 163:634 -j LOG

# Skip NFS mountd
$IPT -A EXT-log-in -p udp \
        --dport 636:5631 -j LOG

# Skip pcAnywhere
$IPT -A EXT-log-in -p udp \
        --dport 5633:31336 -j LOG

# Skip traceroute's default ports
$IPT -A EXT-log-in -p udp \
        --sport $TRACEROUTE_SRC_PORTS \
        --dport $TRACEROUTE_DEST_PORTS -j LOG

# Skip the rest
$IPT -A EXT-log-in -p udp \
        --dport 33434:65535 -j LOG

# Outgoing Packets

# Don't log rejected outgoing ICMP destination-unreachable packets
$IPT -A EXT-log-out -p icmp \
        --icmp-type destination-unreachable -j DROP

$IPT -A EXT-log-out -j LOG

##############################################################
# Install the User-defined Chains on the built-in
# INPUT and OUTPUT chains

# If TCP: Check for common stealth scan TCP state patterns
$IPT -A INPUT -p tcp -j tcp-state-flags
$IPT -A OUTPUT -p tcp -j tcp-state-flags

if [ "$CONNECTION_TRACKING" = "1" ]; then
    # Bypass the firewall filters for established exchanges
    $IPT -A INPUT -j connection-tracking
    $IPT -A OUTPUT -j connection-tracking
fi
```

```
if [ "$DHCP_CLIENT" = "1" ]; then
    $IPT -A INPUT -i $INTERNET -p udp \
            --sport 67 --dport 68 -j remote-dhcp-server-response
    $IPT -A OUTPUT -o $INTERNET -p udp \
            --sport 68 --dport 67 -j local-dhcp-client-query
fi

# Test for illegal source and destination addresses in incoming packets
$IPT -A INPUT ! -p tcp -j source-address-check
$IPT -A INPUT -p tcp --syn -j source-address-check
$IPT -A INPUT -j destination-address-check

# Test for illegal destination addresses in outgoing packets
$IPT -A OUTPUT -j destination-address-check

# Begin standard firewall tests for packets addressed to this host
$IPT -A INPUT -i $INTERNET -d $IPADDR -j EXT-input

# Multicast traffic
#### CHOOSE WHETHER TO DROP OR ACCEPT!
$IPT -A INPUT -i $INTERNET -p udp -d $CLASS_D_MULTICAST -j [ DROP | ACCEPT ]
$IPT -A OUTPUT -o $INTERNET -p udp -s $IPADDR -d $CLASS_D_MULTICAST \
-j [ DROP | ACCEPT ]

# Begin standard firewall tests for packets sent from this host.
# Source address spoofing by this host is not allowed due to the
# test on source address in this rule.
$IPT -A OUTPUT -o $INTERNET -s $IPADDR -j EXT-output

# Log anything of interest that fell through,
# before the default policy drops the packet.
$IPT -A INPUT -j EXT-log-in
$IPT -A OUTPUT -j EXT-log-out

exit 0
```

B.4　第 6 章的 nftables 防火墙

回忆下我们在第 6 章构建了一个优化的 nftables 防火墙，它使用数个不同的文件来定义变量和构建规则。本节依次展示了这些文件的内容。其中唯一需要执行的就是主文件 rc.firewall。其余的文件需要与主文件在同一个目录下。

下面是 rc.firewall 的内容：

```
#!/bin/sh

NFT="/usr/local/sbin/nft"        # Location of nft on your system

# Enable broadcast echo Protection
echo 1 > /proc/sys/net/ipv4/icmp_echo_ignore_broadcasts
# Disable Source Routed Packets
for f in /proc/sys/net/ipv4/conf/*/accept_source_route; do
    echo 0 > $f
```

```
done
# Enable TCP SYN Cookie Protection
echo 1 > /proc/sys/net/ipv4/tcp_syncookies
# Disable ICMP Redirect Acceptance
for f in /proc/sys/net/ipv4/conf/*/accept_redirects; do
    echo 0 > $f
done

# Don't send Redirect Messages
for f in /proc/sys/net/ipv4/conf/*/send_redirects; do
    echo 0 > $f
done
# Drop Spoofed Packets coming in on an interface, which, if replied to,
# would result in the reply going out a different interface.
for f in /proc/sys/net/ipv4/conf/*/rp_filter; do
    echo 1 > $f
done
# Log packets with impossible addresses.
for f in /proc/sys/net/ipv4/conf/*/log_martians; do
    echo 1 > $f
done

for i in '$NFT list tables | awk '{print $2}''
do
        echo "Flushing ${i}"
        $NFT flush table ${i}
        for j in '$NFT list table ${i} | grep chain | awk '{print $2}''
        do
                echo "...Deleting chain ${j} from table ${i}"
                $NFT delete chain ${i} ${j}
        done
        echo "Deleting ${i}"
        $NFT delete table ${i}
done

if [ "$1" = "stop" ]
then
echo "Firewall completely stopped! WARNING: THIS HOST HAS NO FIREWALL RUNNING."
exit 0
fi
$NFT -f setup-tables
$NFT -f localhost-policy
$NFT -f connectionstate-policy

$NFT -f invalid-policy
$NFT -f dns-policy

$NFT -f tcp-client-policy
$NFT -f tcp-server-policy

$NFT -f icmp-policy

$NFT -f log-policy
#default drop
$NFT -f default-policy
```

下面是 nft-vars 的内容：

```
define int_loopback = lo
define int_internet = ethN
define ip_external =
define subnet_external =
define subnet_bcast =
define net_loopback = 127.0.0.0/8
define net_class_a = 10.0.0.0/8
define net_class_b = 172.16.0.0/16
define net_class_c = 192.168.0.0/16
define net_class_d = 224.0.0.0/4
define net_class_e = 240.0.0.0/5
define broadcast_src = 0.0.0.0
define broadcast_dest = 255.255.255.255
define ports_priv = 0-1023
define ports_unpriv = 1024-65535

define nameserver_1 =
define nameserver_2 =
define nameserver_3 =

define server_smtp =
```

下面是 connectionstate-policy 的内容：

```
table filter {
        chain input {
                ct state established,related accept
                ct state invalid log prefix "INVALID input: " limit rate 3/second
                ➥drop
        }
        chain output {
                ct state established,related accept
                ct state invalid log prefix "INVALID output: " limit rate
                ➥3/second drop
        }
}
```

下面是 default-policy 的内容：

```
table filter {
        chain input {
                drop
        }
        chain output {
                drop
        }
}
table nat {
        chain postrouting {
                drop
        }
        chain prerouting {
                drop
        }
}
```

下面是 dns-policy 的内容：

```
include "nft-vars"
table filter {
        chain input {
                ip daddr { $nameserver_1,$nameserver_2,$nameserver_3 } udp sport
                ➥53 udp dport 53 accept
                ip daddr { $nameserver_1,$nameserver_2,$nameserver_3 } tcp sport
                ➥53 tcp dport $ports_unpriv accept
                ip daddr { $nameserver_1,$nameserver_2,$nameserver_3 } udp sport
                ➥53 udp dport $ports_unpriv accept
        }
        chain output {
                ip daddr { $nameserver_1,$nameserver_2,$nameserver_3 } udp sport
                ➥53 udp dport 53 accept
                ip daddr { $nameserver_1,$nameserver_2,$nameserver_3 } tcp sport
        ➥$ports_unpriv tcp dport 53 accept
                ip daddr { $nameserver_1,$nameserver_2,$nameserver_3 } udp sport
        ➥$ports_unpriv udp dport 53 accept
        }
}
```

下面是 icmp-policy 的内容：

```
include "nft-vars"
table filter {
        chain input {
                icmp type { echo-reply,destination-unreachable,parameter-
        ➥problem,source-quench,time-exceeded} accept
        }
        chain output {
                icmp type { echo-request,parameter-problem,source-quench} accept
        }
}
```

下面是 invalid-policy 的内容：

```
include "nft-vars"
table filter {
        chain input {
                iif $int_internet ip saddr $ip_external drop
                iif $int_internet ip saddr $net_class_a drop
                iif $int_internet ip saddr $net_class_b drop
                iif $int_internet ip saddr $net_class_c drop
                iif $int_internet ip protocol udp ip daddr $net_class_d accept
                iif $int_internet ip saddr $net_class_e drop
                iif $int_internet ip saddr $net_loopback drop
                iif $int_internet ip daddr $broadcast_dest drop
        }
        chain output {
        }
}
```

下面是 localhost-policy 的内容：

```
include "nft-vars"
table filter {
```

```
        chain input {
                iifname $int_loopback accept
        }
        chain output {
                oifname $int_loopback accept
        }
}
```

下面是 log-policy 的内容：

```
include "nft-vars"
table filter {
        chain input {
                log prefix "INPUT packet dropped: " limit rate 3/second
        }
        chain output {
                log prefix "OUTPUT packet dropped: " limit rate 3/second
        }
}
```

下面是 setup-tables 的内容：

```
include "nft-vars"
table filter {
        chain input {
                type filter hook input priority 0;
        }
        chain output {
                type filter hook output priority 0;
        }
}
```

下面是 tcp-client-policy 的内容：

```
include "nft-vars"
table filter {
        chain input {
        }
        chain output {
                tcp dport {21,22,80,110,143,993,995,443} tcp sport $ports_unpriv
                ➥accept
                ip daddr $server_smtp tcp dport 25 tcp sport $ports_unpriv accept
        }
}
```

下面是 tcp-server-policy 的内容：

```
include "nft-vars"
table filter {
        chain input {
                #CHOOSE WHETHER TO ACCEPT OR DROP!
                ip daddr $ip_external tcp sport $ports_unpriv tcp dport {22} [
                ➥accept | drop ]
        }
        chain output {
        }
}
```

附录 C

词汇表

该 词汇表包含了一些本书中的术语和缩写。多个单词的术语按术语中主要名词的字母顺序排列，然后是逗号和其余的名词。

ACCEPT（**接受**）：一个防火墙过滤决定规则，允许将数据包传递到它的下一个目的地。

accept-everything-by-default policy（**默认接受一切的策略**）：一种策略，用于接受所有未匹配规则链中防火墙规则的数据包。因此，防火墙中的规则大多都是 DENY 规则，定义与默认的 ACCEPT 规则不同的例外。

ACK：TCP 标志位，用于确认已收到前一个 TCP 数据段。

application-level gateway（**应用层网关**）：参阅 proxy，application-level。它通常指 ALG，应用层网关是一个有多种含义的术语。在防火墙术语中，ALG 通常指应用相关的支持模块，它可以检查应用层数据中的地址和端口等负载，并识别本次会话中随后的数据流。

AUTH：TCP 服务端口 113，与 identd 用户身份认证服务器相关。

authentication（**认证**）：确定一个实体身份的过程。

authorization（**授权**）：确定一个实体可以使用的服务和资源的过程。

bastion（**堡垒**）：参阅 firewall，basting，即堡垒防火墙。

BIND：Berkeley Internet Name Domain（伯克利互联网名称域）的缩写，伯克利对 DNS 协议的实现。

BOOTP：Bootstrap 协议，用于无盘工作站发现其 IP 地址、boot 服务器的位置，并在系统启动之前使用 TFTP 下载系统。BOOTP 被用于替代 RARP。

BOOTPC：UDP 服务端口号 68，与 BOOTP 和 DHCP 客户端相关。

bootpd：BOOTP 服务器程序。

BOOTPS：UDP 服务端口号 67，与 BOOTP 和 DHCP 服务器相关。

border router（**边界路由器**）：路由位于网络边界点的数据包的设备。

broadcast（**广播**）：一个被发送到所在网络或子网中的所有接口的 IP 数据包。

CERT：Computer Emergency Response Team（计算紧急情况响应小组）的缩写。1988 年互联网蠕虫事故出现后，在卡内基-梅隆大学（Carnegie Mellon University）软件工程研究院成立的一个信息协调和互联网安全紧急情况预防中心。

chain（规则链）：定义数据包进出一个网络接口的规则列表。

checksum（校验和）：通过对文件或数据包的所有字节执行一些数学计算而产生的数字。如果文件发生了改变，或者数据包被修改，由此计算而得到的第二个校验和将不会等于原先的校验和。

choke（隔断）：参阅 firewall, choke，即隔断防火墙。

chroot：既是一个程序又是一个系统调用，用于将一个目录定义为文件系统的根目录，然后将程序运行限制在这个虚拟文件系统的范围内。

circuit gateway（电路级网关）：参阅 proxy, circuit-level，即电路层代理。

class, network address（网络地址类）：由于历史原因，目前包含五大类网络地址。一个 IPv4 网络地址为一个 32 位的数值。根据 IP 地址的前 4 位，地址空间被划分为 A～E 类地址。A 类网络地址空间映射到 128 个独立的网络，每个网络可以拥有 1600 多万个主机。B 类网络地址空间映射到 16384 个网络，每个网络可以拥有多达 64534 个主机。C 类网络地址空间映射到约 200 万个网络，每个网络最多可以拥有 254 个主机。D 类网络地址空间用于组播地址。E 类网络地址空间预留或用于实验目的。随着 CIDR 的引入，网络的分类已经逐渐失去了实际意义。人们还常常引用网络的分类主要原因是对网络地址类已经十分熟悉，也由于这种按照字节来区分地址类的方法很容易应用在各种示例中。

Classless Inter-Domain Routing（无类域间路由）：简称 CIDR，CIDR 使用长度可变的网络域来进行网络地址分配且取代了网络地址类。作为长度可变的子网掩码概念的延伸，CIDR 用于提高路由表可扩展性并解决了中等规模机构中分类地址空间耗尽的问题。

client/server model（客户端/服务器模型）：这是分布式网络服务的模型，中心化的程序，即服务器，向请求服务的远程客户端程序提供服务，不论该服务是得到一份网页、从中心仓库下载一个文件、执行一个数据库查询、发送或接收电子邮件、对客户端提供的数据进行计算或是在两个或多个人之间建立人类通信连接。

daemon（守护进程）：一个运行在服务器后台的基本系统服务。

DARPA：Defense Advanced Research Projects Agency（美国国防部高级研究项目局）的缩写。

Datalink layer（数据链路层）：OSI 参考模型中的第二层，它代表了在相邻网络设备间进行的点到点数据信号传输，例如从一个计算机传输以太网帧到一个外部路由器。（在 TCP/IP 参考模型中，该功能被包含在第一层，即子网层中。）

default policy（默认策略）：防火墙规则集的一种策略，用于 filter 表的 INPUT、OUTPUT、FORWARD 规则链，它定义了当数据包没有任何规则与之匹配时的处理方法。参阅 accept-everything-by-default policy 和 deny-everything-by-default policy。

denial-of-service (DoS) attack（拒绝服务攻击）：一种攻击，通过发送非预期的数据或使用数据包对系统进行泛洪，以破坏服务或使服务降级，使得合法的请求不能被响应或更糟糕的，使系统崩溃。

deny-everything-by-default policy（默认拒绝一切的策略）：一种静默地丢弃所有未匹配规

则链中防火墙规则的策略。因此,防火墙中的规则大多都是 ACCEPT 规则,定义与默认的 DENY 规则不同的例外。

DHCP:Dynamic Host Configuration Protocol(动态主机配置协议)的缩写,用于动态地分配 IP 地址并对没有注册 IP 地址的客户机提供服务器和路由信息。DHCP 协议用于取代 BOOTP 协议。

DMZ:demilitarized zone(非军事化区域)的缩写,一个包含托管公共服务的服务器主机的网络防御带,与本地的私有网络隔开。对安全性较低的公共服务器与私有局域网进行隔离。

DNS:Domain Name Service(域名解析服务)的缩写。一个全球化的互联网数据库服务,主要提供主机到 IP 以及 IP 到主机的映射。

DROP(丢弃):一种防火墙过滤规则,决定静默地丢弃数据包,而不向发送者返回任何通知。在早期的 Linux 防火墙技术中,DROP 与 DENY 具有相同的含义。

dual-homed(双宿主):具有两个网络接口的计算机。参阅 multihomed。

dynamically assigned address(动态分配地址):通过一个中心服务器,如 DHCP 服务器,把 IP 地址临时分配给一个客户端的网络接口。

Ethernet frame(以太网帧):在以太网中,IP 数据报被封装在以太网帧中。

filter, firewall(数据包过滤防火墙):防火墙定义的数据包过滤规则通过数据包的 IP 地址或包含在传输层报头中信息的某些特征是否匹配,来决定是否允许某数据包通过网络接口,或是将其丢弃。过滤规则的定义可以根据诸如数据包的源或目的 IP 地址、源或目的端口、协议类型、TCP 连接状态或是 ICMP 消息类。

finger:用户信息查询命令。

firewall(防火墙):在网络之间设置的一个或一组设备,用于执行网络间的访问控制策略。

firewall, bastion(堡垒防火墙):通常来说,包含两个或多个网络接口并且充当网关或作为网络间的连接点,通常是本地站点和互联网的连接点。因为堡垒防火墙是网络间的单个连接点,所以堡垒防火墙被给以最大可能的安全保护。通常,堡垒是一台可以从远程的站点直接进行访问的防火墙,不论该主机用于连接网络或保护提供公共服务的服务器。

firewall, choke(隔断防火墙):拥有两个或多个网络接口,是这些网络间的网关或连接点的局域网防火墙。其中一个网络接口连接到 DMZ(其一端连接到隔断防火墙,另一端连接到堡垒防火墙),另一个网络接口连接到内部的私有局域网。

firewall, dual-homed(双宿主主机防火墙):一个单主机网关防火墙,要求内部局域网用户连接到此防火墙以实现访问互联网,或者是作为此内部局域网可以访问的所有互联网网站的代理。在使用了双宿主主机防火墙的网络系统中,所有的内部局域网和互联网之间的信息传输都必须经过此双宿主主机防火墙。

firewall, screened-host(屏蔽主机防火墙):与双宿主主机防火墙相似,单屏蔽主机防火墙并不是直接被置于外网和内网之间。屏蔽主机防火墙通过一个中间路由器和一个数据包过滤器与外部公网相隔开。内部用户通过与屏蔽主机防火墙相连接，或者通过防火墙提供的代理服务才能访问外部的互联网。屏蔽路由器保证所有的网络流，或者至少某些特定类型的网络流必须经过屏蔽主机防火墙。屏蔽主机防火墙和双宿主主机防火墙的不同之处在于，它们在本地网络中所处的位置不同。

firewall, screened-subnet（**屏蔽子网防火墙**）：一个由网关防火墙、包含公共服务器的 DMZ 网络以及隔断防火墙共同组成的防火墙系统。在屏蔽防火墙中，隔断防火墙不能托管公共服务。

flooding, packet（**数据包泛洪**）：一种拒绝服务攻击的方式，向被攻击主机发送大量特定类型的数据包以至超过其可承受的能力。

forward（**转发**）：在数据包从一台计算机向另一台计算机传输数据包的过程中，将数据包从一个网络路由到另一个网络。

fragment（**分片**）：含有一个 TCP 分段的 IP 数据包。

FTP：File Transfer Protocol（文件传输协议）的缩写。该协议用于在网络计算机之间传送文件。

FTP, anonymous（**匿名 FTP**）：一种 FTP 服务，可以接受任何客户端的请求。

FTP, authenticated（**认证 FTP**）：一种 FTP 服务，只接受预定义账户的请求，用户在使用服务前需要进行认证。

gateway（**网关**）：作为网络传输的中间或终端结点的计算机硬件或软件。

hosts.allow, hosts.deny：TCP 封装的配置文件为/etc/hosts.allow 和/etc/hosts.deny。

HOWTO：在线 HOWTO 文档。在原有的标准手册页面基础上增加的 Linux 用户在线支持文档，主题众多，用多种语言和文字书写。HOWTO 文档由 Linux Documentation Project 负责收集和维护。

HTTP：Hypertext Transfer Protocol（超文本传输协议）的缩写。用于 Web 服务器和浏览器之间的传输。

hub（**集线器**）：信号转发器硬件，用于连接多个网段、延伸网络的物理距离或连接不同物理类型的网络。

IANA：Internet Assigned Numbers Authority（互联网号码分配机构）的缩写。

ICMP：Internet Control Message Protocol（互联网控制消息协议）的缩写。用于提供网络层 IP 状态和控制消息。

identd：用户认证（AUTH）服务器。

IMAP：Internet Message Access Protocol（互联网消息访问协议）的缩写。用于从运行 IMAP 服务器的主机获取邮件。

inetd：inetd 进程。用于监听外界对其管理的本地服务端口的连接。当一个连接请求到达时，inetd 进程使用所请求的服务器的一个副本来处理该连接请求。默认状态下，inetd 被一个扩展版本 xinetd 取代。

IP datagram：IP 网络层数据报。

ipchains：在 Linux 系统中新版的 IPFW 防火墙机制实现中用来取代 ipfwadm。Iptables 为那些想使用已有防火墙脚本的站点提供了用于与 ipfwadm 兼容的模块。

IPFW：IP 防火墙机制，现已被 Netfilter 所取代。

ipfwadm：在 ipchains 被推出之前，Linux 系统所使用的 IPFW 防火墙的管理程序。Iptables 为那些想使用已有防火墙脚本的站点提供了用于与 ipfwadm 兼容的模块。

iptables：从 2.4 系列的内核开始，作为 Linux 系统中的防火墙管理程序。

klogd：内核日志守护进程，它从内核缓冲区收集系统的错误和状态消息，并与 syslogd 共同工作，将收集到的消息写入到系统日志中。

LAN：Local Area Network（局域网）的缩写。

Localhost：符号名，常被用于定义在/etc/hosts 中的本机的回环接口。

loopback interface（回环接口）：一个特殊的软件网络接口，用于系统传输本机为本机所产生的网络消息，使其绕过硬件网络接口以及相关的网络驱动程序。

man page（手册页面）：标准的 Linux 在线文档格式。手册页面涵盖了所有的用户和系统管理程序，以及系统调用程序、函数库调用程序、设备型号、系统文件格式。

masquerading（伪装）：将传出的数据包的原 IP 地址替换为防火墙或网关的 IP 地址的过程，以此来隐藏 LAN 的真实 IP 地址。在 Linux 的 IPFW 防火墙机制中，伪装用来描述对源地址进行 NAT 的功能。在 Netfilter 中，伪装用来描述一种特殊形式的源地址 NAT，用于动态地分配临时 IP 地址并且 IP 地址容易根据连接改变的连接。

MD5：一种加密校验和算法，通过为数据对象生成数字签名（称为消息摘要）来保证数据的完整性。

MTU：Maximum Transmission Unit（最大传输单元）的缩写，底层网络中传输的数据包的最大长度。

multicast（组播）：一个发送到 D 类组播 IP 地址的 IP 数据包。组播客户端只要注册到中间路由器上，就可以收到发送到特定组播地址的数据包。

multihomed（多宿主）：一台具有两个或多个网络接口的计算机。参阅 dual-homed。

name server, primary（主域名服务器）：一个授权为一个域或一个域的某个区提供域名解析的权威服务器。该服务器维护了一个包含了本区域内主机名和 IP 地址的完整的数据库。

name server, secondary（辅域名服务器）：作为主域名服务器的备份或协同主机。

NAT：Network Address Translation（网络地址转换）的缩写，将数据包的源或目的地址替换为另一个网络接口地址的过程。NAT 主要用于解决非兼容网络地址空间之间的数据流，例如在互联网和使用了私有地址的局域网之间的数据传输。

Netfilter：从 Linux 内核 2.4 版本开始引入的防火墙机制。

nft：nftables 防火墙的管理程序。

nftables：从 Linux 内核 3.13 版本开始引入的防火墙机制。

netstat：基于各种不同的网络相关的内核表报告不同网络状态消息的程序。

Network layer（**网络层**）：OSI 参考模型中的第三层，它代表了两台计算机之间进行的端到端通信，例如从源计算机路由和传输 IP 数据报到一台外部目的计算机。在 TCP/IP 参考模型中，它代表了第二层，即 Internet 层。

NFS：Network File System（网络文件系统）的缩写，用于在网络计算机之间共享文件系统。

NMap：一个网络安全审计工具（即端口扫描工具），它包括了很多当今常用的扫描技术。

NNTP：Network News Transfer Protocol（网络新闻传输协议）的缩写，被 Usenet 使用。

NTP：Network Time Protocol（网络时间协议）的缩写，被 ntpd 和 ntpdate 使用。

OSI (Open System Interconnection) reference model（**开放系统互连参考模型**）：由国际标准化组织（ISO）制定的一个七层模型，为网络互联标准提供了一个框架和指导。

OSPF：Open Shortest Path First（开放式最短路径优先）的缩写，是 TCP/IP 协议中的开放式最短路径优先路由协议，也是目前应用最为普遍的路由协议。

packet（**数据包**）：一个 IP 网络数据报。

packet filtering（**数据包过滤**）：参阅 firewall。

PATH：一个 shell 环境变量，定义了 shell 在执行没有完整定义的程序时应当搜索的目录以及搜索目录的顺序。

peer-to-peer（**点对点**）：一种用来在两个服务器程序直接进行通信的模式。虽然不一定总是，但点对点通信协议通常与用于服务器和客户端之间进行通信的协议不同。

Physical layer（**物理层**）：在 OSI 参考模型中的第一层，它代表了在相邻网络设备之间用来携带信号的物理介质，例如铜线、光纤、分组电波或红外。在 TCP/IP 参考系模型中，该层被包含在第一层（即子网层）中。

PID：Process ID（进程 ID）的缩写，是系统中运行的进程的唯一数字标识符，通常与进程在系统进程表中所获得的位置相关。

ping：一个简单的网络分析工具，用于确定一个远程主机是否可达并会做出响应。ping 发送 ICMP echo 请求消息。接收的主机返回一个 ICMP echo reply 消息作为响应。

POP：Post Office Protocol（邮局协议）的缩写，用于从运行 POP 服务器的主机收取邮件。

port（**端口**）：在 TCP 或 UDP 中，代表特定网络通信通道的数字。端口的分配由 IANA 管理。一些端口被分配给特定的应用通信协议，作为协议标准的一部分。一些端口因为惯例被一些特定的服务所使用而被注册。一些端口未被分配并且可以自由使用，可以自由地、动态地分配给客户端和用户程序。

● Privileged（**特权端口号**）从 0～1023 范围内的端口。许多这些端口依据国际标准被分配给应用程序协议。在 Linux 系统中，访问特权端口需要系统级的权限。

● Unprivileged（**非特权端口号**）从 1024～65535 范围内的端口。这些端口中的一部分依惯例被注册为由特定的程序所使用。任何在该范围内的端口可以被客户端程序使用以及在网络服务器之间建立连接。

`port scan`（端口扫描）：探测某台计算机所有或部分服务端口，尤其是经常与安全漏洞相关的那些端口。

`portmap`（端口映射）：RPC（远程进程调用）的管理守护进程，用于在客户端请求访问的 RPC 服务号和相关服务器的服务端口号之间进行映射。

`probe`（刺探）：向一台主机的服务端口发送某些特定的数据包。刺探的目的是为了确定目标主机是否有响应。

`proxy`（代理）：一个程序为另一个程序建立和维护一个网络连接，在服务器和客户端之间提供一个应用层的通道。实际的客户端和服务器并没有直接通信。代理被客户端程序看作服务器，同时被服务器程序看作客户端。应用程序代理通常被分为应用层网关或电路层网关。

`proxy, application-level`（应用层代理）：用于提供特定服务的代理服务器。应用层网关代理能够解析它所代理的应用层协议。该代理可以检查应用层负载中的数据并且依据提供应用层中所包含的信息进行决策，而不单纯的依赖 IP 和传输层中所提供的信息进行决策。

`proxy, circuit-level`（电路层代理）：这种代理服务器有两种实现方式：每一个被代理的服务有一个独立的程序或者作为一个通用的连接中继。一个电路层代理对特定的应用层协议没有认识。该代理与数据包过滤防火墙一样基于 IP 和传输层信息作出决策，还可能加入一些用户认证的功能。

`QoS`：Quality of Service（服务质量）的缩写。

`RARP`：Reverse Address Resolution Protocol（反地址解析协议）的缩写。用于使无磁盘的计算机可以根据其 MAC 硬件地址向服务器查询其 IP 地址。

`REJECT`（驳回）：过滤防火墙的一种决定规则，用于将数据包丢弃并且给发送者返回一个错误消息。

`resolver`：DNS 客户端程序。resolver 被实现为一个程序库，请求网络访问的程序可以链接该程序库。DNS 客户端配置文件是/etc/resolv.conf。

`RFC`：Request for Comments（反馈请求）的缩写，由 Internet Society（互联网社区）或 Internet Engineering Task Force（互联网工程特别委员会）发布的笔记或备忘录。一些 RFC 成为了标准。RFC 所涉及的题目通常与互联网或 TCP/IP 协议簇相关。

`RIP`：Routing Information Protocol（路由信息协议）的缩写。一个目前仍在使用的较老的路由协议，尤其是在较大的局域网中。routed 守护进程使用 RIP。

`RPC`：Remote procedure call（远程过程调用）的缩写。

`rule`（规则）：参阅 firewall and filter, firewall。

`runlevel`（运行级）：来源于 UNIX 系统 V 中关于启动和系统状态的一个概念。系统通常运行在运行级 2、3 或 5 其中的一个运行级。运行级 3 为默认，是正常的、多用户系统状态。

运行级 2 类似于运行级 3，但不运行 xinetd、portmap 以及网络文件系统服务。运行级 5 在运行级 3 的基础上增加了 X Window Display Manager，它提供了基于 X 的登录和主机选择界面。

screened host（屏蔽主机）：参阅 firewall, screened-host。

screened subnet（屏蔽子网）：参阅 firewall, screened-subnet。

script（脚本）：一个包含了 shell 或 Linux 程序命令的 ASCII 文件。这些脚本由 shell 程序进行解释，例如 sh、csdh、bash、zsh、ksh 或者由程序进行解释，例如 perl、awk、sed。

segment, TCP（TCP 段）：一个 TCP 消息。

setgid：一个程序，当其运行时，取得此程序拥有者的组 ID，而不是运行此程序的进程所具有的组 ID。

setuid：一个程序，当其运行时，取得此程序拥有者的用户 ID，而不是运行此程序的进程所具有的用户 ID。

shell：一个命令解释器，例如 sh、csh、bash、zsh 和 ksh。

SMTP：Simple Mail Transfer Protocol（简单邮件传输协议）的缩写。用于在邮件服务器之间或者邮件收发程序与邮件服务器之间进行邮件交换。

SNMP：Simple Network Management Protocol（简单网络管理协议）的缩写。用来从一个远程工作站对网络设备的配置进行管理。

socket（套接字）：由一个 IP 地址与一个特定的 TCP 或 UDP 服务端口来定义的唯一的网络连接点。

SOCKS：由 NEC 公司提供的一个电路层网关代理软件。

spoofing, source address（源地址欺骗）：通过在 IP 数据包报头中伪造源地址使此 IP 数据包看上去来自于另一个 IP 地址。

SSH：Secure Shell protocol（安全 shell 协议）的缩写。用于建立需要进行身份认证及加密的网络连接。

SSL：Secure Socket Layer protocol（安全套接层协议）的缩写。用于加密通信。SSL 通常应用于电子商务中 Web 服务器和浏览器之间涉及到用户个人信息的交换。

statically assigned address（静态分配的地址）：永久性分配的、不能随意更改的 IP 地址，可以是公开注册的地址，也可以是内部地址。

subnet layer（子网层）：在 TCP/IP 参考模型中的第一层，用来表达两个相邻网络设备之间携带信号的物理媒介以及点到点的数字信号传输，例如将一个以太网帧从一台计算机传输到外部路由器。

SYN：TCP 连接同步请求标志位。一个 SYN 消息是一个程序为了建立与另一个网络程序的连接所发送的第一个消息。

syslog.conf：系统日志守护进程的配置文件。

syslogd：系统日志守护进程，用于收集系统程序使用 syslog()系统调用发送的错误和各种状态信息。

TCP：Transmission Control Protocol（传输控制协议）的缩写。用于在两个程序之间建立一个可靠的、即时进行的网络连接。

TCP/IP reference model（TCP/IP 参考模型）：一个非正式的网络通信模型，产生于 20 世纪 70 年代末期和 80 年代早期，当时 TCP/IP 变成了 UNIX 计算机之间进行网络通信的事实标准。虽然不是正式的，在学术上也不是一个理想的模型，TCP/IP 参考模型的产生和发展完全是依据制造商和开发者对互联网通信所取得的共识。

tcp_wrapper（TCP 包装）：用来控制远程主机访问本地服务器的一个授权方案。

TFTP：Trivial File Transfer Protocol（简单文件传输协议）的缩写，该协议用于下载引导镜像到无盘工作站或路由器。此协议是一个基于 UDP 协议的简化版 FTP。

three-way handshake（三次握手）：TCP 连接建立协议。当客户端程序向服务器发送器第一条消息时，连接请求消息的 SYN 标志位被设置，同时伴随着一个同步序列号，客户端将这个序列号作为其以后所发送的其他消息的起始计数值。服务器发送 ACK 消息对客户端的 SYN 消息进行响应，同时还伴随着它发送给客户端的同步请求（SYN）。服务器发回给客户端的 ACK 为所收到的客户端发送给服务器的 SYN 消息中的序列号加上服务器所收到的数据字节数，再加上一。确认的目的是为了确认收到客户端使用序列号所指示的消息。与客户端发送的第一条消息一样，SYN 标志也伴随着一个同步序列号。服务器将自己的起始序列号发送给客户端来完成它自己这一端的连接。客户端通过 ACK 消息对服务器的 SYN-ACK 做出响应，并将服务器的序列号数值加上它所收到的数据字节数再加上一，指明接收到了消息。至此，连接的建立完成。

TOS：Type of Service（服务类型）的缩写。IP 数据包报头中的服务类型字段，其目的是指出所希望得到的路由策略或数据包路由的偏好。

traceroute：一个网络分析工具，用于确定从一台计算机到另一台计算机的网络路径。

Transport layer（传输层）：OSI 参考模型的第四层，它代表了两个程序之间的端到端通信，例如从一个客户端程序传输数据包到一个服务器程序。在 TCP/IP 参考模型中，传输层指的是第三层。然而，TCP/IP 参考模型中第三层的传输抽象包含了 OSI 参考模型中的第五层会话层的概念，用以实现一种有序、同步的信息交换概念。

TTL：Time to Live（生存期）的缩写，是 IP 数据包报头中的生存期字段，用来规定该数据包在到达它的目的地之前可以经过的路由器跳数的最大值。

UDP：User Datagram Protocol（用户数据报协议）的缩写，用于提供不保证能够送达以及送达顺序的数据传输。

unicast（单播）：点对点，从一台计算机的网络接口发送到另一计算机的网络接口的数据包。

UUCP：UNIX 到 UNIX 的拷贝协议。

world-readable：系统中的任何用户或者程序可读取的文件系统对象，包括文件、目录和整个文件系统。

world-writable：系统中的任何用户或者程序可写入的文件系统对象，包括文件、目录和整个文件系统。

X Windows：Linux 图形用户界面系统。

附录 D

GNU 自由文档许可证

版本 1.3　　2008 年 11 月 3 日

0. 导言

　　本许可证着意于确保手册、教程或者有着其他功能和用途的文档的自由：确保任何人不管在商业领域还是非商业领域、不管是否修改了文档都拥有复制和重新发布这些文档的自由。其次，本许可证保护文档作者和发布者经由他们的工作而获得的信誉，同时也不应对其他人所做出的修改而承担责任。

　　本许可证是一种"copyleft"，其含义是文档的派生物必须与原文档一样保持同样的自由。本文档是 GNU 通用公共许可证的补充，该许可证是为自由软件设计的一种 copyleft。

　　我们将本许可证设计为供自由软件的手册使用，因为自由软件需要自由文档：一个自由软件附带的手册应当提供与自由软件同等的自由。但本许可证并不限于软件手册；它可以用于任何文本作品，不论其主题是什么或者是否发布为印刷本。我们推荐本许可证主要应用在指导性质或参考性质的作品上。

1. 适用范围和约定

　　本许可证适用于任何媒介上的任何手册和其他作品，只需要在作品中包含一份版权声明，声明使用本许可证的条款发布即可。该声明允许在后文中的规定下，在世界范围、免版税、无时限地使用该作品。以下的"文档"都是指此类手册或作品。任何公众都是本协议的许可对象，这里使用"你"来称呼。如果你在版权法保护下复制、修改或发布了这些作品，就表明你已经接受了本许可证。

　　文档的"修正版"（Modified Version）指任何包含全部或部分文档的作品，不论是逐字照抄、经过加工修改或是翻译成其他语言。

　　"次要章节"（Secondary Section）是指定的附录或者文档的前序部分，专门描述文档的发布者或作者与文档的主题（或涉及的内容）的联系并包含文档主题不会直接提及的内容。（因此，如果该文档是数学教材的一部分，次要章节可能连一点数学也不会提到。）这些联系可以是与主题有关的历史关联、相关事物或者相关的法律、商业哲理、道德或政治立场。

"固定章节"（Invariant Sections）是某些指定了标题的次要章节，固定章节作为文档的一部分也像声明提到的那样，在本许可证的保护下。如果某章节不符合上面关于次要章节的定义，那么它就不能被称为固定章节。文档可以不包含固定章节。如果看不出文档中有固定章节，那就是没有了。

"封皮文本"（CoverTexts）是特定的简短的小段文字列，如封面或封底的文字。封皮文本作为文档的一部分也像声明提到的那样，在本许可证的保护下发布。封面文字一般最多 5 个词语，封底文字一般最多 25 个词语。

文档的"透明"（Transparent，此处理解为兼容）副本指计算机可读的副本，表现为其格式符合一般通用标准，这样就适于直接用通用文本编辑器或通用绘画程序（对由像素构成的图片）或那些被广泛应用的图像编辑器（用来绘图）修改文档，并且其格式适于输入文本格式器或者可转换为适于输入文本格式器的兼容格式。如果某副本以其他文件格式制作，并且为了反对或防止读者后续修正，加入了标记或缺少标记，那么就是不兼容的。如果图片格式的使用有任何实质性专利条文的限制，那么该图片格式就是不兼容的。文档副本的不"透明"我们称为"不透明"（Opaque，意味不兼容）。

文档副本适用的兼容格式包括没有标记的纯 ASCII 码、Texinfo 格式、LaTex 格式、SGML 格式或 XML 格式这种公认有效的文件类型定义，还有与标准兼容的精简 HTML、PostScript 或 PDF 这些便于编辑的格式。图片适用的兼容格式包括 PNG、XCF 和 JPG。不兼容格式包括用专有文档处理器才能阅读编辑的专有格式、使用非公认的文件格式定义和/或使用非公认的处理工具的 SGML 格式或 XML 格式，还有机器生成的 HTML 及某些文档处理器产生的 PostScript 或 PDF 等只用于输出的格式。

"扉页"（Title Page）是指刊印成册的书的扉页本身，以及需要用来容纳本许可证必须出现在标题页的易读内容的后续数页。对于那些版式中没有扉页的作品，"扉页"是指在作品正文之前最显著的标题附近的文字。

"发布者"（publisher）指的是发布文档拷贝给公众的任何个人或实体。

章节"题为 XYZ"（Entitled XYZ）意为文档某指定片断的标题恰为或包含 XYZ，后面括号中用其他语言解释 XYZ。（这里的 XYZ 代指下面提及的特定章节的名称，例如：致谢、献给、注记、历史。）当你修改文档时，对此类章节要"维持标题"（Preserve the Title），就是说，要依据这里的定义保留该章节题为 XYZ。

文档可能会在声明本许可证适用于该文档的通告后包含免责声明。这个免责声明被考虑包含到本许可证的参考中，但仅仅关于免责：该免责声明的任何其他可能的含义是无效的，并对本许可证的含义不造成影响。

2．原样复制

在提供本许可证和版权声明，同时在许可声明中指明文档及其所有副本均在本许可证保护下，并且不加入任何其他条件到文档的许可证的前提下，你可以使用任何媒介复制和发布该文档，不论是用于商业或非商业。你不可以对制作或发布的副本进行技术处理以妨碍或控制阅读或再复制。不过，你可以因交换副本而接受他人给你的一些补偿。如果你发布的副本数量大到一定程度，你还必须看看下面的第 3 节。

在与上述相同的情形下，你还可以出借文档副本和公开展示文档副本。

3．大量复制

如果你发布了印刷的文档副本（或使用其他一般有印有封皮的媒介的副本）数量超过 100 份，并且文档的许可证通知需要封皮文本，你必须把副本用清晰明了地印有文档的许可声明所要求的封皮文本的封皮封装好，这些封皮文本包括封面文字和封底文字。封面和封底还都必须写明你是该副本的发布者。封面必须印上完整的书名，书名的每个字都必须同样地显著。你可以在封面添一些其他素材作为补充。在满足了遵循对封皮改动的限制、维持文档标题等这些条件下，副本在某方面上可以被视同原样复制的副本。

如果封面或封底必要的文字太多而导致看起来不清晰明了，那么你可以把优先的条目（尽量适合地）列在封面或封底，剩下的列在邻近的页面里。

如果你出版或分发不兼容的文档副本数量超过 100 份，那么，你要么随同每份不兼容副本带一份计算机可读的兼容副本，要么在每份不兼容副本里或随同该副本指明一个计算机网络的地址，让大部分使用网络的公众可以用通用网络通信协议到该处下载完全兼容的没有附加材料的文档副本。如果你采用后一种办法，你必须适当地采取一些慎重的措施：当你开始大量发行不兼容副本时，要保证这些兼容副本在你（直接或通过你的代理商或零售商）发布最后一份对应版本的不兼容副本后至少一年内在指定的地址可以访问到。

在你对文档副本进行大量再发布前取得与文档作者良好的联系，这虽然不是必须的，但是有必要的，这样你就有机会得到他们提供的文档的最新版本。

4．修正

你可以在上文 2、3 节的条件下复制和发布文档的修正版，只要你严格地在本许可证下发布原来文档的修正版，修正版可以充当原版的角色，这样就允许任何持有该修正版副本的人可对修正版进行发行和修改。而且，你必须对修正版做如下的一些事情。

A．在扉页（如果有封皮，则包括封皮）使用的书名要与原来文档的书名明显地区别开来，以及那些先前版本（哪些是需要区别的呢？如果原来文档有历史小节，那么历史小节中列出的都是）。如果最初的发行人允许的话，你也可以使用相同的书名。

B.　扉页上必须列出作者、对修正版文档的修改负责的个人或团体或机构、文档的至少五个主要作者（如果主要作者少于五个，就全部写上），除非他们允许你不这么做。

C.　在扉页内放上修正版文档的发布者的名字作为发布者。

D.　保留原有文档的所有版权声明不变。

E.　在其他版权声明附近为你所做的修正添加适当的版权声明。

F.　在版权声明后面立即接上允许公众在本许可证下使用修正版文档的许可声明，其形式如下面附录所示。

G.　在文档的许可声明里保留所有固定章节和许可声明所要求的封皮文本。

H.　包括此许可证的一份未修改的原件。

I.　保留题为"历史"的章节，保留其标题，并且给它添加一条包括修改版的书名、日期、新作者、修正版的发布者的条目，就像扉页里给出的那样。如果原文档没有题为"历史"的章节，则创建一条包括原文档的书名、日期、作者、发布者的条目，如原文档的扉页里给出的那样，然后再像上面规定那样，添一条描述修改版的条目。

J.　如果文档中给出了访问兼容文档的链接，你应该保护网址的有效，并且该网址还应该提供该文档的前承版本。这些链接可以在"历史"章节给出。如果前承文档发布已超过四年或者原作者在文档中提到不必指明前承版本，那么你可以在作品中略去其链接。

K.　原文档中的任何题为"致谢"或"献给"的章节都必须维持其标题和章节中对每位贡献者的谢词的原旨和感情。

L.　维持原文档的固定章节的标题和内容不变。当然，章节标号不属于章节标题的一部分（可以改动）。

M.　删除原文档中任何题为"注记"的章节。这些章节可能只是针对原文档的。

N.　不要把任何已有章节的标题改为"注记"，或改为与固定章节有冲突的标题。

O.　保留原文所有免责声明。

如果文档修正版包含了新的没有从原文档摘取素材的作为次要章节的前序章节或附录，你可以自己选择指定这些章节的全部或一些为固定章节。这样做的话，你需要将其标题添加到修正版的许可声明中的固定章节列表中。这些标题必须与其他章节的标题明显地区别开来。

你可以添加题为"注记"的章节，只要包含各方面对你的修正版的评议，例如：综合评论或文字被某组织认可为标准的权威定义。

你可以在修正版封皮文本序列末尾添加 5 个词左右的书名和 25 个词左右的封底文字。一个实体（进行出版的个人或组织）只能添加（或通过整理形成）一段封面文字和封底文字。如果文档已经包含同样用于封皮的封底文本（先前由你添加或由你代表的实体整理），你就不要再另外添加了；不过在添加旧封皮的原发布者的明确许可下你可以把旧的替换掉。

本许可证不允许文档作者和发布者用他们的名字公开声称或暗示对任何修正版的认可。

5．合并文档

你可以在本许可证下依据第 4 节里对修正版定义的条款把文档与其他文档合并起来发布，只要你在合并文档里原封不动地包含所有原始文档的所有固定章节，并在你的合并文档的许可声明中将其全部列为固定章节，而且保留其所有免责声明。

合并后文档只需包含一份本许可证，重复的多处固定章节应该合并为一章。如果多个固定章节只是标题相同，但内容是不同的，就在每一小段标题末端的括号里添加已知的原作者或原发布者（的名字），或给每小段一个唯一的标号。在合并文档的许可声明里的固定章节中的章节标题也要做同样的调整。

在合并文档里，你必须把不同原文档的"历史"章节合并成一个"历史"章节；同样需要合并的章节有"致谢"、"献给"。你还必须把所有"注记"章节删除。

6．文档合集

只要你对每份文档在所有方面都遵循了本许可证的原样复制条款，那么你可以在本许可证下发布你用该文档和其他文档制作的合集，并以一个单独的副本来替代合集中各文档里分别使用的本协议副本。

你可以从该合集中提取一个单独的文档，并在本许可证下单独发布它，只要你在该提取出的文档中加入一份本许可证的副本，并在文档的所有其他方面都遵循本协议的原样复制的条款。

7．独立作品聚合体

文档或文档的派生品和其他的与之相分离的独立文档或作品编辑在一起，在一个大包中或大的发布媒介上，如果其汇编导致的著作权对所编辑作品的使用者的权利的限制没有超出原来的独立作品的许可范围，称为文档的"聚合体"（aggregate）。当以本许可证发布的文档被包含在一个聚合体中的时候，本许可证不施加于聚合体中的本来不是该文档的派生作品的其他作品。

如果第 3 节中的封皮文本的要求适用于文档的拷贝，那么如果文档在聚合体中所占的比重小于全文的一半，文档的封皮文本可以被放置在聚合体内包含文档的部分的封皮上，或是电子文档中的等效部分。否则，它必须位于整个聚合体的印刷的封皮上。

8．翻译

翻译被认为是一种修改，所以你可以按照第 4 节的规定发布文档的翻译版本。如果要将文档的固定章节用翻译版取代，需要得到著作权人的授权，但你可以将部分或全部固定章节的翻译版附加在原始版本的后面。你可以包含一个本许可证和所有许可证声明、免责声明的翻译版本，只要你同时包含他们的原始英文版本即可。以防许可证或通知的翻译版本和英文版发生冲突的，这种情况下原始版本有效。

在文档的特殊章节致谢、献给、历史版本章节中，第 4 节的保持标题的要求恰恰是要更换实际的标题的。

9.　许可的终止

除非确实遵从本许可证，你不可以对遵从本许可证发布的文档进行复制、修改、附加许可证或发布。任何其他的试图复制、修改、附加许可证、发布的行为都是无效的，并将自动终止本许可证所授予你的权利。

然而，如果你终止所有违反本许可证的行为，特定版权所有人会暂时恢复你的授权直到此版权所有者明确并最终地终止你的授权。或者特定版权所有人永久地恢复你的授权，如果此版权所有人在停止违反授权后的 60 天内没有通过合理的方式通知你违反授权的话。

此外，如果版权所有者通过适当的手段通知你对许可证的违反，而这是你第一次从该版权所有者处收到违反该许可证的通知（对于任何作品），而你在收到通知的 30 天内改正了对许可证的违反，你从特定版权所有者处得到的许可证会永久恢复。

你在本节内的权利的终止，不会终止其他从你这里依照本许可证得到拷贝的人（或组织）得到的许可证。如果你的权利被终止，但未被永久恢复，则你没有权利使用收到的所有拷贝或同样的材料。

10.　本许可证的未来修订版本

未来的某天，自由软件基金会 (FSF) 可能会发布 GNU 自由文档许可证的修订版本。这些新版本将会和现在的版本体现类似的精神，但可能在解决某些问题和利害关系的细节上有所不同。参见 http://www.gnu.org/copyleft/。

本许可证的每个版本都有一个唯一的版本号。如果文档指定服从一个特定的本协议版本"或任何之后的版本"（or any later version），你可以选择遵循指定版本或自由软件基金会的任何更新的已经发布的版本（不是草案）的条款和条件来遵循。如果文档没有指定本许可证的版本，那么你可以选择遵循任何自由软件基金会曾经发布的版本（不是草案）。文档指定的代理人可以决定使用哪个未来版本的许可证，代理人赞同某个版本的公共声明永久地授权你选择该版本的文档。

11.　重新授权

"MMC 网站"（Massive Multiauthor Collaboration Site）是指任何发布有著作版权作品的网站

服务器，也为任何人提供卓越的设施去编辑一些作品。任何人都可编辑的一种公众维基就是这种服务器的一个例子。包含这个网站在内的"MMC"是指任何一套在 MMC 网站上发布的具有著作版权的作品。

"CC-BY-SA"是指 Creative Commons Attribution-Share Alike 3.0 许可证，它是被"知识共享组织"颁布的，"知识共享组织"是一家非赢利性的，在圣弗朗西斯科，加利福尼亚具有重要的商业地位的组织。而且未来的"copyleft"版本的授权也是被同一个组织发布的。

"合并"是指以整体或作为另一个文本的部分发布或重新发布一个文本。

MMC 有重新授权的资格，如果它在本许可证下进行授权；或者所有的作品首次以本许可证而不是 MMC 发布，并且后来整体或部分合并到 MMC 下，它们没有覆盖性文本或不变的章节并且是在 2008 年 11 月 1 日之前合并的。

MMC 网站的操作者会在 2009 年 8 月 1 日之前的任何时间在同一网站重新发布包含在这一网站的经过 CC-BY-SA 授权的 MMC，只要该 MMC 有资格重新授权。

欢迎来到异步社区！

异步社区的来历

异步社区（www.epubit.com.cn）是人民邮电出版社旗下 IT 专业图书旗舰社区，于 2015 年 8 月上线运营。

异步社区依托于人民邮电出版社 20 余年的 IT 专业优质出版资源和编辑策划团队，打造传统出版与电子出版和自出版结合、纸质书与电子书结合、传统印刷与 POD 按需印刷结合的出版平台，提供最新技术资讯，为作者和读者打造交流互动的平台。

社区里都有什么？

购买图书

我们出版的图书涵盖主流 IT 技术，在编程语言、Web 技术、数据科学等领域有众多经典畅销图书。社区现已上线图书 1000 余种，电子书 400 多种，部分新书实现纸书、电子书同步出版。我们还会定期发布新书书讯。

下载资源

社区内提供随书附赠的资源，如书中的案例或程序源代码。

另外，社区还提供了大量的免费电子书，只要注册成为社区用户就可以免费下载。

与作译者互动

很多图书的作译者已经入驻社区，您可以关注他们，咨询技术问题；可以阅读不断更新的技术文章，听作译者和编辑畅聊好书背后有趣的故事；还可以参与社区的作者访谈栏目，向您关注的作者提出采访题目。

灵活优惠的购书

您可以方便地下单购买纸质图书或电子图书，纸质图书直接从人民邮电出版社书库发货，电子书提供多种阅读格式。

对于重磅新书，社区提供预售和新书首发服务，用户可以第一时间买到心仪的新书。

用户帐户中的积分可以用于购书优惠。100 积分 =1 元，购买图书时，在 使用积分 里填入可使用的积分数值，即可扣减相应金额。

纸电图书组合购买

社区独家提供纸质图书和电子书组合购买方式，价格优惠，一次购买，多种阅读选择。

社区里还可以做什么？

提交勘误

您可以在图书页面下方提交勘误，每条勘误被确认后可以获得 100 积分。热心勘误的读者还有机会参与书稿的审校和翻译工作。

写作

社区提供基于 Markdown 的写作环境，喜欢写作的您可以在此一试身手，在社区里分享您的技术心得和读书体会，更可以体验自出版的乐趣，轻松实现出版的梦想。

如果成为社区认证作译者，还可以享受异步社区提供的作者专享特色服务。

会议活动早知道

您可以掌握 IT 圈的技术会议资讯，更有机会免费获赠大会门票。

加入异步

扫描任意二维码都能找到我们：

异步社区	微信服务号	微信订阅号	官方微博	QQ 群：368449889

社区网址：www.epubit.com.cn

投稿 & 咨询：contact@epubit.com.cn